**21世纪高等学校规划教材**

# 3ds max/vray 超写实室内效果图

## 表现技法

陈雪杰　董　捷
周　凯　万　莎　编著

崔建成　主审

中国电力出版社
CHINA ELECTRIC POWER PRESS

# 内 容 提 要

本书为 21 世纪高等学校规划教材。

本书从写实的角度出发，以一套完整的别墅设计方案，系统地介绍了应用 3ds Max 软件和 V-Ray 渲染器制作超写实效果图的方法和技巧。书中详细介绍了效果图制作的基本原理和基本流程，V-Ray 渲染器的所有命令和应用方法，并通过五个成套方案的效果图制作介绍各种空间类型、不同时间和氛围的实战技法。本书附赠一张 CD 学习光盘，内含书中涉及的素材案例文件。

本书注重与商业需要相结合，做到真正与市场需要接轨。本书适合作为本专科室内设计和环境艺术设计专业学生的学习用书，同时也可作为培训教材。

**图书在版编目（CIP）数据**

3ds max/vray 超写实室内效果图表现技法 / 陈雪杰等编著 .
北京：中国电力出版社，2012.2（2019重印）
21世纪高等学校规划教材
ISBN 978-7-5123-2394-0

Ⅰ.①3… Ⅱ.①陈… Ⅲ.①室内装饰设计：计算机辅助设计–图形软件，3DS Max、VRay–高等学校–教材 Ⅳ.①TU238-39

中国版本图书馆 CIP 数据核字（2011）第 277060 号

中国电力出版社出版、发行

（北京市东城区北京站西街 19 号　100005　http://www.cepp.sgcc.com.cn）
北京博图彩色印刷有限公司印制
各地新华书店经售

\*

2012 年 2 月第一版　　2019 年 1 月北京第六次印刷
787 毫米 ×1092 毫米　16 开本　15 印张　363 千字
定价 **50.00** 元　　（含 1CD）

# 前　言

目前室内设计效果图制作采用 V-Ray 渲染已经成为一种潮流，相对于之前的主流的 LIGHTSCAPE 渲染器，V-Ray 渲染器有着渲染速度快、效果逼真的优点。可以说 3ds Max+V-Ray 将是未来室内效果图制作的主流软件搭配。

本书针对室内设计和环境艺术设计专业学生，具体写作从 3ds Max 建模一直到 V-Ray 渲染的效果图制作全过程。除了软件的学习外，本书还将在效果图制作中加入设计的概念，以设计的概念全新地阐述效果图的制作。除此之外，本书以一整套别墅空间设计的效果图解决方案为范例，教授学生如何利用 3ds Max 和 V-Ray 软件表达统一空间的效果图。

本书将展示从设计到效果图制作的整个流程，从拿到图纸，深入理解客户所需求的风格和装饰意图，分析房型，布局设计，色彩的搭配，观察角度的选择，最后到利用 3ds Max 和 V-Ray 软件着手制作出上述所需的统一系列的效果图。

通过本书，读者可以学会一个整体设计的思维以及制作方法，打破市面上常见效果图书籍中常见的空间不统一、不系统和较少涉及设计内容的问题。对于那些初涉室内设计的学生而言有着更强的指导意义。

本书共分 7 章，从设计准备工作到电脑绘制进行结合性讲解。力求达到思维引领软件的互相结合的效果图终端解决方法。

第 1 章为设计前期准备工作概述，主要讲解统一布局、主色彩的选择和审视角度的分析，并以本书实际案例场景分析效果图制作的全流程。

第 2 章全面介绍 V-Ray1.5 渲染器的全部参数以及命令的使用。

第 3 章介绍椅子、台灯等基本器物的建模。

第 4 章列举走廊的制作方法，重点讲解走廊的局部建模和合并模型方法。众所周知，在室内建模技术难度上并没有产品建模要求那么高，只是一些简单工具的结合和 POLY 基础建模要点。在这一章中，介绍了放样、挤出及有关 POLY 建模工具的应用，以及怎样选择场景所需的模型进行合并，并且对 V-Ray1.5 版基本参数面板给予应用性介绍。

第 5 章至第 7 章分别以客厅、餐厅、卧室为例，按照第 1 章整体的设计方案，讲解 3ds Max 基础材质、V-Ray 基础材质、灯光搭配和渲染输出等软件知识。相信读者学习完这几章后，能将设计方案和电脑表现完美结合在一起。

本书由广东工程职业技术学院陈雪杰老师、广东白云学院周凯老师以及设计师董捷、万莎等编著完成。青岛科技大学艺术学院崔建成老师认真审阅了书稿并提出了宝贵意见，在此深表感谢！

# 目  录

# 第1章

# 室内设计前期准备

## 1.1 效果图制作基本原理

制作效果图的过程其实也是一个设计的过程，对于设计者而言，制作效果图可以有很多种技法。不管采用何种技法，设计思路都必须贯穿在效果图制作的全过程。但是效果图制作也不等同于设计，效果图的制作是有其固有的特性的。本章就效果图制作的一些规律性内容进行阐述，让读者对效果图制作流程有个更为理性的认识。

### 一、设计布局，重在取舍

对于设计师而言，需要将室内空间各个面及物品的摆设——在施工图中详细地表现出来，但在制作商业性效果图时，则没有必要。制作效果图是为了表现室内主要空间的效果，也就是说大多数情况下，效果图只需要表现空间中最为精彩的部分。

制作效果图的第一步就是要确定需要重点表现哪些空间，甚至需要具体到表现该空间的哪个面。所以制作效果图首先要清楚设计中的亮点和精彩之处是什么，然后围绕这些亮点和精彩之处来进行表现。

制作效果图还需要注意，在表现的空间中可以看到的物体才需要被制作出来，而并不需要将该空间的所有物体都制作出来。简单地说就是看得到的才制作，在效果图中不可见的则不制作。一方面是因为没有必要，另外一方面也可以减少模型的面数，加快制作的速度。

### 二、合理地搭配色彩

一般情况下，效果图都是彩色效果的，这就牵涉到一个色彩搭配的问题。不同的颜色有不同的象征，可以给人不同的感受。下面以几种常见的颜色简单举例说明各种颜色的特性。

1. 红色

（1）象征：热情，积极，突出。

（2）感受：可使人感觉热情洋溢，积极向上，活泼好动。

（3）缺点：主观性强，不安定。

（4）搭配色：粉红色，橙色，金色，紫色。

2. 黄色

（1）象征：扩张，明亮，温暖。

（2）感受：可使人感觉空间扩大，温暖，愉快，活泼。

（3）缺点：不稳重，对比性强。

（4）搭配色：绿色，蓝色，橙色，紫色。

3. 蓝色

(1) 象征：长远，广阔，宁静，深沉。

(2) 感受：可使人感觉平静，安详，高雅，脱俗。

(3) 缺点：过冷，压迫感大，消极。

(4) 搭配色：米黄，紫色。

4. 橙色

(1) 象征：活泼，明亮，积极，热情。

(2) 感受：可使人感觉鲜明，突出，温暖，活动性强。

(3) 缺点：波动，轻浮，不安定。

(4) 搭配色：黄色，草绿色。

5. 绿色

(1) 象征：清新，凉爽，平静，成长。

(2) 感受：可使人感觉清新雅致，平和安详，凉爽清新。

(3) 缺点：冲力不足，略具寒色性。

(4) 搭配色：黄色，蓝色，橙色，棕色。

以上只是简单列举几种颜色的基本特点，在效果图制作中需要根据所表现的空间来确定采用何种颜色。简单地说，暖色系给人以温馨、热烈的感受，冷色系则给人以宁静、安详的感觉。除此之外，色彩的饱和程度，色彩的冷暖对比，色彩明度等都需要合理搭配。色彩搭配是一门学科，本书限于篇幅只能简单介绍色彩的作用，读者有兴趣可以找专门的色彩方面书籍进行学习。

在制作效果图时，首先要确定空间表现的一个主色调，如整张图是以黄色为主的温馨色还是以浅蓝为主的雅致色，在主色调确定后再进行其他颜色的搭配，不管怎么搭配都需要做到整体的统一协调，避免出现多种颜色无序混合，造成画面"花哨"的感觉。

## 三、摄像机设置

摄像机设置直接决定最终渲染出图的具体内容。摄像机的设置就相当于我们平常照相的取景，取景取得好，画面才会漂亮。摄像机的不同角度会带给人不同的感觉，例如客厅主要体现电视背景墙、吊顶及近距离的沙发物体，这时摄像机的中心点一定要体现出这些主要的空间和物品，摄像机可以设置在较低的位置，摄像机的目标点可以设置在人的正常视点处，这样从低往高摄取必要的场景，而不必照到其他非主要内容。

摄像机设置还需要注意焦距的问题，通常焦距控制在 24 ～ 35mm 比较合适，这时的视角是人的正常视角，超出这个视角容易给人造成变形的感觉。但是这也不是绝对的，有时为了取景的需要，也可以设置广角镜头，之后再采用摄像机校正的方法矫正视图，具体设置会在后面的章节中详细介绍。

## 四、灯光的营造

灯光是效果图制作的精髓，灯光所处位置的不同、灯光颜色的不同及灯光强度的不同决定了整张效果图的成败。没有光的世界是黑暗的，什么也看不见，在 3ds Max 中也是这样，没有灯光，物体是体现不出来的，微弱的灯光给人朦胧、模糊、温馨的感受，强烈的灯光给人明亮、清晰、耀眼的感受。灯光设置得好效果图制作就等于成功了一大半。

在需要重点表现的地方设置比较明亮抢眼的光线，在非重点区域设置较为微弱的灯光，从而形成灯光的对比。灯光对比是灯光设置的一个通行办法，通过对比设置出来的灯光会形成丰富的画面感觉和画面层次。对比是灯光设置的一个重点，如果灯光处处明亮，那么整张效果图容易过于平衡，显得呆板。所以，灯光设置必须分区域进行，主要表现区域和次要表现区域需要在灯光的颜色和亮度上有所区分，形成对比效果。

此外，制作效果图时为了表现比较突出的效果，需要增加一些艺术性的处理。场景灯光不必按真实空间的布置来设置，完全可以按照设计的实际需要而人为增加或减少。在效果图灯光设置中甚至会有一种专门的渲染气氛灯，这种灯光就是根据场景的需要，人为增加以烘托整个场景的氛围。具体的设置方法会在后面的章节中详细介绍。

## 1.2 效果图制作原理实例分析

综合上述效果图制作基本原理，结合本书走廊实例讲解一个效果图创建的基本流程。

（1）确定走廊空间。首先，根据设计平面图确定需要表现的走廊的主要空间，如图 1-1 所示。

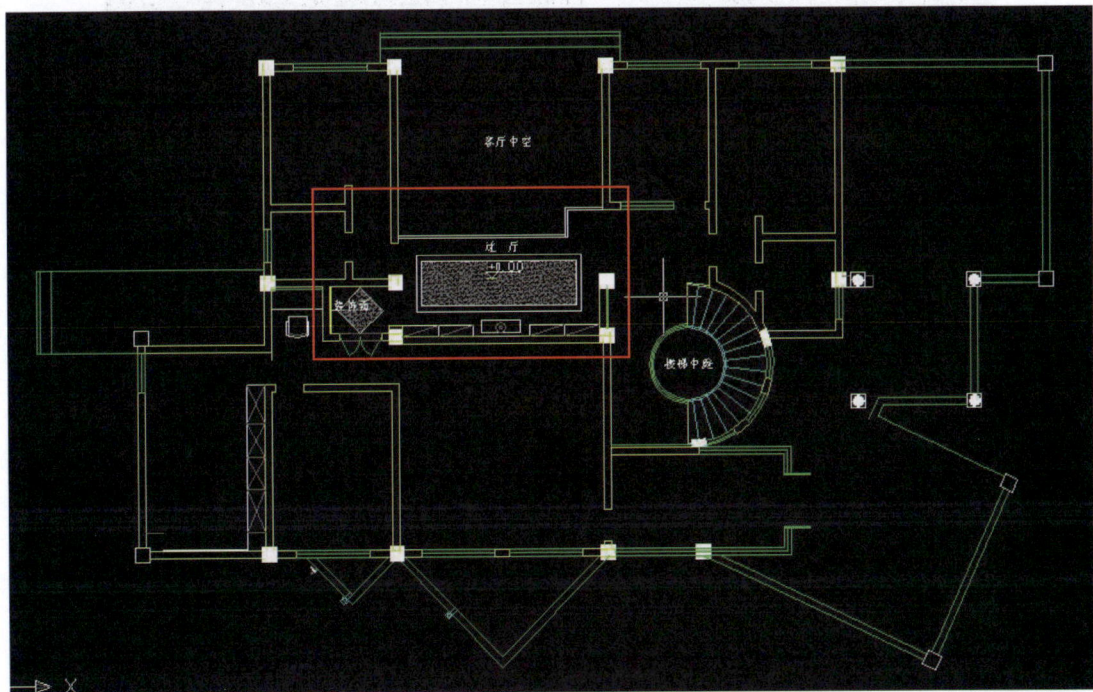

图 1-1 确定需要表现的走廊空间

（2）精简场景。对场景进行精简，将不需要表现的位置全部删除。之后确定摄像机的位置，如图 1-2 所示。摄像机位置的确定可以在 3ds Max 软件中进行多次测试后再确定。在 3ds Max 软件中可以比较直观地看到摄像机视图。

（3）模型的创建。通过图 1-2 可以观察出本场景需要的模型是什么，模型可以在 3ds Max 软件中制作，但最好的方法还是平常多准备各种家具以及饰品的模型，在制作效果图时直接导入，这样模型的创建只需要制作场景模型，可以节省大量创建模型的时间，加快效果图制作的速度。

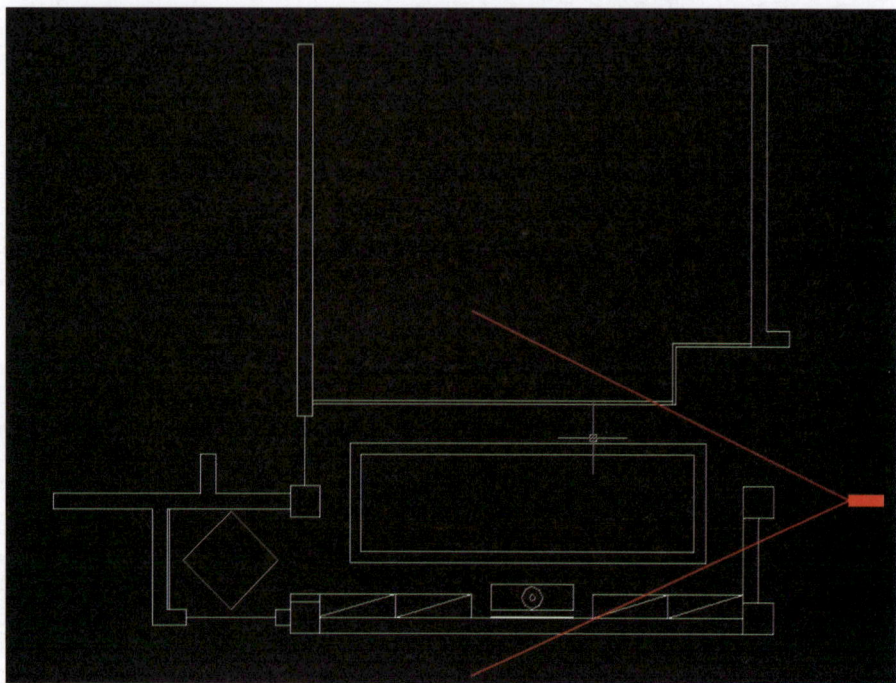

图 1-2　摄像机位置确定

（4）确定场景的色彩配置。家居配色采用一些轻松愉快的色系比较合适，如图 1-3 所示。

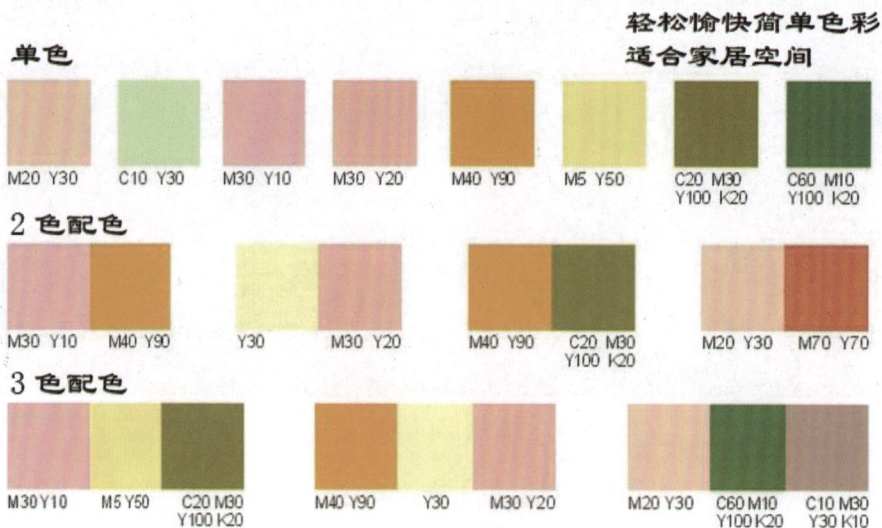

图 1-3　轻松愉快的色系

儿童房配色，则可采用比较明朗、活泼的颜色，如图 1-4 所示。

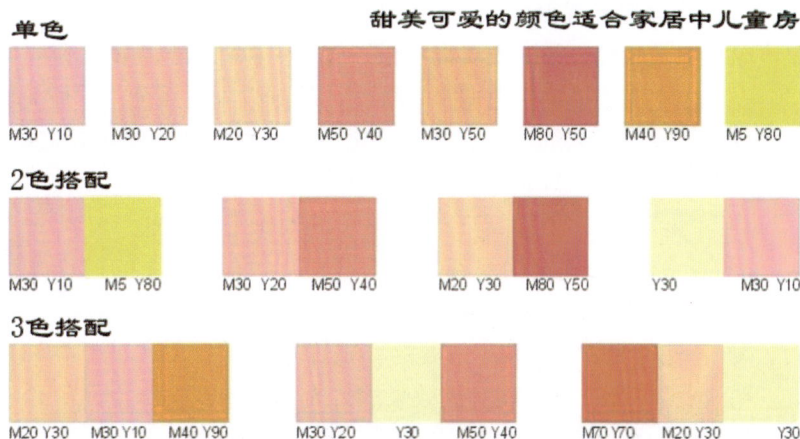

图 1-4　儿童房色系

书房及夜景卧室可以考虑如图 1-5 所示的色系。

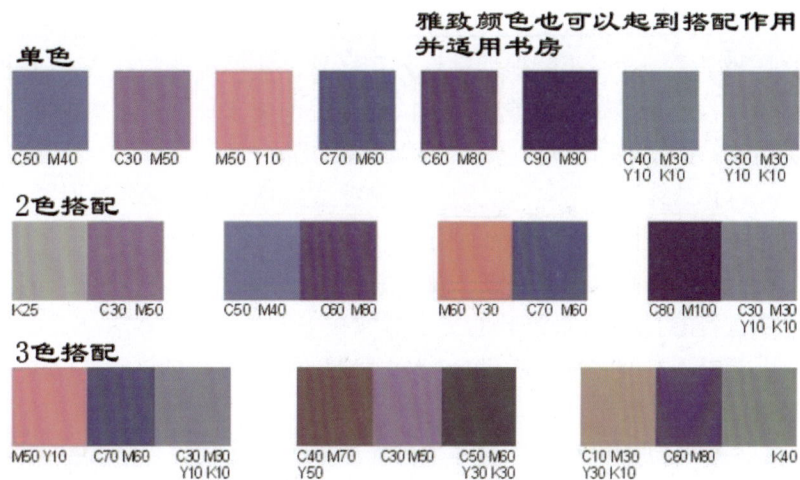

图 1-5　书房及夜景卧室

家居公共空间则可考虑采用如图 1-6 所示的色系。

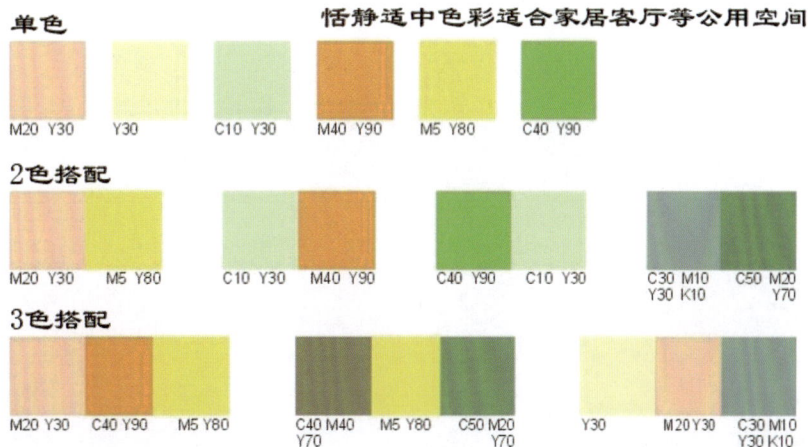

图 1-6　家居公共空间色系

家居色彩宜表现得比较温馨，本场景的色彩更多地考虑使用暖色系。但是暖色系色彩整体给人感觉较轻，为了表现得沉稳一些，可以在暖色系的基础上将颜色进行加深处理。

在配色中需要谨记主色调必须统一，最好以同色系为主，避免颜色杂乱。

（5）灯光与材质的设定。灯光设定有很多种方法，也可以采用不同的灯光类型来制作。但是万变不离其宗，灯光设置的原则无外乎以下几种：

1）主体照明灯光，即起到照亮整个场景作用的灯光。

2）点缀灯光，即突出局部效果的灯光，如背景墙上的筒灯或射灯光束。这种灯光往往会采用带有具体形状的光域网。

3）补充灯光，即光照不够处的补充灯光。

4）氛围灯光，即强调对比效果的灯光。通常在实际空间中并没有该种类型灯光，它是为营造场景的艺术氛围而人为增加的灯光类型。

材质设置也同样有多种方法，但是最根本的原则就是真实还原，越接近真实世界中物体的质感越好。材质设置的具体办法在后面的章节中会具体讲解，这里不多做阐述。

（6）渲染测试。在正式渲染最终效果图时，需要进行多次的测试渲染。测试渲染的目的是为了在制作时不断地调整灯光和材质，使得灯光和材质设置达到预期的效果。尤其是初学者，更要多做测试渲染，测试的过程也是自身制作水平提高的过程。千万不要想着一步到位，在效果图学习中基础的积累是必需的。

（7）最终渲染。当测试的结果能够达到预期的效果，这时就可以将最终渲染参数设置得比较大，进行最后效果的渲染。

（8）后期修改。最终渲染图还需要进行后期处理，后期处理通常都是采用 Photoshop 软件来进行的。Photoshop 软件是个非常强大的图形处理软件，也是效果图制作的必备软件。限于篇幅，本书并没有就 Photoshop 后期处理进行详细讲解，读者可以专门找一本后期处理的相关书籍进行学习。

本书所有范例都是依据这个流程和原理来完成的，读者也需要养成良好的制作效果图的习惯，严格按照标准进行效果图的制作，这样才能制作出优秀的效果图作品。

# 第 2 章

# V-Ray 渲染器

市场上有很多针对 3ds Max 的第三方渲染器插件，V-Ray 就是其中比较出色的一款。V-Ray 渲染器是著名的 Chaos Group 公司开发模拟真实光照的一个全局光渲染器，是一款结合了光线跟踪和光能传递的渲染器。其真实的光线计算和照明效果，无论是效果图制作还是动画制作，都具有非常优秀的效率和品质。

V-Ray 焦散、天光和反射效果都非常好，可以制作出非常真实的照片级效果图。V-Ray 渲染器的另外一大特点是参数简单，易学易用。正是因为有了这些优点，V-Ray 渲染器逐渐取代了之前的 Lightscape 渲染器成为目前国内最为主流的效果图制作渲染工具。

## 2.1　V-Ray 灯光参数介绍

V-Ray 渲染器可以兼容多种灯光系统，包括 3ds Max 自带的灯光。当然 V-Ray 渲染器也有自己的灯光系统，下面将一一介绍。

### 2.1.1　V-Ray 灯光介绍

在命令面板中找到 V-Ray 灯光，如图 2-1 所示。单击 V-Ray 灯光（light）按钮即可显示 V-Ray 灯光参数栏。

V-Ray 灯光主要有三种灯光类型，分别是 Plane（片光）、Dome（穹顶，也称半球光）和 Sphere（球光），如图 2-2 所示。平面光源具有平面的形状，用途最为广泛，经常用于模拟制作窗口的天光、矩形灯带以及各种补光，穹顶光源是半球形的，球体是圆形状态，后两种灯光很少应用。

1．General

（1）On（开关）：灯光开关，勾选的情况下灯光才能起作用，去选的话灯光将不起作用。

（2）Exclude（排除）：排除物体的光照，和 3ds Max 中的灯光 Exclude 作用一样。

（3）Type（类型）：灯光的类型，单击倒三角可见三种灯光类型，如图 2-2 所示。

2．IntenSity

（1）Units（单位）：灯光亮度单位，共有五种计算单位，如图 2-3 所示。

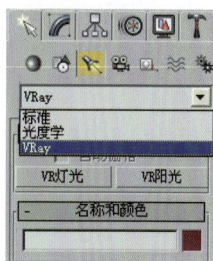

图 2-1　V-Ray 灯光

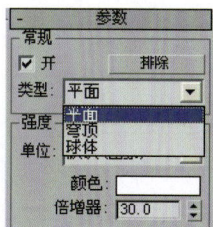

图 2-2　V-Ray 灯光类型

1）Default（imaze）：V-Ray 默认单位，依靠灯光的颜色和亮度来控制灯光的最后强弱，是 V-Ray 灯光中较常用的单位。

2）Luminotls power（lm）（光通量）：选用这种单位，灯光的亮度和灯光的大小无关。

3）Liance（W/m²/sr）（瓦特/每平方米/每球面度）：选择这种单位，灯光的亮度和灯光的大小有关系，灯光越大亮度越高，反之亦然。

图 2-3　单位类型

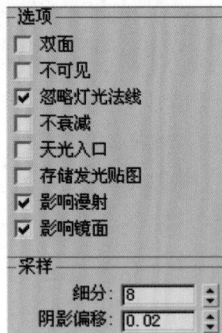

4）Luminance（1m/m²/sr）（光通量/每平方米/每球面度）：和 Liance（W/m²/sr）一样，灯光的亮度和灯光的大小有关系，灯光越大亮度越高，灯光越小亮度越小。

5）Radiant power（W）（瓦特）：以现实中的瓦为单位，但需要注意的是，这里的瓦只能相当于现实中的 1/50。Radiant power（W）单位的亮度和灯光的大小无关。

（2）Color（颜色）：控制由 V-Ray 光源发出的光线的颜色。在此需要强调一点，灯光的颜色可以用来营造整个场景的气氛，并对局部起到非常好的点缀效果。在同样一个场景中，V-Ray 灯光颜色用得好可以为画面增色不少，用得不好很有可能会使整张画面显得呆板。

（3）Multiplier（倍增器）：光源颜色倍增器。控制灯光的亮度值，数值越大亮度越高，反之亦然。

3．Size（尺寸）

V-Ray 灯光可选用 5 种单位，其亮度和灯光大小有关系，三种 V-Ray 灯光类型中 Plane（片光）可以设置长宽尺寸，Dome（半球光）则没有尺寸，Sphere（球光）有一个半径尺寸。

（1）Half-length（长度的一半）：片光的一半尺寸，如果灯光类型选择球光，那么这里就变成球光的半径。

（2）Half-width（宽度的一半）：片光的一半尺寸，如果灯光类型选择半球光或者球光，这里的值就不可用。

4．Options（选项）

Options 可以控制灯光不可见、双面等多个参数，参数面板如图 2-4 所示。

（1）Double-sided（双面）：勾选此项灯光的光线会从面光源的两个面发射出来，照明亮度比不勾选要强一些，但是只对片光有效，对其他灯光类型则没有作用。

（2）Invisible（不可见）：控制最终渲染时是否显示 V-Ray 灯光的形状，通常情况下都需要勾选，否则场景中的 V-Ray 灯光形状会出现在渲染图中。

图 2-4　选项面板

（3）Ignore 1ight normals（忽略灯光法线）：控制灯光的发射是否按照光源的法线发射，通常都采用默认的勾选状态。对于模拟真实世界的光线，该选项应当关闭，但是当该选项打开时，渲染的结果更加平滑。

（4）No decay（不衰减）：现实世界里，所有的光线都是有衰减的，比如阳光照入室内，靠近阳光的地方光线最强，离阳光最远的地方最弱，中间是个逐渐衰减的过程。如果勾选这个选项，V-Ray 将不计算灯光的衰减效果，V-Ray 所产生的光将不会随距离衰减，效

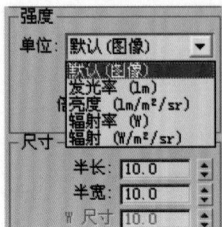

果会显得比较生硬、不自然。

（5）Skylight portal（天光入口）：勾选这个选项会把 V-Ray 灯转换为天光，这时的 V-Ray 灯就变成了 GI 灯光，失去了直接照明的作用。

（6）Store with irradiance map（储存发光贴图）：勾选这个选项，V-Ray 灯的光照信息将保存在 irradiance map 里，一般不做勾选。

（7）Affect diffuse（影响漫射）：这个选项决定灯光是否影响物体材质的漫反射，也就是灯光物体对另一物体产生的颜色明度等泛色作用，通常都需要勾选。

（8）Affect specular（影响镜面）：这个选项决定灯光是否影响物体材质的高光以及是否对物体产生反射作用，默认为勾选状态，取消勾选高光会有所减弱。在设置一些瓷砖或者其他反射较强的材质时，高光和反射有时会过强，这时就可以取消勾选。另外需要大家注意的一点是，如果在室内应用 V-Ray 灯作为补光，则不勾选，这样可以避免一些具有反射属性的物体（如镜子）反射到 V-Ray 灯的形状，因为这些补光事实是不存在的。

5．Sampling（采样）

采样参数可以控制灯光的渲染质量，其参数面板如图 2-5 所示。

（1）subdivs（细分）：这个参数控制 V-Ray 用于计算照明的采样点的数量。V-Ray 灯的采样细分值越高，渲染的质量越高，噪点越少，图像表现细腻，但是渲染速度会越慢，反之亦然。

（2）Shadow bias（阴影偏移）：可以控制阴影与物体的偏移距离，值越高阴影向灯光的方向偏移越多，反之亦然。

6．Texture

只有当选择的灯光类型为半球光，此项才会被激活，其参数才可用。

图 2-5　采样面板

（1）use texture（使用纹理）：勾选则可以使用贴图作为半球光的光照贴图。

（2）Resolution（分辨率）：控制贴图光照的计算精度，默认为 512，最大为 2048。

（3）Target radius（目标半径）：当使用 Photon map 引擎计算时，这个选项定义光子从什么地方开始发射。

（4）Emit radius（发射半径）：当使用 Photon map 引擎计算时，这个选项定义光子从什么地方结束发射。

限于篇幅，这里就不举例对各种参数的作用进行介绍了，读者可以自己任意搭建一些模型试验，也可以通过本书后面几个灯光实例和综合实例理解各种参数的作用。

## 2.1.2　V-Ray 阳光介绍

V-Ray 阳光（Sun）是用于模拟现实世界中的阳光效果的，在控制面板里选择灯光，然后在下拉列表中选择 V-Ray，最后选择 V-Ray 阳光，就可以打开 V-Ray 阳光参数面板，如图 2-6 所示。

（1）Enabled（开关）：控制 V-Ray 阳光的开关，默认为勾选打开状态。

（2）Invisible（不可见）：控制阳光可见和不可见。

（3）Turbidity（浊度）：控制空气的混浊度，混浊度会影响阳光的颜色。比较小的值表

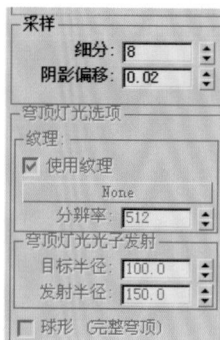

示晴朗的天空，阳光的颜色偏蓝，整个场景显得比较纯净；较大的值表示空气中沙尘含量高，阳光的颜色偏黄，整个场景显得比较灰。

（4）Ozone（臭氧）：控制空气中的氧气含量，该值越高阳光越蓝，该值越小阳光越黄，但是对于场景的影响不如浊度那么明显。

（5）Intensity multiplier（强度倍增器）：控制阳光的亮度，数值越高场景越亮，反之亦然。这一项在使用 V-Ray 阳光时调节较为频繁，它的大小会直接影响到整个场景的亮度，需多加尝试。

（6）Size multiplier（大小倍增器）：控制太阳阴影的模糊程度，设置较大的值阳光阴影比较模糊，较小的值阳光阴影较清晰。

（7）Shadow subdivs（阴影细分）：控制阴影的细分，值越大阴影越光滑，杂点越少，反之亦然，一般默认即可。

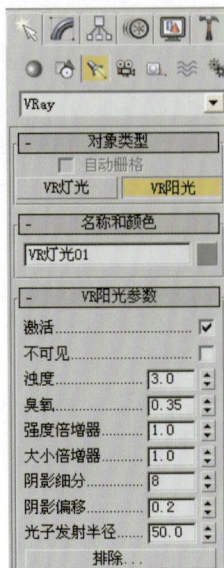

图 2-6　V-Ray 阳光参数面板

（8）Shadow bias（阴影的偏移）：控制物体与阴影偏移距离，值越高阴影向灯光的方向偏移越多，反之亦然。

（9）Photon emit radius（光子发射半径）：该参数和 photon map 计算引擎有关，通常保持默认即可。

（10）Exclude（排除）：和 3ds Max 中的排除作用一样，可以排除对物体光照。

## 2.1.3　V-Ray 天光介绍

V-Ray 天光（Sky）是用于模拟现实世界中的天光效果。所谓天光指的是天空光，比如阴天没有太阳，但是白天依然有光，这种光就可以理解为天光。天光可以说是无所不在的，有太阳则必定有天光，没有太阳直接照射也有天光，即使在晚上也有天光，如月光和物体的周围环境发出的光线等。

单击 M 键打开材质编辑面板，任意选择一个材质球，单击任意一个 ▨，在弹出的 ⬛材质编辑器 面板中找到 V-RaySky 双击打开即可。其参数面板如图 2-7 所示。V-RaySky 贴图多用做环境贴图。按 8 键打开 ⬛环境和效果 面板，在 None 长条按钮中单击，打开 ⬛材质编辑器 面板，从中选择 V-RaySky 双击即可将环境设置为 V-RaySky 天光环境。在 V-Ray 渲染面板中也可以设置 V-RaySky 贴图，在后面的 V-Ray 渲染面板中再进行介绍。

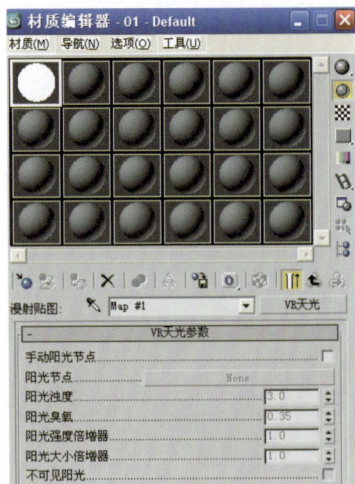

图 2-7　V-Ray 天光参数面板

（1）Manual sun node（手动阳光节点）：当不勾选时，V-RaySky 的参数将和场景中 V-RaySun 的参数自动匹配；当勾选时，其下的 None 长条按钮就将激活，单击 None 长条按钮后可以在场景中选择任意光源，V-RaySky

将和选中的光源匹配，这样就可以通过自由调整灯光参数来控制 V-RaySky 的效果。

（2）Sun node（阳光节点）：用于选择灯光，作用参照上述。

V-RaySky 其他参数和 V-RaySun 参数的原理和作用都一样，这里就不重复了。

V-RaySun、V-RaySky 可以调整的参数不多，但是可以通过 V-Ray 的物理摄像机进行相关调整，这样得出的效果会更好。具体调整方法在后面 V-Ray 摄像机章节再进行介绍。

需要注意的是制作阳光、天光效果不一定必须使用 V-RaySun 和 V-RaySky，使用 V-Raylight 中的半球光和片光等都可以模拟阳光、天光效果，而且可调整的参数较多，效果也更好。即使使用 V-RaySun，也最好和 V-RaySky 搭配起来使用。在视图中打 V-RaySun 灯光时，会弹出如图 2-8 所示的对话框，单击"是"即可自动在 ⑤环境和效果 参数栏中将环境贴图设置为 V-RaySky。这时的 V-RaySky 会与 V-RaySun 自动匹配。

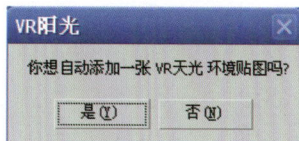

图 2-8　V-Ray 阳光对话框

## 2.2　V-Ray 摄像机

V-Ray 渲染器可以很好地兼容 3ds Max 软件自带的摄像机，很多业内人士在使用 V-Ray 渲染器制作效果图时都是直接采用 3ds Max 软件自带的摄像机，但是考虑到 V-Ray 渲染器具有 3ds Max 软件自带的摄像机所不具备的特点，可以模拟真实相机进行拍摄，而且 V-Ray 摄像机在功能上配合 V-RaySky 与 V-RaySun 灯光使用更方便，因而学习 V-Ray 摄像机还是很有必要的。

单击控制面板中的 📷 按钮，单击倒三角，在下拉框中选择 V-Ray 即可打开 V-Ray 摄像机面板。V-Ray 摄像机主要有两大种类，分别为 V-Ray Dome Camera（V-Ray 圆顶摄像机）和 V-Ray Physical Camera（V-Ray 物理相机）。

### 2.2.1　V-Ray 圆顶摄像机（V-Ray Dome Camera）

单击 VR穹顶摄影机 即可打开 V-Ray 圆顶摄像机（V-Ray Dome Camera）参数面板，如图 2-9 所示。

V-Ray 圆顶摄像机一般被用来渲染半球圆顶效果，其可控参数很少，用起来不方便，在效果图制作中应用较少。

（1）flip X（X 轴反转）：勾选后会让渲染的图像在 X 轴上反转。

（2）flip Y（Y 轴反转）：勾选后会让渲染的图像在 Y 轴上反转。

（3）fov（视角）：控制视角的大小。

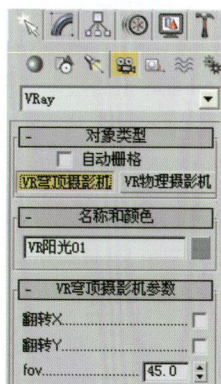

图 2-9　V-Ray 圆顶摄像机参数

### 2.2.2　V-Ray 物理摄像机（V-Ray Physical Camera）

V-Ray 物理摄像机（V-Ray Physical Camera）的参数设置类似于真实的相机，真实相机中的光圈、快门、曝光、ISO 等调节参数在 V-Ray 物理摄像机中都有，这样就方便用户参照现实中的相机对场景中的 V-Ray 物理摄像机进行设置，以得到更好的效果。V-Ray 物理摄像机的基本参数面板如图 2-10 所示。

1．Basic parameters（基本参数）

（1）Type（相机类型）：在下拉框中有三种类型的相机，分别是 Still camera（静态相机）、movie camera（电影相机）、Video camera（视频相机），分别用于模拟常规照相机、电影摄像机、带 CCD 矩阵的摄像机。制作效果图通常使用 Still camera（静态相机）即可。

（2）Targeted（目标）：控制摄像机是否有目标点。勾选摄像机具有目标点，不勾选摄像机则没有目标点，相当于 3ds Max 中的目标摄像机和自由摄像机，并且配合 V-Ray 渲染器中的摄像机选项可以对物体进行对焦。默认为勾选状态。

（3）Film gate（mm）[胶片规格（mm）]：控制摄像机摄入的范围，数值越大，摄入的场景越多，但是过大的数值容易造成场景图像变形。

（4）Focal length（mm）[焦距（单位 mm）]：控制摄像机摄入的范围，和 Film gate 刚好相反，数值越大，摄入的场景越少。

图 2-10　V-Ray 物理摄像机的基本参数

（5）Zoom factor（视图缩放）：控制摄像机视图的缩放。值越大，摄像机摄入的范围越小；值越小，摄入的范围越大。

（6）Distortion（扭曲）：控制摄像机的扭曲系数。默认为 0，代表渲染图没有任何扭曲效果，数值越高渲染图扭曲得越厉害，通常保持默认即可。Distortion（扭曲）后面还有一个扭曲类型，包括两个选项，分别是 Quadratic（两次）和 Cubic（三次）扭曲，通常保持默认的 Quadratic（两次），选择 Cubic（三次）扭曲会非常厉害。

（7）F—number（光圈大小）：控制摄像机的光圈大小。光圈越大渲染的图越暗，光圈越小渲染的图越亮。对最终渲染图的颜色也有影响，光圈越大颜色越偏黄，这一项在使用 V-Ray 摄像机时经常用到，用于控制整张效果图的曝光不足或过度曝光。

（8）Target distance（目标点距离）：摄像机到目标点的距离，当 Targeted（目标）被勾选时，此项为不可用状态，当取消 Targeted（目标）选项时，Target distance（目标点距离）就会自动激活，这时就可以调整 Target distance（目标点距离）数值，数值越大，摄像机和摄像机目标点的距离越大，摄入的范围也越多。

（9）Vertical shift（垂直方向上的变形）：控制相机在垂直方向上的变形，作用和 3ds Max 中 Camera correction（摄像机校正）修改器功能类似。当摄像机和摄像机目标点不在一个水平线上时，摄像机视图在垂直方向上会产生倾斜，尤其是墙体更容易看出倾斜，这时就可以通过控制 Vertical shift（垂直方向上的变形）的数值来调整视图上的倾斜，使之重新垂直。在 Vertical shift（垂直方向上的变形）下方还有一个 **估算垂直移动** 按钮，单击这个

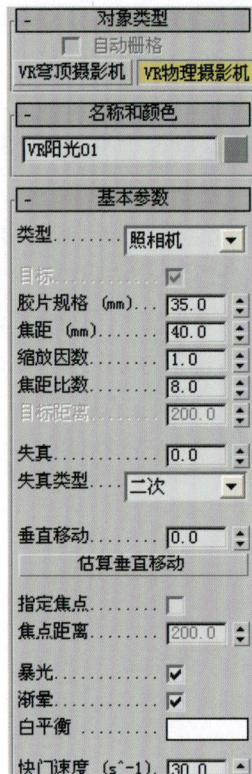

按钮可以自动调整摄像机视图校正。

（10）Specify focus（指点焦点）：控制焦点，通常保持默认的不勾选状态即可。

（11）Focus distance（焦距）：控制焦距的大小，数值越大，摄像机视图被推得更远，数值越小，摄像机视图推得越近。

（12）Exposure（曝光）：控制曝光，通常保持默认即可。

（13）Vignetting（渐晕）：可以用于模拟现实相机中的渐晕效果，通常保持默认即可。

（14）White balance（白平衡）：白平衡是现实中相机的一个重要功能，可以用于调整相机的偏色问题。各种品牌的相机其实都或多或少存在一定的偏色情况，设置白平衡可以对偏色情况进行校正。V-Ray 摄像机的白平衡也同样具有这种功能，在控制最终渲染图的偏色问题上有很重要的作用。在渲染时像室内白墙等材质很容易就出现偏黄或者偏蓝的情况，这时调整白平衡就可以很好地解决这个问题。一般来说，当场景偏暖色，白平衡的色彩也要偏暖，当场景偏冷，白平衡也同样偏冷，最好是和场景的颜色一致，这样就可以很好地控制场景的偏色情况。

（15）Shutter speed（快门速度）：快门控制的是摄像机的进光时间，快门值和图像的亮度成反比。快门值越小，进光时间越长，图就越亮。快门值越大，进光时间就越少，图就越暗。

（16）Shutter angle（快门角度）、Shutter offset（快门偏移）：当相机选择 Cinematic camera（电影相机）类型的时候，这两项才会被激活。Shutter angle（快门角度）作用是控制渲染图的亮度，角度值越大，图越亮，角度越小，图越暗；Shutter offset（快门偏移）控制快门角度的偏移，作用不大，通常保持默认即可。

（17）Latency（延迟）：只有相机类型为 Video camera（视频相机）类型时，此选项才会激活。作用是控制渲染图的亮度，值越大，图越亮，值越小，图越暗。

（18）Film speed（ISO）（ISO 胶片感光系数）：和现实中的相机一样，ISO 同样是 V-Ray 摄像机中的一个重要参数，可以控制最终渲染图的亮度，值越大，表示 ISO 的感光系数越强，图越亮；值越小，表示 ISO 的感光系数越弱，图越暗。

## 2．Bokeh effects（Bokeh 特效）

这个卷展栏的参数主要用于设置散景和景深效果，所谓散景和景深效果是指摄影中的特效，具体来说就是近处局部某物清晰，远景模糊。这样设置的好处是可以突出局部某物而弱化远景。Bokeh effects 参数面板如图 2-11 所示。

（1）Blades（边数）：勾选此项可控制散景产生的图形的边数，默认值为 5，散景的形状为正五边形。如果不勾选它，那么散景就是个圆形。

（2）Rotation（旋转）：散景形状的旋转角度。

（3）Center bias（中心偏移）：散景效果偏移原物体的距离。

（4）Anisotropy（各向异性）：控制散景的形状变异，值越大，散景的形状拉得越长，变形越严重。

## 3．Sampling（采样）

Sampling（采样）参数面板如图 2-12 所示。

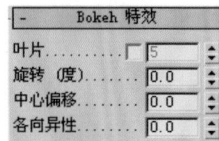

图 2-11　Bokeh 特效参数面板

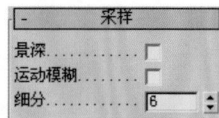

图 2-12　采样参数面板

（1）Depth—of—field（景深）：控制是否产生景深效果。勾选即可产生景深效果。

（2）Motion blur（动态模糊）：控制是否产生动态模糊效果。勾选即可产生动态模糊效果。

（3）Subdivs（细分）：控制景深和动态模糊的采样细分，值越高，采点越多，渲染图的品质越高，但是渲染时间会增加。

采用 V-Ray 软件可以制作效果图的散景和景深效果，但是实际上散景和景深效果在 Photoshop 软件中也可以很方便快捷地制作出来，考虑到作图的效率，如果需要制作景散和景深效果，还是尽量使用 Photoshop 制作。

## 2.3 V-Ray 渲染参数介绍

V-Ray 渲染参数面板和 V-Ray 材质一样，必须先按 F10 或点击相应的图标打开渲染设置面板，单击 指定渲染器 卷展栏，再单击 产品级： 默认扫描线渲染器 旁边的 … 图标，选择 V-Ray 渲染器，单击 OK 即可。如果是长期的使用 V-Ray 渲染，可以单击 Save as defaults 按钮，这样就把选择的渲染器保持为默认的选择，下一次使用时，系统就自动使用选择好的渲染器。

单击 Render 按钮可见 V-Ray 渲染参数卷展栏，共十六项，如图 2-13 所示。这十六项分别是：① V-Ray 授权；②关于 V-Ray；③ V-Ray 帧缓冲区；④ V-Ray 全局开关；⑤ V-Ray 图像采样（反锯齿）；⑥ V-Ray 自适应细分图像采样器；⑦ V-Ray 间接照明（GI）；⑧ V-Ray 发光贴图；⑨ V-Ray 准蒙特卡洛全局光；⑩ V-Ray 散焦；⑪ V-Ray 环境；⑫ V-Ray rQMC 采样器；⑬ V-Ray 颜色映射；⑭ V-Ray 摄像机；⑮ V-Ray 默认置换；⑯ V-Ray 系统。接下来将一一对其参数进行讲解。

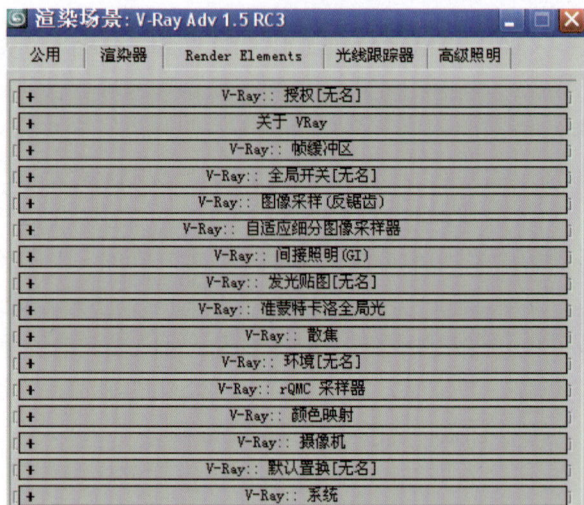

图 2-13  V-Ray 渲染参数卷展栏

### 2.3.1  V-Ray 授权（V-Ray：Authorization）

V-Ray：Authorization 主要体现 V-Ray 的注册信息，如图 2-14 所示。注册文件一般都放置在"C:\Program Files\Common Files\ChaosGroup\VRFLClient.ini"中，如果之前安装过低版本的 V-Ray，在安装更高版本的 V-Ray 时容易出现各种问题，这时可以把这个文件删除以后再重新安装，一般问题就可以得到解决。

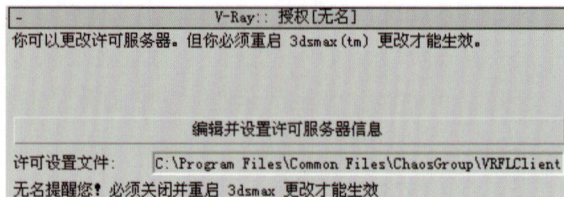

图 2-14  V-Ray 注册信息

### 2.3.2　关于 V-Ray（About V-Ray）

About V-Ray 参数展卷栏主要介绍当前使用的 V-Ray 渲染器的各种信息，包括 V-Ray 的官方网站地址、V-Ray 版本等，如图 2-15 所示。

### 2.3.3　V-Ray 帧缓冲区（V-Ray：Frame buffer）

V-Ray 的帧缓冲区（V-Ray：Frame Buffer）主要用来设置 V-Ray 渲染的图形大小等参数，勾选 启用内置帧缓冲区 可以激活 V-Ray：Frame Buffer 参数，如图 2-16 所示。

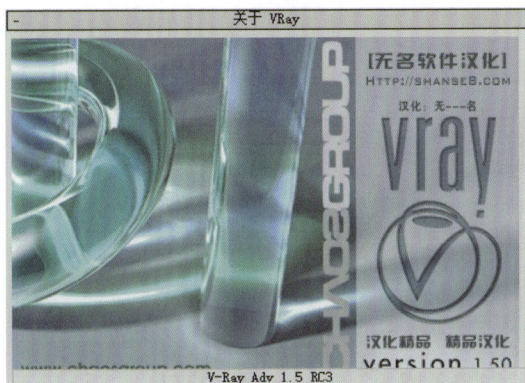

图 2-15　About V-Ray 参数展卷栏

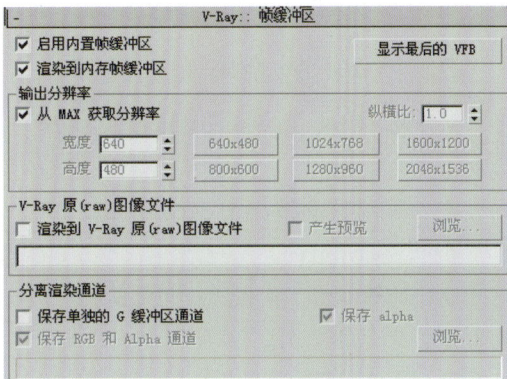

图 2-16　V-Ray 的帧缓冲区卷展栏

（1）Enable built—in Frame Buffer（打开 V-Ray 帧缓冲区）：当勾选这个选项的时候，就可以使用 V-Ray 自带的渲染窗口。这时可以同步将 3ds Max 默认的渲染窗口关闭，这样可以节约内存资源。关闭方法如下：

在 渲染场景 下点击 公用 ，在出现的 公用 卷展栏下找到 渲染帧窗口 命令，将其前面的勾选去除即可。

（2）Show last VFB（显示上一次渲染的图形）：单击 Show last VFB 按钮，就可以看到上次渲染的图形。

（3）Rendel to memory frame buffer（渲染到内存帧缓冲）：当勾选此选项时，会出现渲染窗口，可以从渲染窗口查看渲染的整个过程。不勾选时，不会出现渲染框，而是直接保存到指定的文件夹中。

（4）Get Resolution From MAX（从 MAX 获得分辨率）：当勾选此选项时，将从 3ds Max 渲染面板里的公用选项卡的输出尺寸参数栏中获取渲染尺寸，如图 2-17 所示。不勾选此项，V-Ray 渲染器中的渲染图尺寸设置将被激活，这时就可以直接在 V-Ray 渲染器中设置渲染图的尺寸了。

（5）Render to V-Ray raw image file（渲染为 V-Ray 自身图形文件）："渲染到内存帧

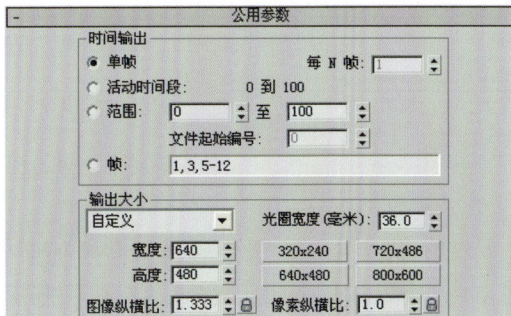

图 2-17　3ds Max 渲染尺寸设置

缓冲"不勾选时，就需要在这里设定文件保存的位置。勾选 ☑ 渲染到 V-Ray 原（raw）图像文件，激活参数后单击 浏览... 按钮，就可以在硬盘上指定位置来存放渲染图。但是此时保存的文件格式只能是 V-Ray image files，这种格式的文件只能用 3ds Max 文件菜单下的 查看图像文件(V)... 来打开。

（6）Generate preview（创建预览）：勾选 Generate preview 可以得到一个比较小的预览框来预览渲染的过程，但是通常看到的渲染图的质量都不高。

（7）Save separate render channels（保存渲染元素通道）：勾选 ☑ 保存单独的 G 缓冲区通道 选项后，可以将 V-Ray 的反射、折射通道、高光通道、阴影通道保存到硬盘。

### 2.3.4　V-Ray 全局开关（V-Ray：Global switches）

V-Ray：Global switches 展卷栏主要是对场景中的灯光、材质等参数进行全局设置，其参数面板如图 2-18 所示。

**1．Geometry（几何体）**

Displacement（置换）：控制场景中的置换效果是否打开。

**2．Lighting（灯光）**

（1）Lights（灯光）：控制是否开启场景中的灯光，默认为勾选，当不勾选的时候，场景中放置的灯光将不起作用。

图 2-18　V-Ray：Global switches 展卷栏

（2）Default lights（默认灯光）：3ds Max 系统中自设了灯光，这个选项就是控制场景是否使用 3ds Max 系统中自设的灯光。通常在制作效果图时都会自己重新打灯光，所以一般这个选项不需要勾选。

（3）Hidden lights（隐藏灯光）：控制场景中隐藏的灯是否产生光照。

（4）Shadows（阴影）：控制场景中的灯光是否产生阴影效果，通常都需要勾选。

（5）Show GI only（只显示全局光）：勾选则场景渲染结果只显示 GI 的光照效果。通常不需要勾选。

**3．Indireet ilhmfination（间接照明）**

Don't render final image（不渲染最终图像）：控制是否渲染最终图像。如果勾选此选项，V-Ray 在计算完光子后将不会渲染出最终图像，可以节约渲染的时间。如果仅仅需要单独渲染光子图可以勾选此选项。

**4．Materials（材质）**

（1）Reflection/Refraction（反射 / 折射）：控制是否打开场景中材质的反射和折射效果，通常需要保持默认勾选。

（2）Max depth（最大深度）：控制整个场景中的反射、折射的最大深度，勾选后其后面的输入框将被激活，可以输入数值控制反射、折射次数。

（3）Maps（贴图）：控制是否渲染场景中的程序贴图和纹理贴图。如果不勾选，那渲染出来的图像就不会显示贴图，通常保持默认勾选。

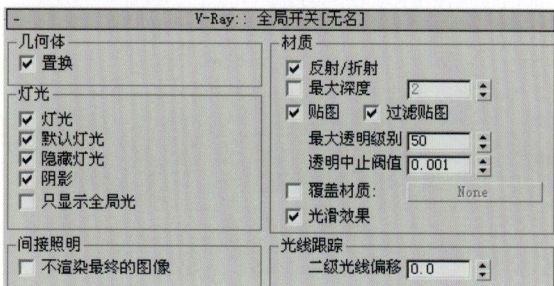

（4）Filter maps（过滤贴图）：这个选项控制 V-Ray 渲染时是否使用贴图纹理过滤。勾选后纹理的细部细节会更好一些，通常保持默认勾选状态即可。

（5）Max transp．1evels（最大透明级别）：控制透明材质被光线追踪的最大深度。值越高被光线追踪的深度越深，效果越好，同时渲染速度也越慢，反之亦然。

（6）Transp．Cutoff（透明终止阀值）：控制 V-Ray 渲染器对透明材质的追踪终止值。

（7）Override mtl（覆盖材质）：勾选后，其后的长条 None 将被激活，这时可以从材质编辑器中任意选择一个材质球拖动至长 None 按钮上，这时场景中所有的物体都将使用该材质渲染。在测试灯光和模型是否有问题时，这个选项非常有用。

（8）Glossy effects（光滑效果）：控制是否打开反射或者折射的模糊效果，当不勾选时，场景中带模糊的材质将不会渲染出反射或者折射的模糊效果，在测试时可以不勾选这个选项，在最终渲染时再勾选。

5．Raytracing（光线跟踪）

Secondary rays bias（二级光线偏移）：当场景中的物体交错重合在一起时，很容易出现黑斑。该参数可以控制场景中有重合的物体在渲染时不产生黑斑。通常可以给一个比较小的值来控制渲染黑斑，一般可以设置为 0.001，单击其旁边的向上小三角即可设置好。

### 2.3.5　V-Ray 图像采样＜反锯齿＞（V-Ray：Image sampler<Antialiasing>）

Image sampler（图形采样）总共有 3 种采样类型，选择不同的类型，下面的展卷栏内容也同时跟着变化，用户可以根据场景的不同选择不同的采样类型。

（1）Fixed（固定采样）：Fixed 采样类型的采样方式是对每个像素使用一个固定的细分值，细分越高，采样品质越好，渲染效果也越好，但是渲染时间也会越长。Fixed 采样类型适合拥有较多的反射模糊、折射模糊或者具有高细节的纹理贴图的场景。Fixed 采样参数面板如图 2-19 所示。

Type（类型）：可以从其下拉框中选择采样的类型。

Antialiasing Filter（反锯齿过滤器）：控制渲染场景的反锯齿类型。当勾选 On 选项，可以从旁边的下拉框中选择一个反锯齿方式来对场景进行反锯齿处理。反锯齿类型有很多种，如图 2-20 所示。

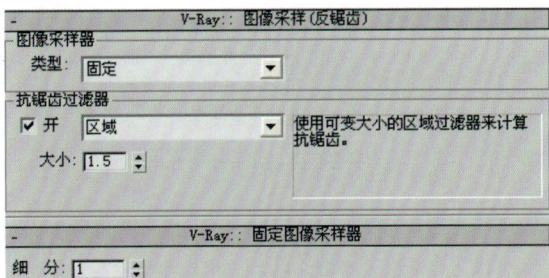

图 2-19　Fixed 采样参数栏　　　　图 2-20　反锯齿类型

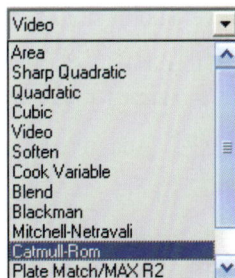

不同的反锯齿类型对于最终的渲染效果都会产生一定的影响，相对而言，Mitchell—Netravali 和 Catmull—Rom 的抗锯齿效果最好，Mitchell—Netravali 整体感觉比较柔和，纹理清晰，Catmull—Rom 就要锐利得多，有些类似于 Photoshop 里的锐化效果。选择反锯齿

类型不会对效果图产生根本的影响，只是在细节上更为突出一些。

Size（大小）：控制过滤器的大小，通常保持默认即可。

Subdivs（细分）：控制采样的细分，值越高效果越好。

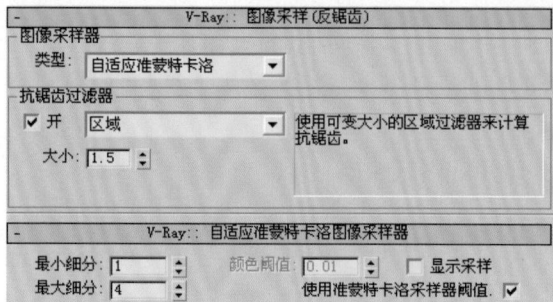

图 2-21 Adaptive QMC 参数栏

（2）Adaptive QMC（自适应准蒙特卡洛采样）：Adaptive QMC 采样方式根据不同像素采用不同的样本数量，适合那些有大量模糊效果或者具有高细节的纹理贴图和大量几何体面的场景，其参数面板如图 2-21 所示。

Min subdivs（最小细分）：定义每个像素使用的最小细分，值越大，采样品质越高，图的边线抗锯齿也越好，但渲染速度也越慢。

Max subdivs（最大细分）：定义每个像素使用的最大细分，值越大，采样品质越高，图的边线抗锯齿也越好，但渲染速度也越慢。如果对于渲染图要求不是很高，可以把这个值设置得比较低，加快渲染速度。

Clr thresh（颜色阈值）：控制对颜色的判断，根据对颜色的判断确认采样值的分布。通常保持默认即可。

Use QMC sampler thresh（使用 QMC 样本阈值）：如果勾选了该选项，Clr thresh 将不起作用，取而代之的是采用 QMC sampler 里的阈值。通常也是采用 Use QMC sampler thresh 而不是 Clr thresh。

show samples（显示样本）：勾选它以后，可以看到 Adaptive QMC 的样本分布情况。

（3）Adaptive Subdivsion（自适应细分采样）：Adaptive Subdivsion 是具有负值采样的高级反锯齿功能的采样类型，适用在没有或者只有少量模糊效果的场景中。如果场景中有大量细节和模糊效果，采用 Adaptive Subdivsion 类型采样渲染速度会最慢，而且渲染品质还不如上述两种采样类型，相对来说 Fix 占的内存资源最少，速度最快。Adaptive Subdivsion 参数面板如图 2-22 所示。

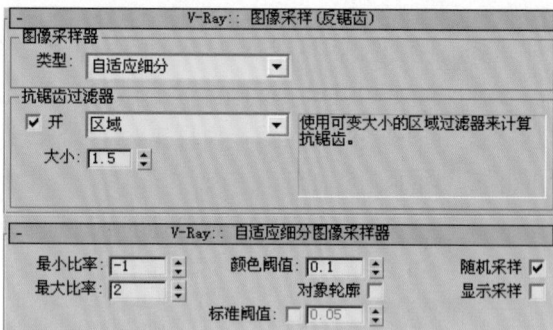

图 2-22 Adaptive Subdivsion 参数栏

Min rate（最小比率）：控制图像每个像素使用的最少样本数量。数值 0 表示图像中一个像素使用一个样本数量；–1 表示两个像素使用一个样本；–2 表示 4 个像素使用一个样本，依此类推。Min rate 值越小，渲染质量越差，渲染速度越快。

Max rate（最大比率）：控制图像每个像素使用的最多样本数量。数值 0 表示一个像素使用一个样本数量；1 表示每个像素使用 4 个样本；2 表示每个像素使用 8 个样本数量。值越高，渲染品质越好，渲染速度越慢。

Object outline（对象轮廓）：勾选后，可以对物体轮廓线使用更多的样本，从而让物体轮廓的渲染品质更高，但是渲染速度也会减慢。

Nrm thresh（标准阈值）：控制 Adaptive subdivision 在物体表面法线的采样程度。通常不需要勾选。

Randomize samples（随机采样）：勾选后，样本将随机分布。通常保持默认勾选即可。

Show samples（显示样本）和 Clr thresh（色彩阈值）在 Adaptive QMC（自适应准蒙特卡洛采样）中已有介绍，这里就不再重复了。

### 2.3.6　V-Ray 间接照明 <GI>（V-Ray：Indirect illumination<GI>）

V-Ray 间接照明 <GI> 是 V-Ray 渲染器中最为重要的一个参数栏，主要控制 V-Ray 的全局光照（即 GI）参数，而全局光照是 V-Ray 渲染器的核心技术，其参数栏如图 2-23 所示。

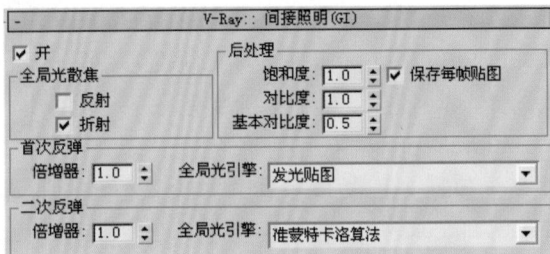

(1) ON（开）：控制是否打开 GI，GI 就是英文单词 Global Illumination（全局光照）的缩写。

图 2-23　V-Ray 间接照明 <GI> 参数栏

(2) GI caustics（全局光焦散）：控制间接光照产生散焦效果。V-Ray 渲染器中有一个专门的 "V-Ray：Caustics（焦散）" 展卷栏，其设置的焦散效果比 GI caustics 设置的焦散效果更好。

1）Reflective（反射）：控制是否让间接光产生的反射焦散。

2）Refractive（折射）：控制是否让间接光产生的折射焦散。

(3) Post．Processing（后期效果）：控制渲染图的饱和度、对比度，这和 Photoshop 里的饱和度、对比度功能相似。

1）saturation（饱和度）：控制渲染图的饱和度。值越高，饱和度越高，颜色越艳，在某些颜色较灰的图像渲染中可以适当调高这个参数。

2）contrast（对比度）：控制渲染图的色彩对比度。值越高，色彩对比度越强，适当地加强对比度可以使得整个画面效果显得更为突出。

3）Contrast base（基本对比度）：主要控制渲染图的明暗对比度。值越高，明暗对比越强烈，整体效果越突出，但是倘若设置过高也会造成整体画面不协调。

4）save maps per frame（每帧保存）：在渲染动画时才有用，通常保持默认即可。

(4) Primary bounces（首次反弹）：这个参数主要控制光线的第一次反弹。

1）Multiplier（倍增值）：控制一次反弹的光线倍增值。值越高，反弹的光的能量越强，渲染场景越亮，反之亦然，默认为 1。

2）GI engine（GI 引擎）：这里选择一次反弹的 GI 引擎，包括 Irradiance map（发光贴图）、Photon map（光子贴图）、Quasi-Monte-Carlo（准蒙特卡洛）、Lightcache（灯光缓存）四种，选择任何一种引擎，在下面都会出现对应的卷展栏。

(5) Secondary bounces（二次反弹）：这个参数主要是对光线的二次反弹进行控制。

1) Multiplier（倍增值）：控制二次反弹的光线倍增值，值越高，反弹的光的能量越强，渲染场景越亮，反之亦然，默认为1。

2) GI engine（GI引擎）：这里选择二次反弹的GI引擎，包括None（不使用引擎）、Photon map（光子贴图）、Quasi—Monte-Carlo（准蒙特卡洛）、Light cache（灯光缓存）四种。同样选择除了None外的任何一种引擎，在下面都会出现对应的卷展栏。下面就各个引擎进行单独介绍。

### 2.3.7 发光贴图（Irradiance map）

控制发光贴图的参数面板如图2-24所示。

（1）Built-in presets（内置预设），可以选择 V-Ray 渲染器预设好的模式。

Current preset（当前预置）：其下拉菜单包括8种 V-Ray 渲染器预设好的模式，即 custom（自定义）、Very Low（非常低）、Low（低）、Medium（中）、Medium-Animation（中级—动画）、High（高）、High-animation（高-动画）、Very high（非常高）。可以根据对渲染图质量的高低选择不同的模式，一般情况下选择中即可。当选择 Custom（自定义）的时候，可以随意调节发光贴图的参数。

（2）Basic Parameters（基本参数）：控制发光贴图的样本数量、分布等参数。

1) Min rate（最小比率）：控制场景大面积区域使用的最少样本数量。数值0表示图像中每个点都有样本，-1表示计算区域的1/2是样本，-2表示计算区域的1/4是样本，依此类推。Min rate 值越大，渲染质量越好，但是渲染速度越慢，反之亦然。

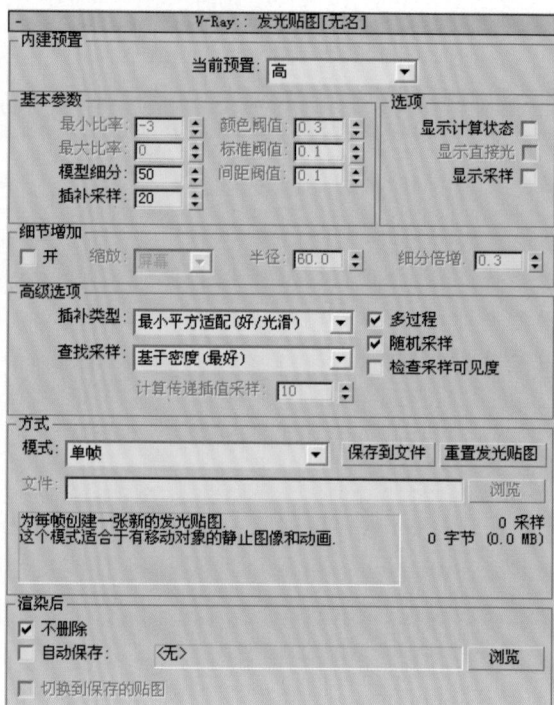

图 2-24 发光贴图参数卷展栏

2) Max rate（最大比率）：控制场景中的边线、角落、阴影等细节的采样数量。数值0表示计算区域的每个点都有样本，-1表示计算区域的1/2是样本，-2表示计算区域的1/4是样本。Min rate 值越大，渲染质量越高，但是渲染速度越慢，反之亦然。

3) HSph．subdivs（模型细分）：细分值越高，表示光线越多，那么样本精度也就越高，渲染的品质也越好，同时渲染时间也会增加。通常保持默认的50即可。

4) Interp．samples（插值采样）：该参数可以控制样本的模糊处理，较大的值得到比较模糊的效果，较小的值得到比较锐利的效果。

5) Clr thresh（颜色阈值）、Nrm thresh（标准阈值）、Dist thresh（间距阈值）的作用分别是分辨场景中的大面积区域、交叉区域和弯曲表面区域，选择 V-Ray 渲染器预设好的不同模式，其参数也会随之变化。

这几项参数是 V-Ray 渲染器中比较重要的参数，具体的应用在后面的实例中会讲解，读者也可以找个简单的模型做试验，限于篇幅，这里就不一一举例说明了。

（3）Options（选项）：控制渲染过程的显示方式和样本是否可见。

1）Show Calc．Phase（显示计算过程）：勾选后可以看到渲染的 GI 计算过程。

2）Show Direct Light（显示直接光照）：勾选则显示直接光照，可观察到直接光照的位置。

3）Show Samples（显示样本）：勾选则显示样本的分布密度。

（4）Detail enhancement（细部增强）：其作用是控制场景的细部效果。

1）On（开）：控制是否打开细部增强功能，勾选则打开，但是渲染速度会变慢。

2）Scale（缩放）：其后面的下拉框中有 Screen 和 World 两种模式。渲染效果图采用 Screen 模式，渲染动画则最好采用 World 模式。

3）Radius（半径）：控制细部的半径，半径越大，使用细节增强的细部区域也就越大，渲染时间就越长。

4）Subdivs mult（细分倍增）：这里主要是控制细部的细分，值越高，细部越不容易产生杂点，但是渲染速度会变慢，反之亦然。

（5）Advanced options（高级选项）：主要对样本的相似点进行插补、查找，其作用原理相对复杂，而且在效果图制作时通常都会保持其默认参数，这里就不一一介绍了。

（6）Mode（模式）：控制对发光贴图不同的使用模式。

1）Mode（模式）：从旁边的下拉框中可以选择六种不同的模式，分别如下：

Single Frame（单帧）：默认方式，通常用于渲染静帧效果图。

Multiframe incremental（多帧增加）：可以用于渲染仅有摄像机移动的动画。当 V-Ray 计算完第一帧的光子以后，在后面需要计算的帧里电脑会自动根据第一帧里没有的光子信息进行新的计算，第一帧有的光子则不再计算，这样就节约了动画渲染的时间。

From file（从文件）：当渲染完光子图以后，可以通过选择这个模式将光子图保存，这样就可以在后面的渲染中直接载入保存的光子图，不需要每次都渲染光子图，大大地节省了渲染的时间。

Add to current map（增加到当前光子图）：多角度渲染时，可以在渲染完一个角度的光子图后，把相机转到另外一个角度再全新计算新角度的光子，最后把这两次的光子叠加起来，这样的光子信息更丰富和准确。

Incremental add to current map（增量添加到当前光子图）：这个模式和 Add to current map 模式相似，不同的是，它不会重新计算新角度的光子，而只对没计算过的区域进行新的计算。

Bucket mode（块模式）：这种模式可以把整个图分成块来计算，常用于网络渲染，是速度最快的一种模式。

2）Save（保存到文件）：将光子图保存到硬盘某处。

3）Reset（重置）：将光子图从内存中清除。

4）Browse（浏览）：选择 From file，该项会被激活，单击浏览按钮，可以从硬盘中调用之前保存的光子图进行渲染，这样就节省了光子图渲染时间，是加快渲染速度的最佳方法。

（7）On render end（在渲染以后）：主要控制光子图在渲染完成后的处理。

1）Don't delete（不删除）：勾选则光子图渲染完，不会把光子从内存中删掉。

2）Auto save（自动保存）：勾选此项，当光子图渲染完会自动保存在硬盘中，单击 Browse 就可以选择硬盘中的保存位置。

3）Switch to saved map（切换到保存的光子图）：勾选 Auto Save 以后该选项会被激活，勾选 Switch to saved map 会自动使用最新渲染的光子图来进行大图渲染。

### 2.3.8  光子贴图（Photon map）

和 Light cache 相比，Photon map 功能没有 Light cache 强，而且 Photon map 仅支持 3ds Max 中的 Direct 平行光和 VRaylight 灯光，在使用上也不是很方便。在室内及建筑效果图制作中更多的是使用 Light cache 而不是 Photon map。光子贴图参数栏如图 2-25 所示。

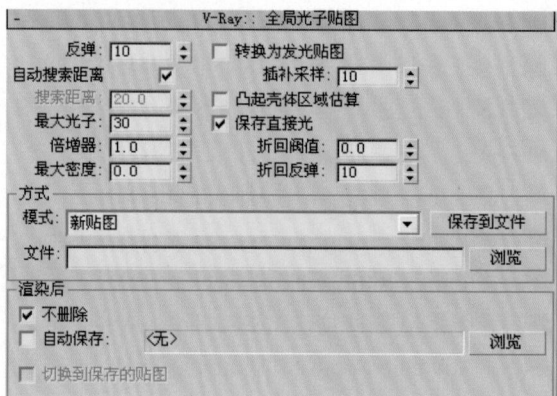

图 2-25  光子贴图参数栏

（1）Bounces（反弹）：控制光线的反弹次数，反弹光线次数越多，光线越充分。通常采用默认值 10 即可。

（2）Auto search dist（自动搜索距离）：勾选后，V-Ray 会根据场景的光照信息自动估计一个光子的搜索距离，通常都需要勾选。

（3）Search dist（搜索距离）：当不勾选 Auto search dist 时，此选项才会激活。可以通过输入数值来控制光子的搜索距离，值较大时不容易产生杂点，但会增加渲染时间。

（4）Max photons（最大光子数）：控制场景里着色点周围参与计算的光子数量。值越大渲染品质越好，但是渲染时间越长。

（5）Multiplier（倍增器）：控制光子的亮度，值越大，场景越亮；值越小，场景越暗。

（6）Max density（最大密度）：控制在多大的范围内使用一个光子贴图。值越小，渲染效果越好。

（7）Convert to irradiance map（转换为发光贴图）：勾选后渲染的效果会更平滑。

（8）Interp．samples（插补采样）：控制样本的模糊程度，值越大渲染效果越模糊。

（9）Convex hull area estimate（凸起表面区域估计）：勾选此项，V-Ray 会自动消除光子贴图产生的黑斑，但是渲染时间也会增加。

（10）Store direct light（保存直接光照）：勾选后，会将直接光照信息保存到光子贴图中，渲染速度会有所提高。

（11）Retrace threshold（折回阈值）：控制光子来回反弹的阈值，值越小，渲染品质越高，但是渲染速度会变慢。

（12）Retrace bounses（折回反弹次数）：用来设置光子来回反弹的次数，值越大，渲染品质越高，但是渲染速度会变慢。

Mode 和 On render End 参数在前面的 Irradiance map 已经有了详细的讲解，这里就不再重复了。

### 2.3.9　准蒙特卡洛 GI（Quasi-Monte Carlo GI）

控制准蒙特卡洛 GI 的参数面板如图 2-26 所示。

（1）Subdivs（细分）：控制准蒙特卡洛 GI 的样本数量，数值越大，产生的杂点越少，渲染效果越好，速度越慢，反之亦然。

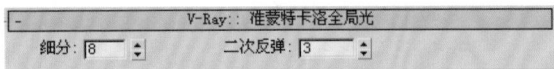

图 2-26　准蒙特卡洛 GI 的参数

（2）Secondary bounces（二次反弹次数）：此参数控制二次反弹的次数。数值越小，光线反弹越不充分，场景越暗，渲染越快。相反，二次反弹数值设置越大，光线反弹越充分，场景越亮，渲染越慢。

需要注意的是当二次反弹引擎选择 Quasi-Monte Carlo GI 时，此项才会被激活。

### 2.3.10　灯光缓冲（Light Cache）

Light cache（灯光缓冲）综合了 Irradiance map 和 Photon map 的特点，对灯光的模拟类似于 Photon map，但却能够支持任何灯光类型，在渲染效果上也要强于 Photon map。其参数面板如图 2-27 所示。

（1）Calculation parameters（计算参数）：用来设置灯光缓冲的细分、采样大小等参数。

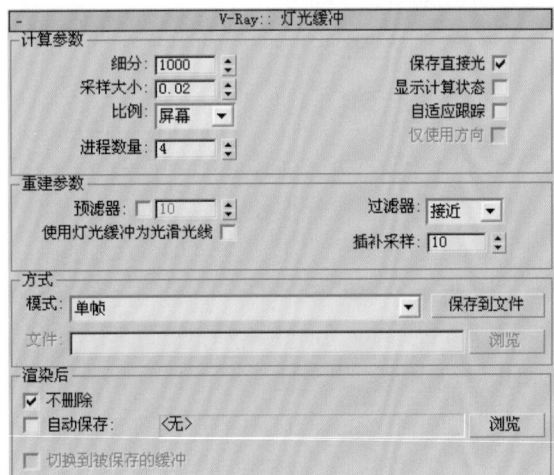

图 2-27　灯光缓冲参数面板

1）Subdivs（细分）：控制灯光缓冲的细分数值，数值越大，样本总量越多，渲染品质越好，渲染速度越慢，反之亦然。

2）Sample size（采样大小）：设置灯光缓冲的采样大小，采样值越小，细节越丰富，渲染品质也越好，但是速度越慢，反之亦然。

3）Scale（单位依据）：设置采样值的单位，有 Screen（屏幕）和 World（世界）两种单位。

Screen（屏幕）：依靠渲染图的尺寸来确定采样的大小，越靠近摄像机的采样值越小，越远离摄像机的采样值越大。对于一些狭长的空间如过道等，采用这种单位容易因为远处的采样值太大而出现问题。

World（世界）：采用 World 单位的场景中，样本大小都是固定尺寸，和摄像机角度没有关系。适用于渲染动画和狭长空间的静帧效果图。

4）Number of passes（进程数量）：控制电脑 CPU 的核心数，如果是单核 CPU，数值设定为 1；如果是双核，就可以设定为 2。

5）Store direct light（保存直接光照）：勾选此项，Light cache 将自动保存直接光照信息。这样在渲染出图时，就不需要再对直接光照进行采样计算，可以提高渲染速度。对于那些灯光很多的夜景效果更是适用。

6）Show calc. phase（显示计算过程）：勾选此项，可以显示灯光缓存的计算过程，但是会占掉一定的内存。

7）Adaptive tracing`（自适应跟踪）：勾选此项后，会自动记录场景中的灯光位置，并在灯光的位置上采用更多的采样，同时模糊特效也会处理得更快，但是会占用更多的内存资源。

8）Use directions only（仅对直接光照使用）：当勾选自适应跟踪，此参数才会被激活。勾选后，灯光缓存只记录直接光照的信息，而不考虑间接光照，这样可以加快渲染速度。

（2）Reconstction parameters（重置参数）：这项参数可以对灯光缓存的采样进行不同模糊处理。

1）Pre-filter（预滤器）：勾选此项后，V-Ray 可以自动查找采样边界进行模糊处理。数值越高，模糊程度越高。

2）Filter（过滤）：此选项是在渲染最后成图时，对样本进行过滤，其下拉菜单有三个选项：

None（不过滤）：对样本不进行过滤。

Nearest（临近）：选择此项过滤方式，会自动出现 Interp. samples（插值样本）参数，设置的值越高，模糊程度越高。

Fixed（固定）：其作用和 Nearest 相同，选择后会自动出现 filter size（过滤尺寸）参数，该值越大，说明模糊的半径越大，图的模糊程度也越高。

Use light cache for glossy rays（使用灯光缓存模糊光线）：勾选此项，会加快场景中反射和折射模糊的渲染速度。

（3）Mode（模式）：和 Irradiance map 一样，控制对发光贴图不同的使用模式。但是灯光缓存中有两种模式是 Irradiance map 没有的。讲解如下：

1）Fly-Through（快速通过）：通常都是用于动画制作中，采用这个模式可以把动画从第一帧到最后一帧的所有样本都融合在一起。

2）Progressive Path Tracing（渐进路径跟踪）：此种模式可以精确计算样本，计算过程不对任何样本进行优化，直到样本计算完毕。

灯光缓冲中的其他参数和 Irradiance map（发光贴图）中的参数是一样的，这里就不再重复介绍了。

## 2.3.11 V-Ray 焦散（V-Ray：Caustics）

焦散是现实中半透明物体所特有的一种效果，将玻璃、水晶等物体置于太阳或者灯光底下，光线穿过玻璃、水晶等半透明物体，形成的光斑既是焦散。焦散参数栏如图 2-28 所示。

（1）On（开关）：勾选此项，就可以打开焦散效果。

（2）Multiplier（倍增器）：控制焦散的亮度。值越高，焦散效果越亮。

（3）Search dist（搜索距离）：控制焦散的半径，值越小，焦散效果中颗粒越明显，值越大焦散效果越模糊，颗粒不明显。

（4）Max photons（最大光子数）：控制单位区域内的最大光子数量，值越小，焦散效果越不明显，值越大，焦散效果越明显。

图 2-28　焦散参数栏

（5）Max density（最大密度）：控制光子的最大密度，值越小，焦散效果越明显，值越大焦散效果越模糊。

焦散其余参数在之前的已有详细讲解，这里就不再重复了。

### 2.3.12　V-Ray 环境（V-Ray：Environment）

V-Ray 环境包括 V-Ray 天光、反射环境和折射环境参数的设置，其参数面板如图 2-29 所示。

（1）GI Environment（Skylight）Override（全局光环境＜天光＞覆盖）：勾选此选项，V-Ray 的天光将起光照作用。

图 2-29　V-Ray 环境参数面板

1）ON（开关）：勾选此项则打开 V-Ray 的天光。

2）▢（颜色）：单击可以选择天光的颜色。

3）Multiplier（倍增值）：控制天光的亮度，值越高，天光的亮度越高。

4）None（贴图通道）：单击该按钮，可以选择不同的贴图来作为天光的光照。

（2）Reflection environment overTide（反射环境覆盖）：勾选此项，当前场景中的反射环境便可通过此参数控制。

1）ON（开关）：勾选此项则打开 V-Ray 的反射环境。

2）▮（颜色）：单击可选择反射环境的颜色。

3）Multiplier（倍增值）：控制反射环境的亮度，值越高，反射环境的亮度越高。

4）None（贴图通道）：单击该按钮，可以选择不同的贴图来作为反射环境。

（3）Refraction environment override（折射环境）：折射环境覆盖控制的是场景中的折射环境，其参数作用和反射参数一样，这里就不重复了。

### 2.3.13　V-Ray 准蒙特卡洛采样器（V-Ray：rQMC Sampler）

V-Ray 准蒙特卡洛采样器是 V-Ray 渲染器的核心技术，控制场景中各种效果的计算程度。其参数如图 2-30 所示。

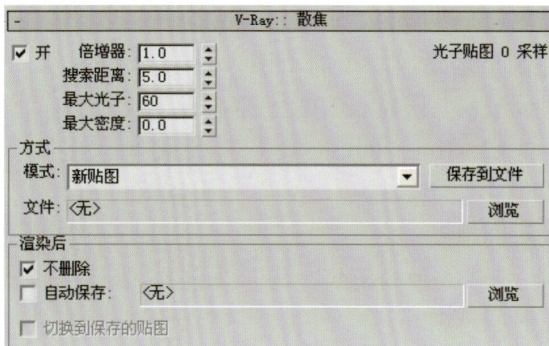

（1）Adaptive amount（适应数量）：控制早期终止应用的范围，值越大渲染时间越快，值越小渲染时间越慢。

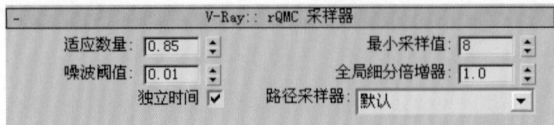

图 2-30　V-Ray 准蒙特卡洛采样器参数栏

（2）Noise threshold（杂点阈值）：值越小，杂点越少，渲染品质越好，渲染时间越慢。

（3）Min samples（最小采样）：控制场景的最小样本。值越小渲染时间越快，值越大渲染时间越慢。

（4）Global subdivs multiplier（全局细分倍增器）：该参数会倍增 V-Ray 中的任何细分值，加大后渲染时间极慢，但在渲染测试的时候，可以把这个值减小而得到更快的预览效果。

（5）Time independent（独立时间）：渲染动画时才有用，勾选后，渲染动画时就会强制每帧都使用一样的准蒙特卡洛采样器。

（6）Path sampler（路径采样器）：在下拉框中共有 Default（默认）和 Latin super cube（拉丁超级立方体）两种路径样本，一般情况下都是采用 Default（默认）方式，但如果是特别大型的场景采用 Latin super cube（拉丁超级立方体）方式计算会更精确，但是渲染时间更长。

## 2.3.14　V-Ray 颜色映射（V-Ray：Color mapping）

V-Ray 颜色映射主要控制灯光方面的衰减、色彩的不同模式、明暗部调整等参数，其参数面板如图 2-31 所示。

图 2-31　V-Ray 颜色映射参数栏

Type（类型）：控制曝光模式，其下拉框共有 7 种曝光模式，不同模式下的参数也有所不同。

1）Linear multiply（线形倍增器）：默认曝光模式，这种模式将基于最终色彩亮度来进行线形的倍增，缺点是容易导致靠近光源的区域过分明亮，其参数如下：

Dark multiplier（暗部倍增器）：控制暗部的亮度，值越大暗部越亮。

Bright multiplier（亮度倍增器）：控制亮部的亮度，值越大亮部越亮。

Gamma（伽玛值）：控制伽玛值，伽玛值越高整体亮度越高。

2）Exponential（指数曝光）：该曝光模式采用指数形式进行曝光，特点是可以降低靠近光源处区域的曝光效果，同时会将场景的颜色饱和度降低。其参数和 Linear multiply（线形倍增器）一样。

3）HSV exponential（HSV 曝光）：该种曝光可以保持场景物体的颜色饱和度，但是不会对高光进行计算。其参数和 Linear multiply（线形倍增器）一样。

4）Intensity exponential（强度指数曝光）：这种曝光模式既可以降低靠近光源处区域的曝光效果，又可以保持场景的颜色饱和度。如果渲染图中的灯光处产生了过度曝光的情况，采用此种模式可以在一定程度上得到控制。其参数和 Linear multiply（线形倍增器）一样。

5）Gamma Correction（伽玛校正）：该种模式是采用伽玛值来修正场景中的灯光衰减和贴图色彩，其参数如下：

Multiplier（倍增器）：控制渲染图的亮度，值越大，亮度越高。

Inverse gamma（反伽玛）：控制伽玛值在 V-Ray 内部的转化。

6）Intensity Gamma（亮度咖玛）：该曝光模式和 Gamma Correction（伽玛校正）基本一样，参数也一样，但对调整场景中灯光的亮度更为有效。

7）Reinhard（混合曝光）：该曝光模式是将线形曝光和指数曝光结合在一起，其最重要的参数就是 Burn value（混合值）参数。Burn value（混合值）可以控制线形曝光和指数曝光的混合值，0 表示线形曝光不参与混合，1 表示指数曝光不参加混合，0.5 表示线形和指数曝光效果各占一半。

### 2.3.15　V-Ray 相机（V-Ray：Camera）

V-Ray 相机主要是控制相机的特效，包括相机类型、景深效果和运动模糊效果。其参数面板如图 2-32 所示。

需要注意的是 V-Ray 相机的所有参数都对 V-Ray 物理相机完全无效。

（1）Camera type（相机类型）：控制相机对场景不同的投射方式。Type（类型）：共有 Standard（标准）、Spherical（球形）、Cylindrical（piont）（圆柱点）、Cylindrical（ortho）（圆柱正交）、Box（盒）、Fish eye（鱼眼）、Warped Spherical（Old style）（旧式变形球）七种相机类型，

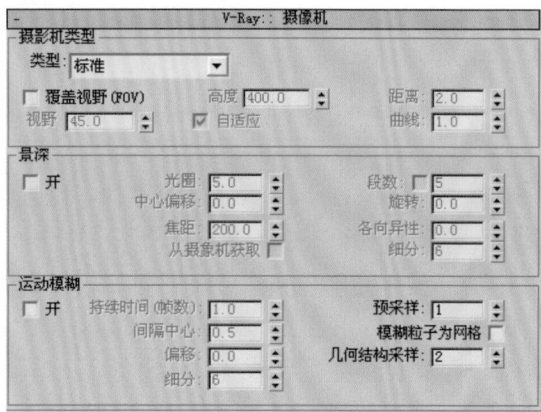

图 2-32　V-Ray 相机参数面板

这七种不同的相机类型渲染出来的图像各有不同，大家可以采用同一个场景试试这七种不同的相机类型渲染出的图像效果。考虑到在室内和建筑效果图中基本不用，这里就不一一介绍了。

（2）Depth of field（景深）：用于模拟现实相机中的景深效果，即近处清晰，远处模糊效果。

1）ON（开）：勾选则打开景深效果。

2）Aperture（光圈）：控制光圈的大小，光圈值越小景深效果越明显，光圈值越大景深效果越不明显，模糊程度也越高。

3）center-bias（中心偏移）：控制模糊效果的中心位置，值为 0 意味着以物体边缘均匀的向两边模糊，正值意味着模糊中心向物体内部偏移，负值则意味着模糊中心向物体外部偏移。

4）Focal dist（焦距）：控制相机到焦点的距离。焦点处的物体最清晰，由近致远逐渐模糊。数值越小景深效果越清晰，数值越大景深效果越模糊。

5）Get from camera（从摄像机获取）：勾选此项，焦点将由摄像机的目标点确定。

6）Sides（边数）：控制摄像机光圈的多边形边数。

7）Rotation（旋转）：控制光圈多边形形状的旋转角度。

8）Anisotropy（各向异性）：这个控制多边形形状，值越大，形状越扁。

9）Subdivs（细分）：用于控制景深效果的品质，细分越高，渲染品质越好。

（3）Motion blur（运动模糊）：该参数用于模拟真实相机拍摄运动物体所产生的模糊效果，类似于 Photoshop 中的运动模糊效果。

1）ON（开）：勾选此项则打开运动模糊效果。

2）Duration（frames）（持续时间＜帧＞）：控制运动模糊每一帧的持续时间，值越大，模糊程度越强。

3）Interval center（间隔中心）：用来控制运动模糊的时间间隔中心，0 表示间隔中心位于运动方向的后面，0.5 表示间隔中心位于模糊的中心，1 表示间隔中心位于运动方向的前面。

4）Bias（偏移）：用来控制运动模糊的偏移，0 表示不偏移，负值表示沿着运动方向的反方向偏移，正值表示沿着运动方向偏移。

5）Subdivs（细分）：控制模糊的细分，值越小越容易产生杂点，值越大模糊效果越好。

6）Prepass samples（预采样）：控制动画在不同时间段上的模糊样本数量。

7）Blur particles as mesh（模糊粒子转换为网格物体）：勾选此项，系统自动将模糊粒子转换为网格物体来进行计算。

8）Geometry samples（几何结构采样）：这个值多用于旋转动画中。默认值为 2，代表模糊的边将是一条直线，如果取值为 5，那么模糊的边就是一个 5 段细分的弧形，值越高，得到的效果越精确。

### 2.3.16　V-Ray 默认置换（V-Ray：Default displacement）

该参数控制 3ds Max 系统里的 Displace 修改器效果和 V-Ray 材质里的置换贴图，其参数面板如图 2-33 所示。

（1）Override Max's（覆盖 Max 设置）：当勾选它以后，Max 系统里 displace 修改器的效果将被这里设定的参数替代；同时 V-Ray 材质里的置换贴图效果也才能产生作用。

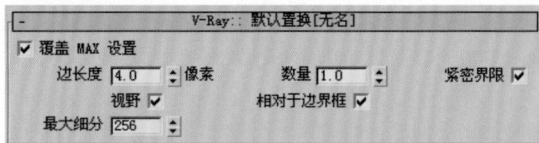

图 2-33　V-Ray 默认置换参数栏

（2）Edge Length（边长度）：控制三维置换产生的三角面的边线长度。值越小，置换品质越高。

（3）View-Dependent（视野）：勾选这个选项时，边界长度以像素为单位；不勾选，则以世界单位来定义边界的长度。

（4）Max Subdivs（最大细分）：控制置换产生的一个三角面里最多能包含多少个小三角面。

（5）Amount（数量）：控制置换效果的强度，值越高效果越强烈，而负值将产生凹下的效果。

（6）Relative io bbox（相对于边界框）：勾选后，置换的数量将以 Box 的边界为基础，这样置换出来的效果非常强烈。

（7）Tight Bounds（紧密界限）：勾选此项，V-Ray 会对置换贴图进行预先分析。如果置换贴图色阶比较平淡，那么会加快渲染速度；如果置换贴图色阶比较丰富，那么渲染速度会减慢。

### 2.3.17　V-Ray 系统（V-Ray System）

V-Ray 系统控制光线跟踪设置、水印、网络等参数设置，其参数面板如图 2-34 所示。

（1）Raycaster params（光线追踪参数）：控制 V-Ray 渲染器的各种参数以及内存的分配情况。

1）Max．tree Depth（最大树深度）：控制根节点的最大分支数量，较高的值会加快渲染速度。

2）Min．1eaf Size（最小节点尺寸）：控制节点的最小尺寸，0 表示考虑计算所有的叶节点。

3）Face/Level Coef（面 / 级别系数）：控制一个节点中的最大三角面数量。

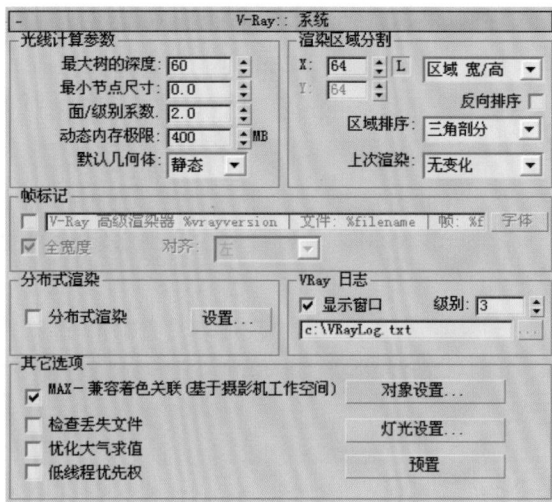

图 2-34　V-Ray 系统参数栏

4）Dynamic memory 1imit（动态内存极限）：控制动态内存的极限。

5）Default geometry（默认几何体）：控制内存的使用方式，共有 Static memory（静态内存）和 Dynamic memory（动态内存）两种方式。静态内存渲染较快，但是对于电脑内存要求较高，内存过小，3ds Max 容易出现自动关闭的情况。而动态内存较为稳定，对内存要求不高，但是渲染速度较慢。

（2）Render region division（渲染区域分割）：控制渲染区域的参数设置。

1）X：选择 Region W/H（区域宽 / 高）则代表渲染块的像素宽度；选择 Region Count（区域计算）则代表水平方向共多少渲染块。

2）Y：选择 Region W/H（区域宽 / 高）则代表渲染块的像素高度；选择 Region Count（区域计算）则代表垂直方向共多少渲染块。

3）L：按下此按钮，将强制 X 和 Y 的值一样。

4）Reverse sequence（反向排序）：勾选此项，渲染顺序将和设定的顺序相反。

5）Region sequence（渲染区域顺序）：控制渲染顺序，共六种方式。

Top—Bottom（上下）：渲染块将按照从上到下的渲染顺序渲染。

Left—Right（左右）：渲染块将按照从左到右的渲染顺序渲染。

Checker（棋盘格）：渲染块将按照棋格方式的渲染顺序渲染。

Spiral（螺旋）：渲染块将按照从里到外的渲染顺序渲染。

Triangulation（三角）：这是 V-Ray 默认的渲染方式，它将图形分为两个三角形依次进行渲染。

Hillbeit curve（希尔伯特曲线）：渲染块将按照希尔伯特曲线方式的渲染顺序渲染。

6）Previous render（上次渲染）：控制在新的渲染开始时以什么样的方式处理先前渲染的图像。共以下几种方式：

unchanged（无变化）：保持和前一次渲染图像相同。

Cross（交叉）：每隔2个像素图像被设置为黑色。

Fields（区域）：每隔一条线设置为黑色。

Darken（变暗）：图像的颜色设置为黑色。

Blue（蓝色）：图像的颜色设置为蓝色。

（3）Frarile stamp（帧水印）：控制在渲染图上显示渲染的相关信息。

1）[V-Ray 高级渲染器 %vrayversion | 文件 %filename | 帧 %f 字体]：勾选此项，就可显示水印效果。

2）Font（字体）：控制水印里的字体属性。

3）Full width（全宽度）：控制水印的最大宽度，勾选此选项，它的宽度和渲染图形的宽度相当。

4）Justify（对齐）：控制水印字体的排列位置，选择 Left，水印位置就左对齐。

（4）Distributed rendering（分布式渲染）：控制 V-Ray 的分布式渲染，可以多台机器一起渲染。

1）Distributed rendering（分布式渲染）：勾选此项则打开分布式渲染功能。

2）Settings（设置）：控制网络中的计算机的添加、删除等。

（5）V-Ray log（V-Ray 日志）：控制 V-Ray 的信息窗口。

1）Show Window（显示窗口）：勾选此选项，可以显示 V-Raylog 的窗口。

2）Level（层级）：控制 V-Raylog 的显示内容，一共有4级。1代表仅显示错误信息；2代表显示错误和警告信息；3代表显示错误、警告和情报信息；4代表显示错误、警告、情报和调试信息。

3）[c:\VRayLog.txt]：单击可以保存 V-RayLog 文件。

（6）Miscellaneous options（其他选项）：这里主要控制场景中物体、灯光的一些设置，以及系统线程等。

1）Max-compatible ShadeContext（work in camera space）（兼容着色关联）：勾选后 V-Ray 可以更好的和 3ds Max 插件兼容。

2）check for missing files（检查丢失文件）：勾选此项，V-Ray 自动寻找场景中丢失的文件，并将它们进行列表，最后保存到 c：\V-RayIog．txt 中。

3）Optimized atmospheric evaluation（优化大气效果）：勾选此项会得到比较好的大气效果。

4）Low thread priority（低线程优先权）：勾选此项，V-Ray 将使用低线程进行渲染。

5）Objects settings（对象设置）：单击该按钮会弹出 V-Ray object properties（物体属性）面板，在物体属性面板中可以设置场景物体的局部参数。

6）Lights settings（灯光设置）：单击该按钮会弹出 V-Ray Light properties（灯光属性）面板，在灯光属性面板中可以设置场景灯光的一些参数。

7）Presets（预置）：单击该按钮会弹出 V-Ray Presets（预设）面板，可以保存当前 V-Ray 渲染参数的各种属性，方便以后调用。

# 第 3 章

# 基础建模

## 3.1 椅 子 制 作

（1）首先设置单位尺寸。单击自定义菜单中的单位设置，如图 3-1 所示。在弹出的单位设置对话框中选择公制中的毫米为单位，最后单击单位设置中的系统单位设置，设置系统单位同样为毫米，如图 3-2 所示。

图 3-1　选择单位设置命令　　　　　　图 3-2　显示单位及系统单位设置

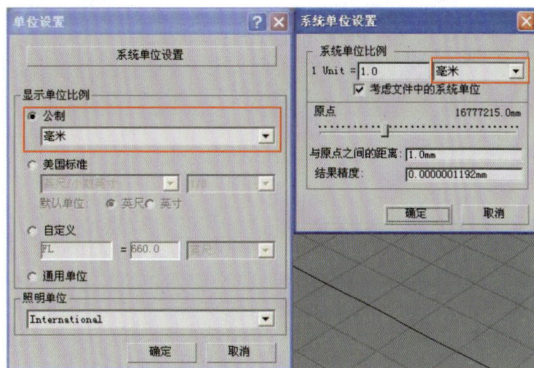

（2）在前视图中绘制一个长方体，并到修改面板中调节尺寸，长宽高分别为 280mm，450mm，50mm；长宽高分段数分别为 4，4，3，如图 3-3 所示。

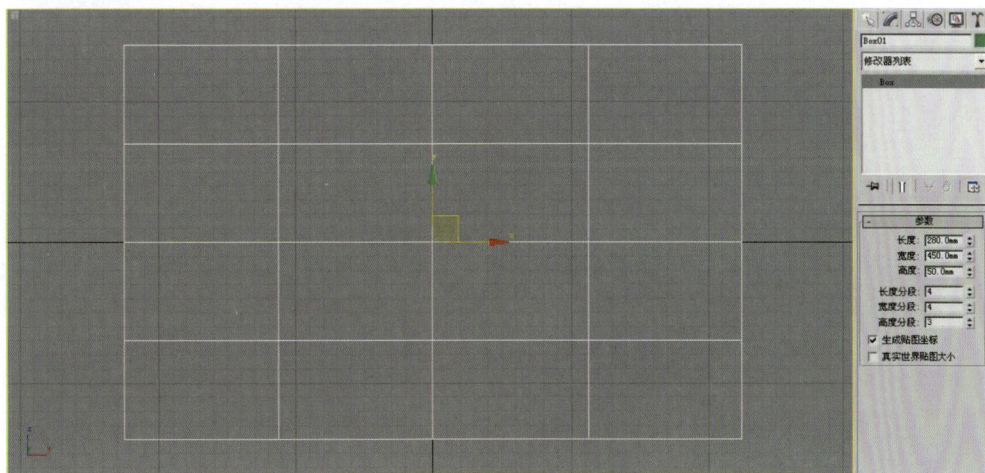

图 3-3　长方体设置

（3）选中长方体，单击鼠标右键转变成可编辑多边形，如图 3-4 所示。

（4）在修改面板中选择可编辑"点" 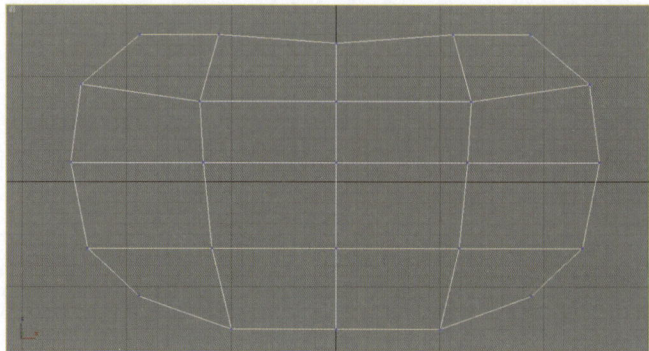，配合移动、缩放工具，在前视图中调节多边形的各个节点如图 3-5 所示。

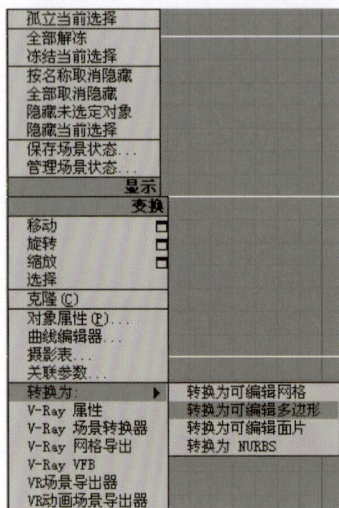

图 3-4　将长方体转换为可编辑的多边形

图 3-5　在前视图中调节节点

切换到顶视图，用同样的方法调节各节点位置如图 3-6 所示。

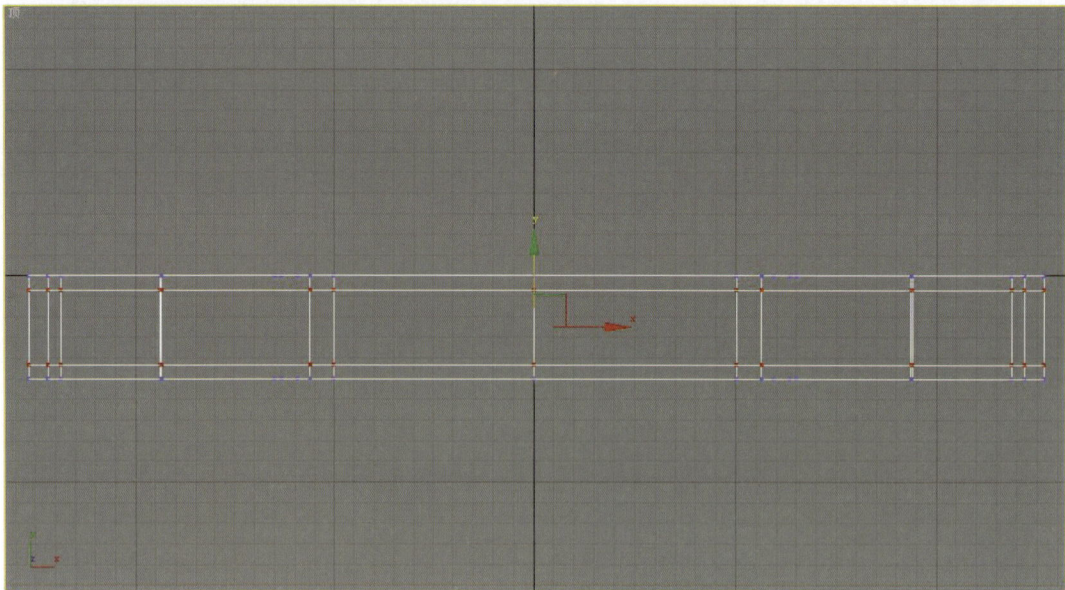

图 3-6　在顶视图中调节节点

调节后，其透视图如图 3-7 所示。为了便于观察，可以在视图中的透视二字处单击鼠标右键，在弹出的列表中选择"边面"，使得模型以边面的方式显示，这样更加便于观察模型，制作也更为方便。

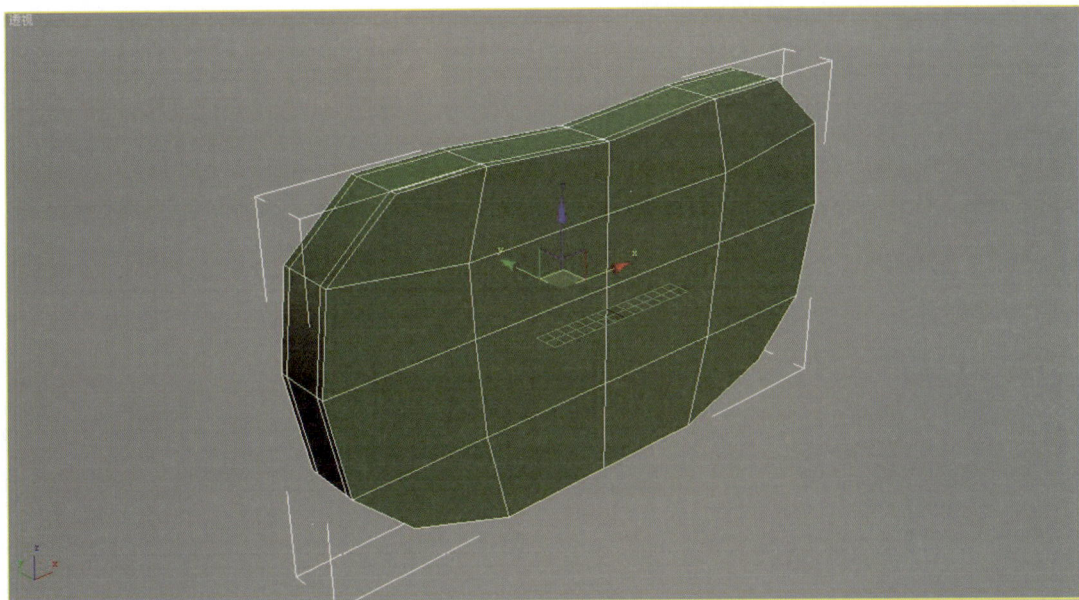

图 3-7　调节节点后的透视图效果

（5）在多边形选中的状态下，在修改面板的修改器列表中选择网格平滑命令，给模型叠加一个网格平滑修改器，并设置参数如图 3-8 所示。最终模型效果如图 3-9 所示。

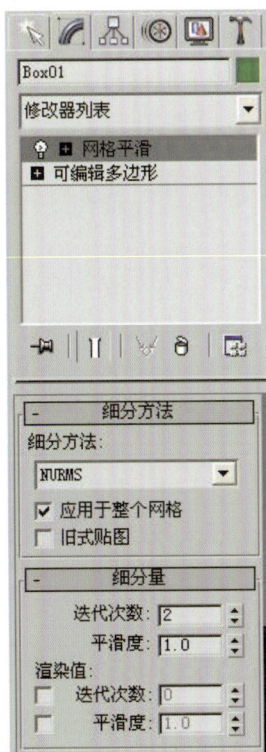

图 3-8　"网格平滑"参数设置

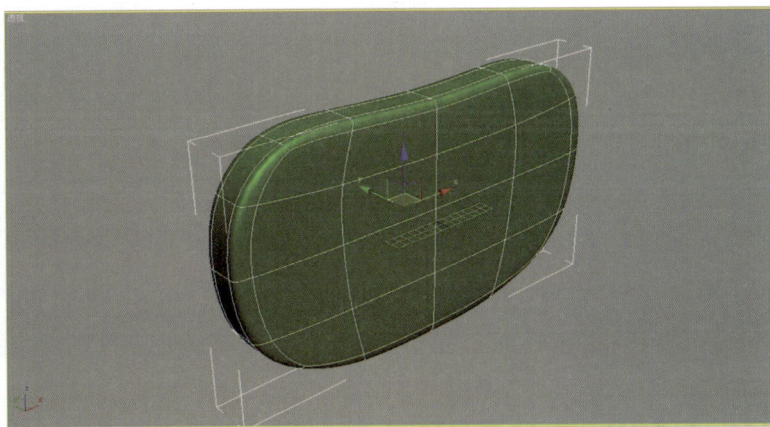

图 3-9　网格平滑后效果

33

（6）选择模型，将模型再次转变成"可编辑多边形"，如图3-10所示。

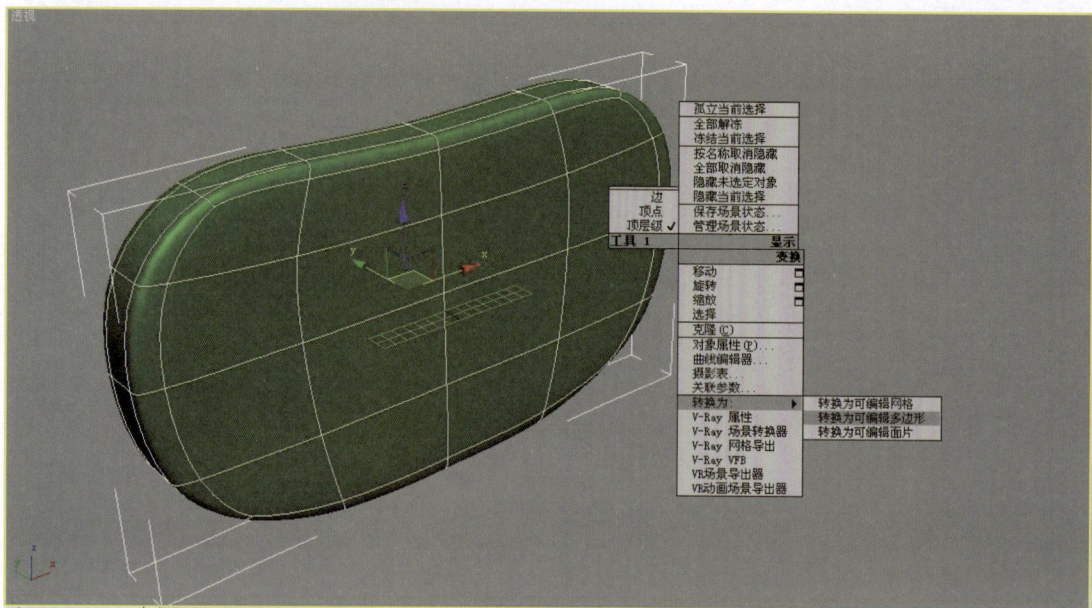

图3-10　将模型再次转变成"可编辑多边形"

（7）在修改面板的修改器列表中选择FFD3×3×3，给模型添加一个FFD3×3×3修改器。单击FFD3×3×3修改器前面的＋号，打开FFD3×3×3修改器列表，选择其中的"控制点"命令，如图3-11所示。

选择控制点后，透视图中多边形物体周围有橘黄色的线框和节点显示出来。选择中间的三个节点，切换到顶视图，沿着Y轴移动中间橘黄色控制点，如图3-12所示。

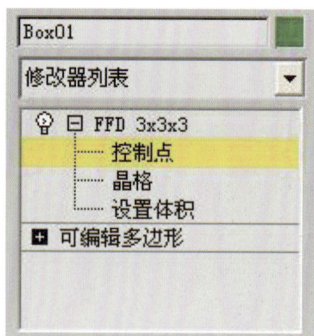

图3-11　选择控制点

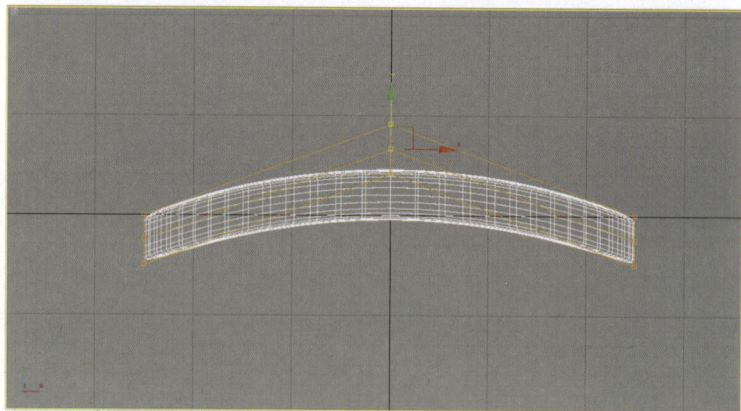

图3-12

切换到透视图中，仅选择中间上部的三个橘黄色的控制点，沿着Y轴移动，如图3-13所示。

（8）选择模型，单击右键将模型再次转变成可编辑多边形，并在修改面板中选择边命令，如图3-14所示。

图 3-13　移动节点位置

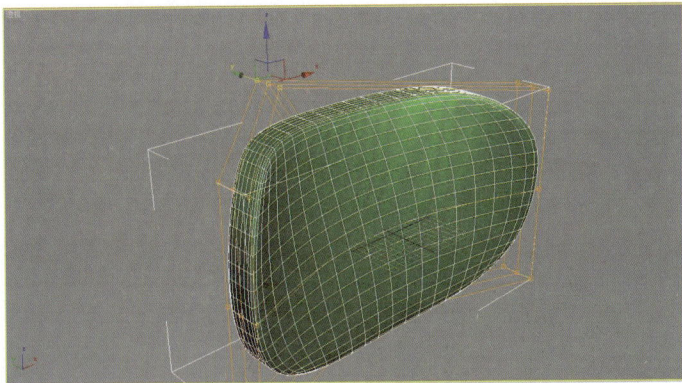

图 3-14　选择边命令

　　按住 Ctrl 键依次选择如图 3-15 所示的几条多边形的竖边，在修改面板中点击循环按钮，如图 3-16 所示。循环命令的作用可以将一个循环内的边同时选中。这样就可以将其余相同竖边同时选中，避免逐个选中所有的竖边。

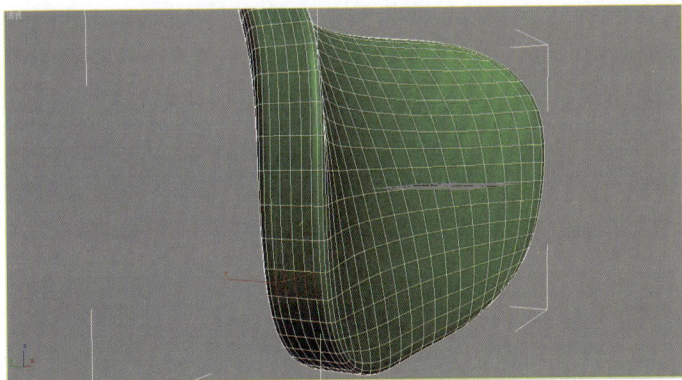

图 3-15　选中几条竖边

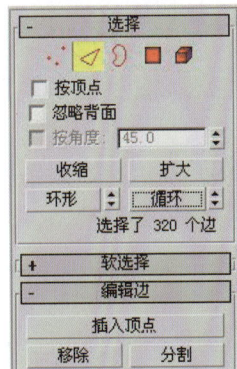

图 3-16　点击循环

　　再次按住 Ctrl 键不放，同时点击移除命令。这样就可以将所有的竖边删除，删除竖边后的模型效果如图 3-17 所示。

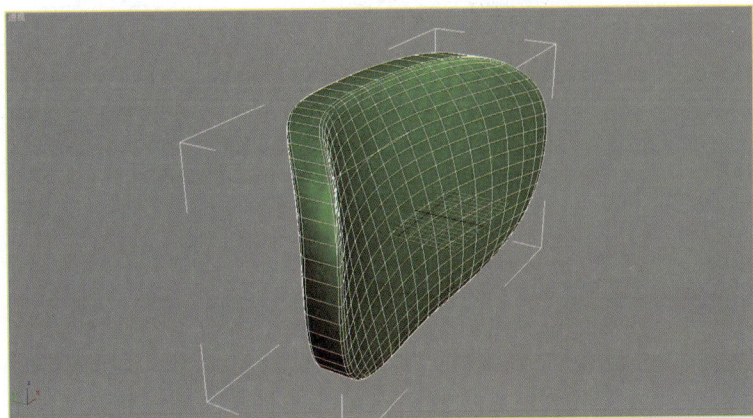

图 3-17　删除竖边后的模型效果

需要注意的是，在点击移除命令时必须同时按住 Ctrl 键，如果没有按住 Ctrl 键，删除会不彻底，会留下一些不必要的节点。

用同样的方法，选择如图 3-18 所示的几条黑色竖边。（规律：从靠近中心的两条边开始，隔一条边再选择）到修改面板中先点击"循环"，再按住 Ctrl 键不放点击移除命令，效果如图 3-19 所示。至此椅子靠背就制作完成了。

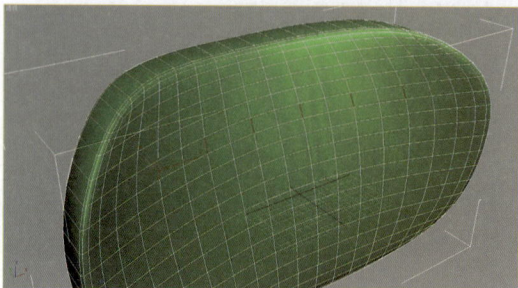

图 3-18　选中竖边　　　　　　　　　　　　图 3-19　删除后模型效果

这样操作的意义在于精简模型的面数，减轻计算机负担，使得后面的渲染速度变快，在建模时应该养成一种尽量精简模型的习惯，尤其是制作一些面数较多，场景较大的模型，更是需要如此。虽然前期制作麻烦一些，但后面的渲染的速度可以大幅度加快，提高总体制作速度。

（9）利用上述制作靠背的方法制作椅子的坐垫部分，坐垫的制作方法和靠背完全一样，只是在利用 FFD3×3×3 弯曲坐垫时幅度需要更大一些，最终效果如图 3-20 所示。

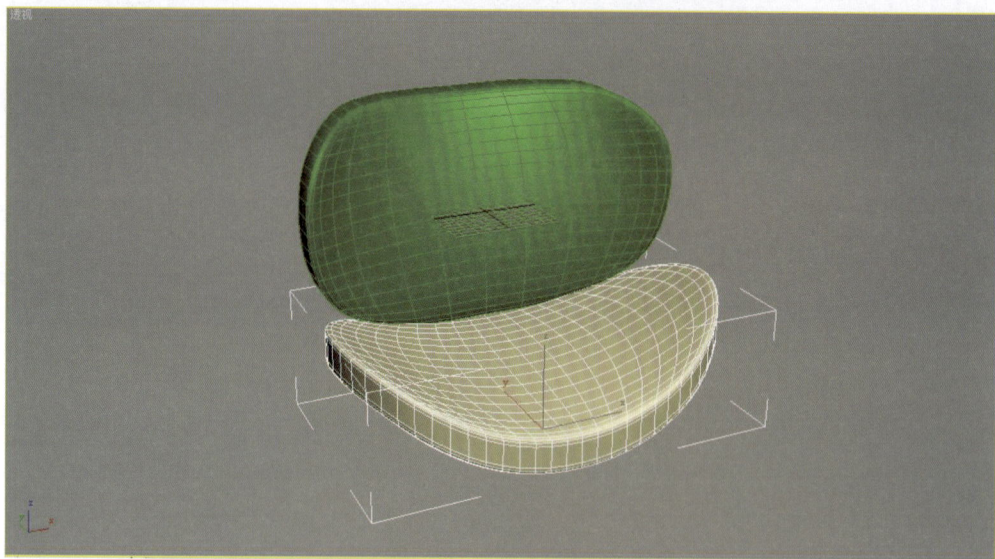

图 3-20　坐垫模型效果

（10）在顶视图中拖动出一个圆柱体，圆柱体的半径设置为 12mm，高度设置为 50mm，边数设置为 12。然后选中圆柱体，在工具栏中选择 ◇ 对齐工具，单击坐垫模型，设置对齐工具参数，将圆柱体对齐到坐垫中心，如图 3-21 所示。

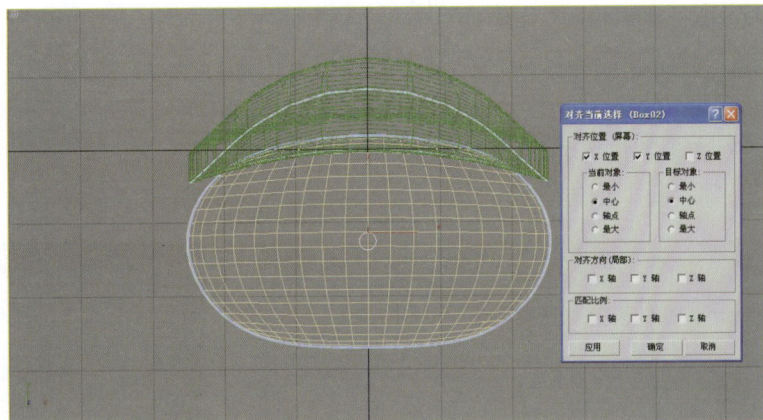

图 3-21 将圆柱体对齐坐垫

在顶视图中将圆柱体对齐坐垫后，在左视图中使用移动工具沿着 Y 轴将圆柱体移动到如图 3-22 所示位置。

选择移动工具，按住 Shift 键沿着 Y 轴移动，复制一个圆柱体，在弹出的对话框中选择复制选项。然后在修改面板中修改被复制出来的圆柱体高度为 200mm，并放置在如图 3-23 所示位置。

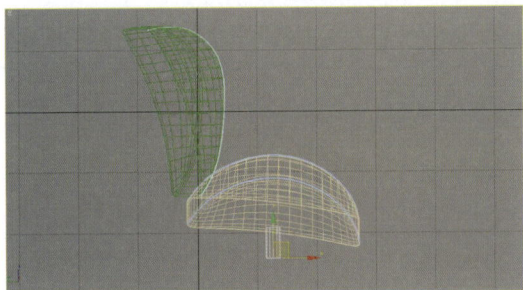

图 3-22 移动圆柱体位置

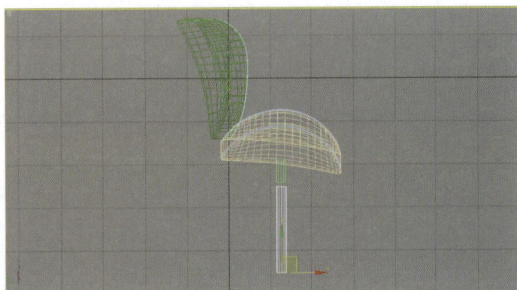

图 3-23 移动圆柱体位置

再次复制一个圆柱体，在修改面板中修改圆柱体高度为 30mm，半径为 6mm，并移动至如图 3-24 所示位置。

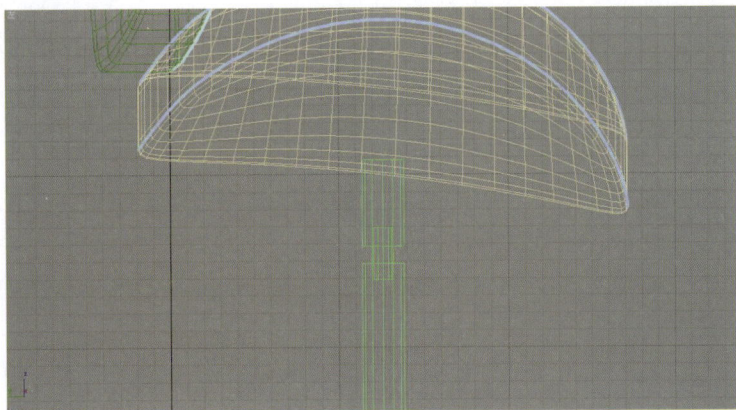

图 3-24 再次复制圆柱体

切换至顶视图，绘制一个圆柱体作为椅子的底座，设置其半径为 120mm，高为 5mm。使用对齐工具 ，单击其他圆柱体，在对齐参数设置中勾选 X、Y 轴和两个中心，具体可以参照前面圆柱体对齐坐垫的方式。然后切换到左视图，再次使用对齐工具  对齐最长的圆柱体的底部，对齐参数设置如图 3-25 所示。

选择透视图，按 Shift+Q 键渲染效果图，最终模型效果如图 3-26 所示。

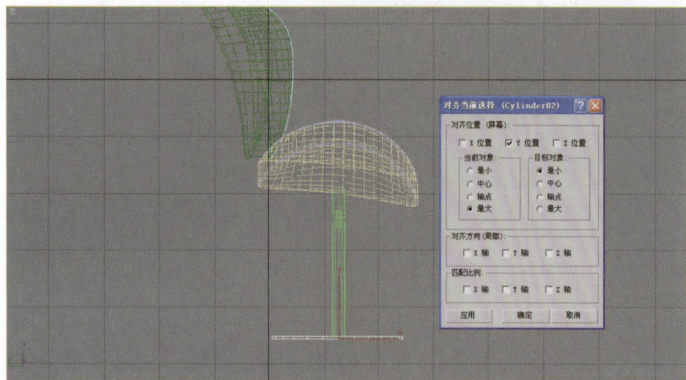

图 3-25　对齐椅子底座

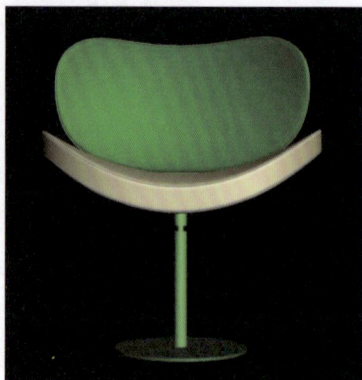

图 3-26　模型渲染效果

（11）场景制作。为了最终的渲染效果，可以制作一个简易的场景来放置椅子模型。在顶视图中使用平面命令拖动创建一个平面，平面的大小可自己定义，但需保证足够大的面积，如图 3-27 所示。

在修改面板中设置平面模型参数如图 3-28 所示。

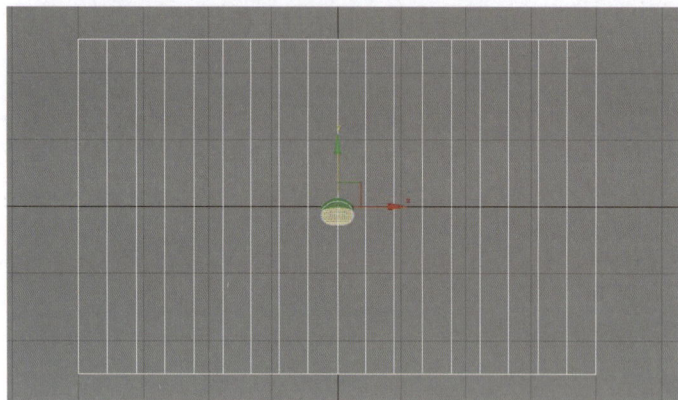

图 3-27　创建平面物体

图 3-28　平面参数设置

注意：宽度的分段需要保证一定的数量，如果数量不够多，之后采用的弯曲命令将做不出效果，本次设置为 18。

在左视图中把平面模型移动到椅子的最下方。然后在修改面板中给平面添加一个弯曲修改器，参数设置如图 3-29 所示。

切换到顶视图，单击  角度捕捉命令，选择旋转命令把平面模型旋转 90°，并大致移动到椅子的中心，如图 3-30 所示。

图 3-29 添加弯曲修改器

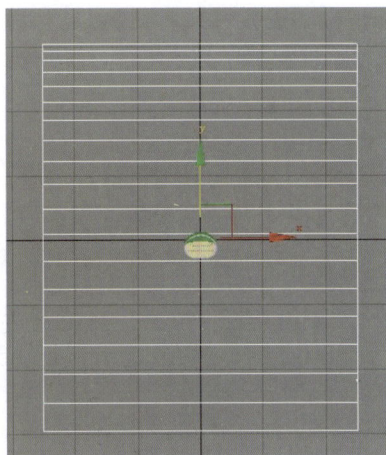

图 3-30 旋转并移动平面模型

切换至左视图，把弯曲的平面再次移动到椅子的最下方，如图 3-31 所示。

（12）切换至顶视图，单击 📷，在摄像机对象类型中选择 目标 ，在椅子正前方设置一个目标摄像机，如图 3-32 所示。

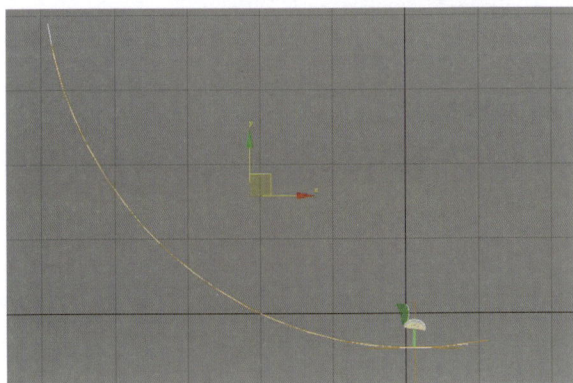

图 3-31 移动弯曲后的平面

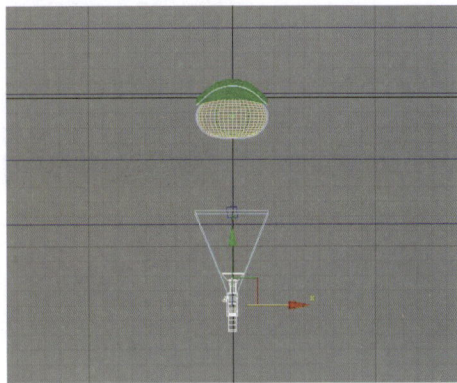

图 3-32 创建目标摄像机

在左视图中调整摄像机高度与椅子中心大致齐平即可，如图 3-33 所示。

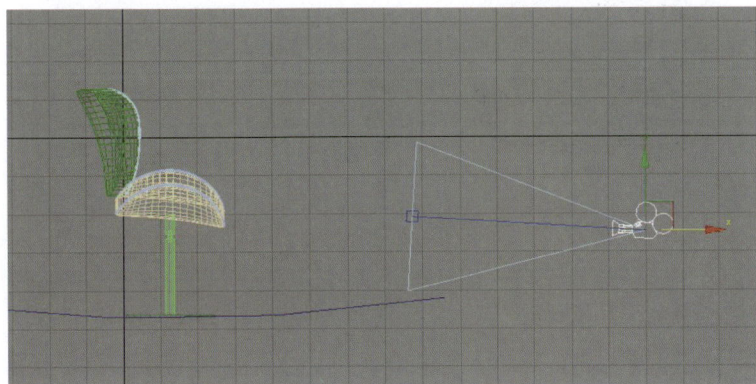

图 3-33 调整摄像机位置

（13）椅子需设置三种材质：一为红色布料材质，二为不锈钢材质，三为平面物体的漫射材质。

1）红色布料材质设置如图 3-34 所示。其中环境光和漫反射颜色设置如图 3-35 所示。

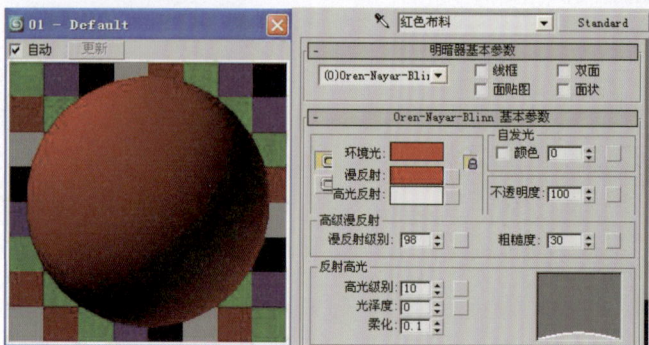

图 3-34　红色布料材质设置

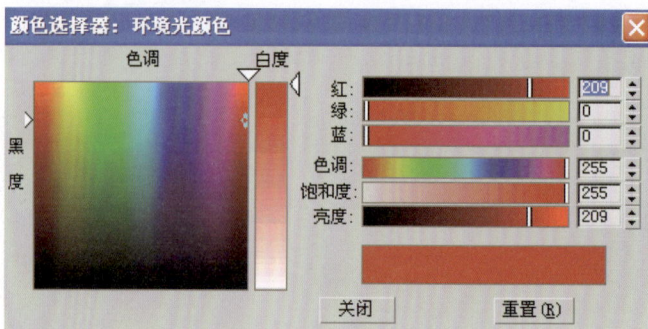

图 3-35　颜色设置

2）不锈钢材质设置如图 3-36 所示。不锈钢材质的漫射保持系统默认的灰色，反射改为纯白色，光泽度设置为 0.8。

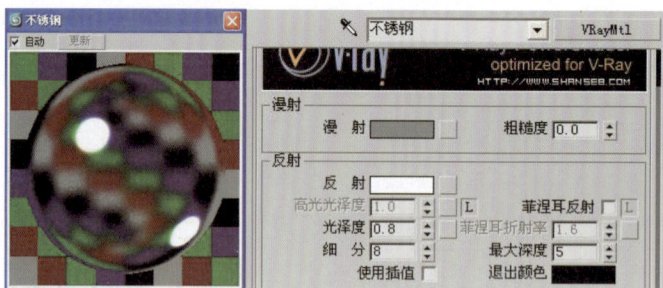

图 3-36　不锈钢材质设置

因为本场景使用 V-Ray 渲染器进行渲染，会使用到 V-Ray 材质，而使用 V-Ray 材质时需要先设定渲染器为 V-Ray 渲染器，这样材质面板中的 V-Ray 材质才会显示。按 F10 打开渲染面板，在公用面板下找到指定渲染器，单击产品级后面的 ... 小方块，选择 V-Ray Adv1.5 RC5，如图 3-37 所示。然后按快捷键 M 打开材质面板，单击 Standard 按钮即可从下拉列表中选择 V-RayMtl 材质，如图 3-38 所示。

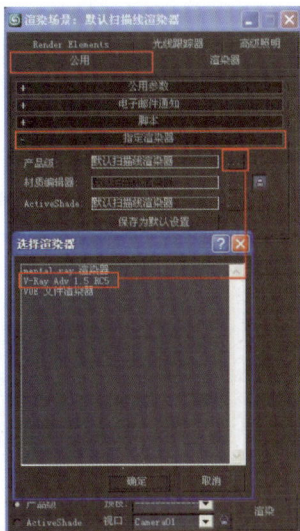

图 3-37　指定 V-Ray 渲染器

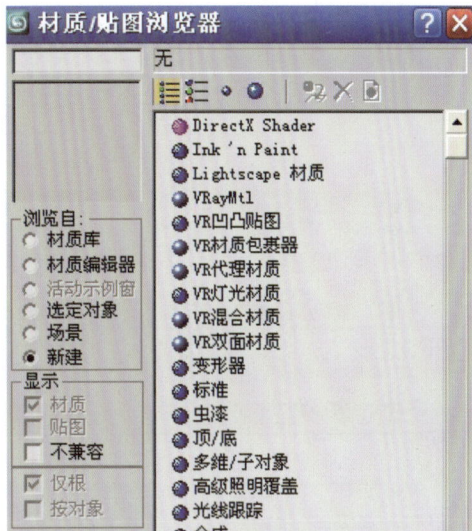

图 3-38　选择 V-RayMtl 材质

在后面的学习中会多次用到 V-Ray 材质和 V-Ray 渲染器，导出和选择 V-Ray 材质与 V-Ray 渲染器方法都是一样的，在后面的练习中就不再重复了。

3）平面物体的漫射材质设置如图 3-39 所示。其中漫反射及环境光颜色设置如图 3-40 所示。

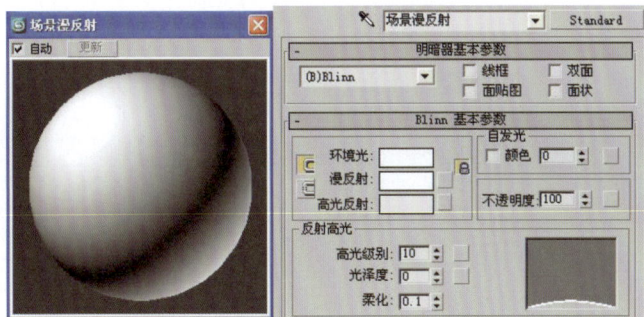

图 3-39　平面物体的漫射材质设置

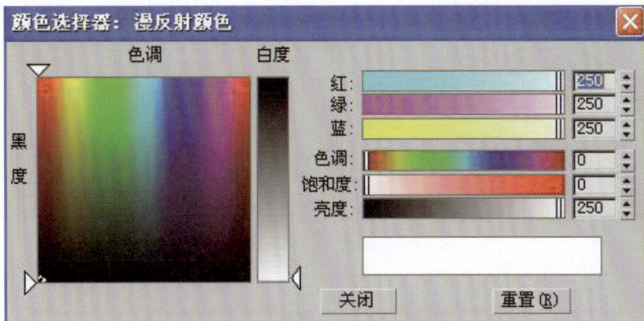

图 3-40　漫反射及环境光颜色设置

至此材质就全部设置完毕，可以依次选择材质相对应的模型，单击材质编辑器中的  按键，将材质赋予模型。

（14）灯光设置。单击 ，在灯光类型中选择泛光灯，在左视图椅子上方设置一盏泛光灯，如图 3-41 所示，并在修改面板中设置泛光灯参数如图 3-42 所示。注意必须勾选远距衰减。

图 3-41　泛光灯位置

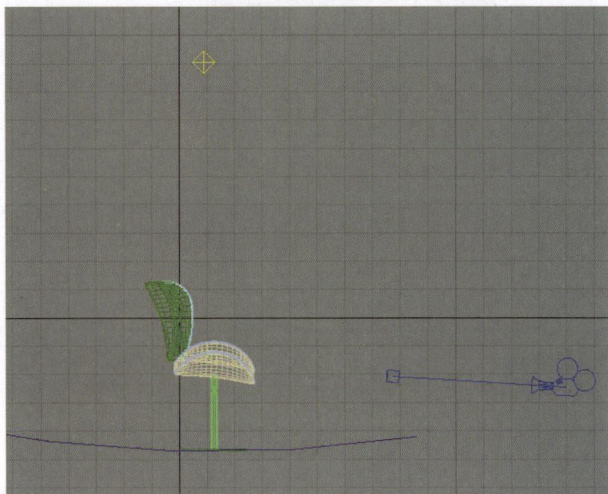

图 3-42　泛光灯参数设置

在灯光 标准 三角下拉列表中选择 V-Ray 灯光类型，在顶视图中拖动出一个 V-Ray 灯光，如图 3-43 所示。

切换至左视图，利用旋转工具旋转 V-Ray 灯光如图 3-44 所示位置。

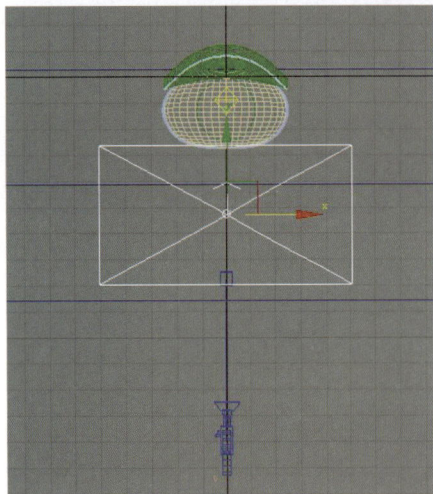

图 3-43　创建 V-Ray 灯光

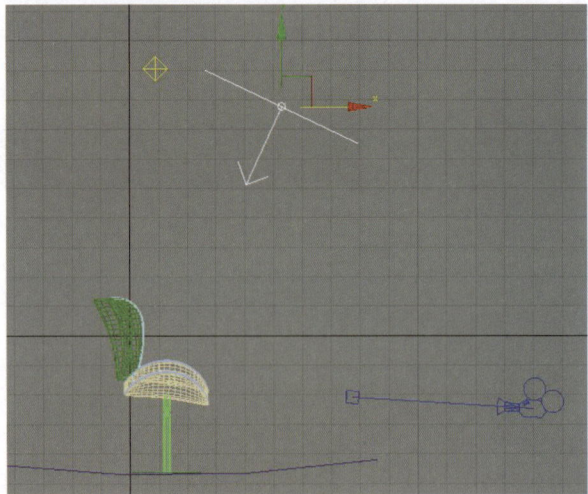

图 3-44　旋转 V-Ray 灯光

在修改面板中设置 V-Ray 灯光参数如图 3-45 所示。其中灯光颜色设置如图 3-46 所示。

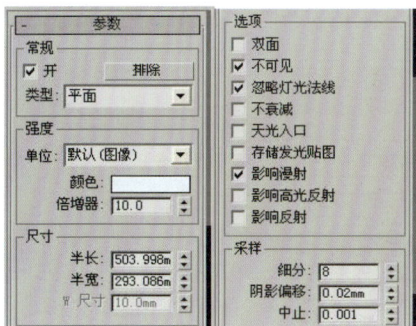

图 3-45　V-Ray 灯光参数设置

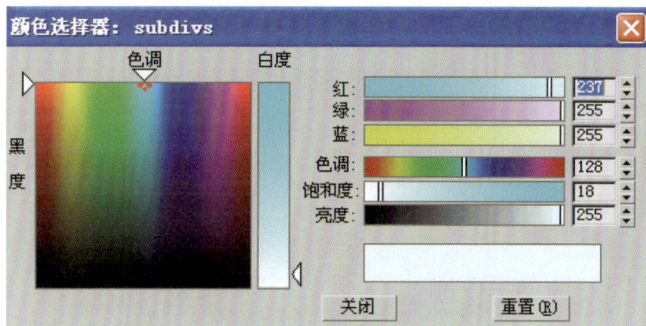

图 3-46　灯光颜色设置

（15）按 F10，在打开的对话框中选择 渲染器 ，可以看到有很多的渲染参数面板，点选参数面板即可设置渲染参数。其实并不是所有的渲染参数面板都需要设置，在本场景中只需要设置其中重要的几个即可。

1）全局开关渲染面板参数设置如图 3-47 所示。

2）图像采样渲染参数面板设置如图 3-48 所示。

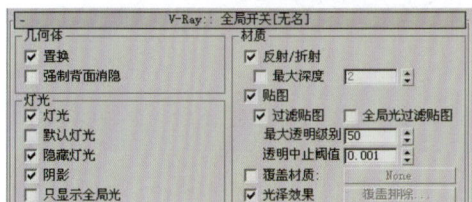

图 3-47　全局开关渲染面板参数设置

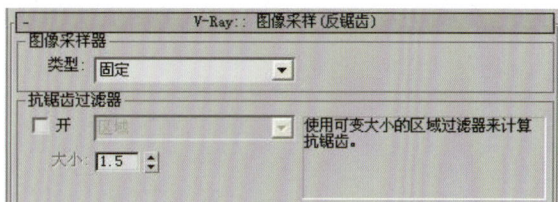

图 3-48　图像采样渲染参数面板设置

3）间接照明渲染面板参数设置如图 3-49 所示。

4）发光贴图渲染面板参数设置如图 3-50 所示。

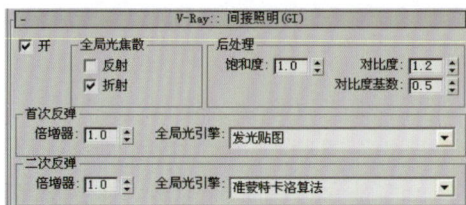

图 3-49　间接照明渲染面板参数设置

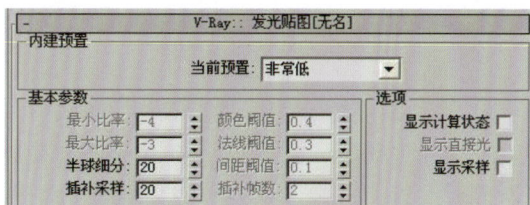

图 3-50　发光贴图渲染面板参数设置

5）环境渲染面板参数设置如图 3-51
所示。

单击"反射 / 折射环境覆盖"中的
长条形按钮 None ，在弹出的
列表中选择 VRayHDRI ，在通道中增加
一个 V-RayHDRI 贴图。

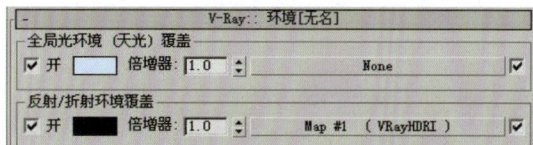

图 3-51　环境渲染面板参数设置

按 M 键打开材质面板，按住鼠标左键不放，把反射 / 折射环境覆盖通道中的 V-RayHDRI
贴图拖动到一个材质球中，松开鼠标，在弹出的对话框中选择实例。在 V-RayHDRI 参数栏

中单击 浏览 按钮，选择配套光盘"第 3 章 \ 单人沙发 \HDR 贴图"，如图 3-52 所示。

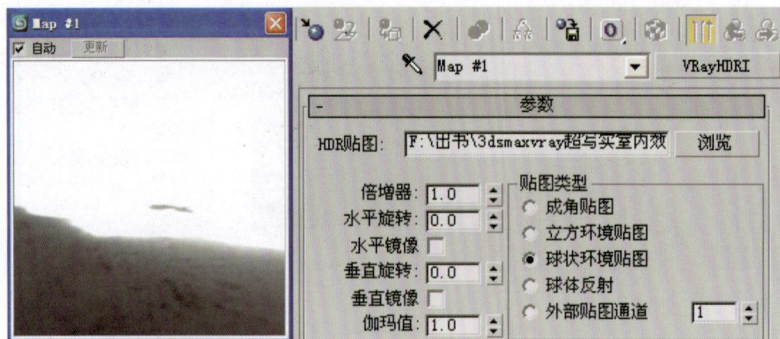

图 3-52　HDR 贴图参数设置

6）颜色映射渲染面板参数设置如图 3-53 所示。

7）切换至摄像机视图，点击渲染，效果如图 3-54 所示。从渲染图中可以看出光影效果已经达到预期目的。

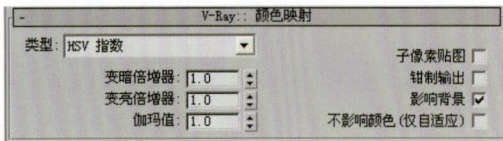

图 3-53　颜色映射渲染面板参数设置

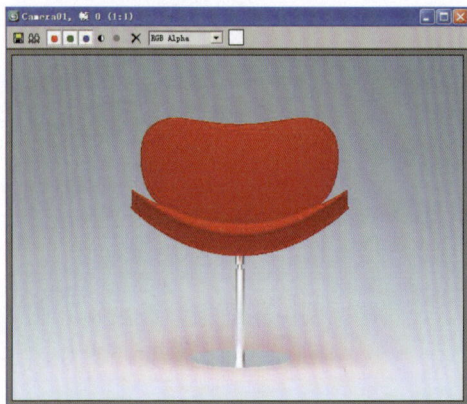

图 3-54　渲染效果

8）设置最终渲染的渲染参数。之前的渲染参数设置只是为了测试效果，当测试效果能够达到预期效果时，则可以重新设置渲染参数进行最后的大图渲染。测试渲染时往往会将渲染参数设置得比较小，这样可以加快渲染的速度。但在最终渲染时则需要将渲染参数设置得比较大，以得出品质更好的渲染效果。

9）图像采样参数设置如图 3-55 所示。

10）发光贴图参数设置如图 3-56 所示。

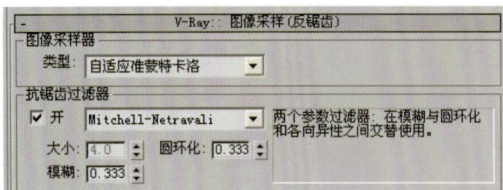

图 3-55　图像采样参数设置

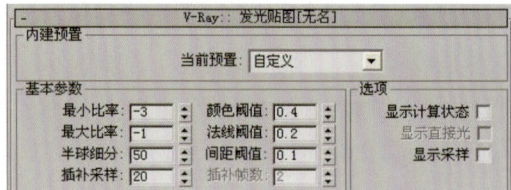

图 3-56　发光贴图参数设置

11）单击渲染，最终渲染效果如图 3-57 所示。

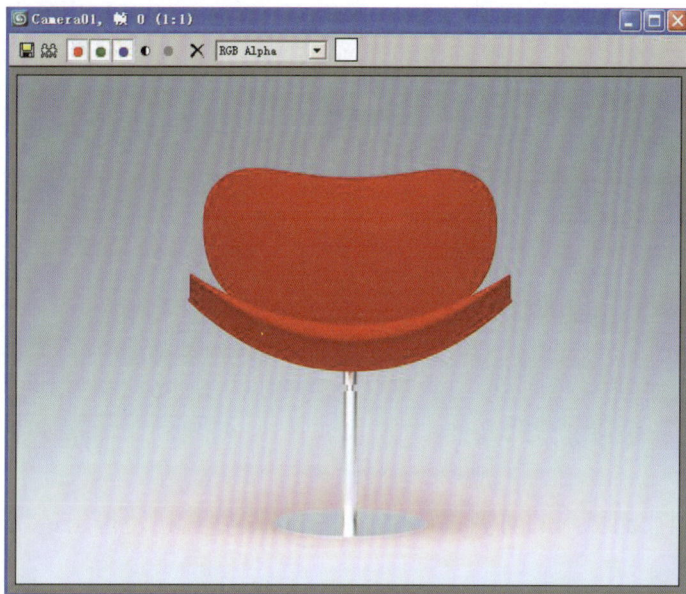

图 3-57　最终渲染效果

## 3.2　台　灯　的　制　作

（1）单击![图标]，选择其中的线工具 线，使用线工具绘制如图 3-58 所示的图形。

（2）在修改面板中，选择![图标]点工具，框选视图中所有的点，单击鼠标右键，在弹出的命令面板中选择平滑，如图 3-59 所示。

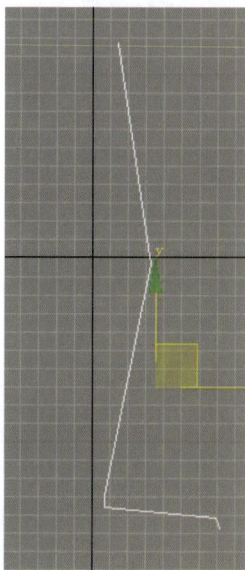

图 3-58　绘制图形

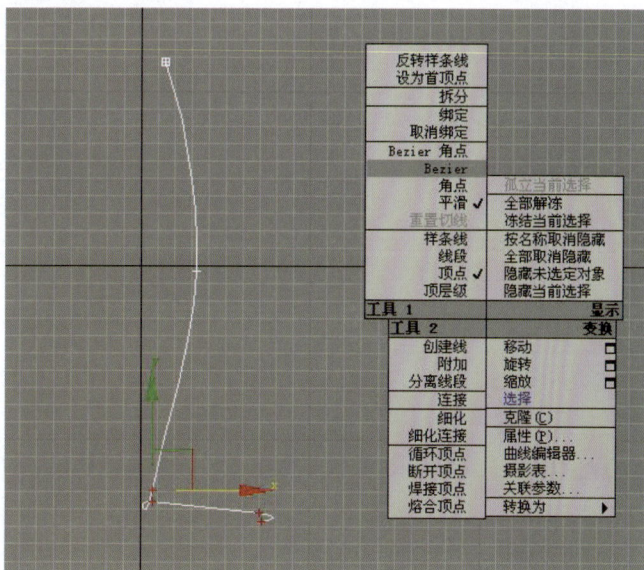

图 3-59　选择节点平滑

（3）再次框选最下面的四个点，单击鼠标右键选择 Bezier，这时选中的四个节点会出现绿色，Bezier 杠杆可以调节，最终将底部四个节点调节成如图 3-60 所示的图形。

需要注意的是当不能在某一方面移动 Bezier 杠杆时，可以按 F8 键改变杠杆的方向。

（4）再次单击 ，退出点选择，在修改命令面板中添加车削修改器，并设置车削参数如图 3-61 所示。

图 3-60　调节 Bezier 杠杆

车削的作用是使图形以中心点为轴心旋转得出模型，对于一些左右对称物体的创建非常便利。

之后在车削参数面板中的对齐选项中点击"最小"按钮，得出透视图效果如图 3-62 所示。

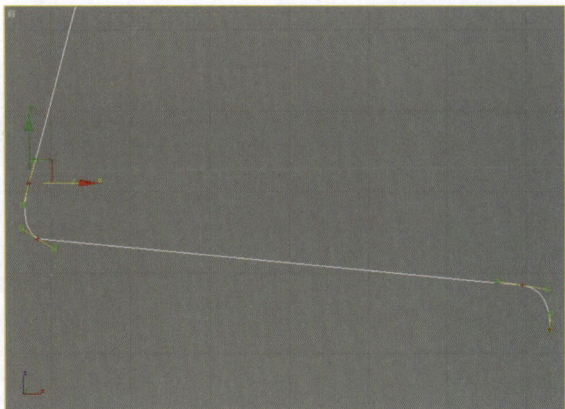

图 3-61　设置车削参数

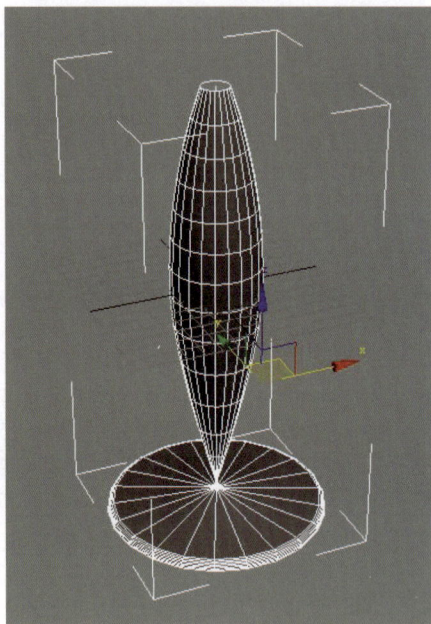

图 3-62　车削后效果

从图 3-61 中可以看出，车削物体的轴心并不在物体正中心，可以单击 层次面板，在层次面板中激活"仅影响轴"命令，再点击"居中到对象"，此时物体的中心点会固定在物体的正中心，如图 3-63 所示。

再次单击仅影响轴按钮，退出仅影响轴命令。选择移动键，在屏幕左下角的 世界坐标轴中，在 X、Y、Z 三个坐标轴的向下黑三角处单击鼠标右键，三个坐标会自动归零。这样车削物体就处于视图的正中央。

（5）在顶视图绘制一个长宽高分别为 160mm、160mm、220mm 的长方体作为灯罩，并选择移动键，在世界坐标轴的 X、Y、Z 轴的向下黑三角处单击鼠标右键，使长方体对齐到车削底座的中心处，再在 Z 轴中输入 120mm 的高度，使得灯罩处于底座的上方，如图 3-64 所示。

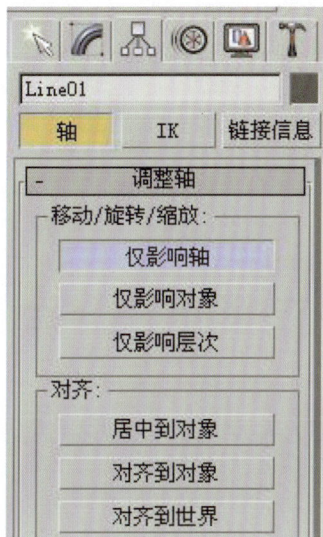

图 3-63　居中轴心

图 3-64　灯罩制作效果

采用移动工具也可以移动物体至合适的位置，但是采用本范例的方法可以更为精确的移动物体。

（6）选择灯罩物体，单击鼠标右键，在弹出的命令面板中选择"转变成可编辑多边形"，将灯罩模型转变成为可编辑的多边形。

使用线编辑工具 ◁，在透视图中选中长方体的最下面的四条边。之后切换到顶视图，使用缩放工具 ▣，等比扩大选中的四条边，最终得出效果如图 3-65 所示。这样灯罩就成了一个下大上小的四棱台。

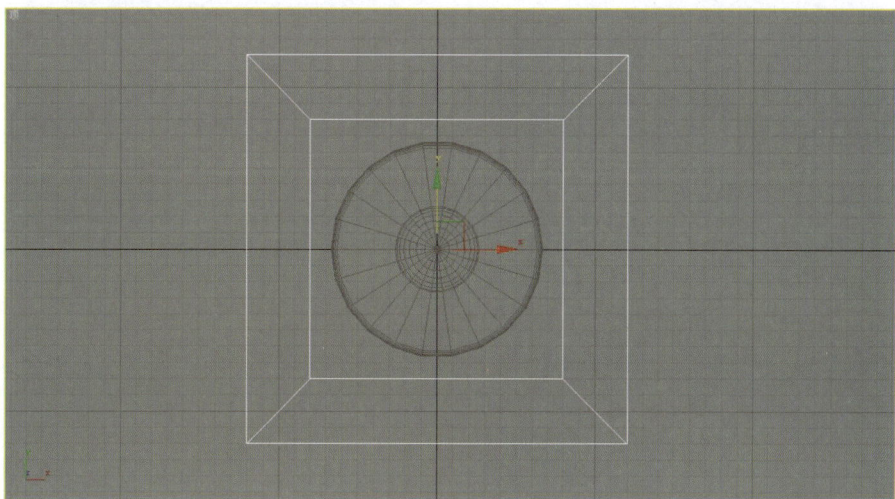

图 3-65　等比扩大长方体

切换到透视图，选中高度上的四条边，单击鼠标右键，选择连接命令，如图 3-66 所示。

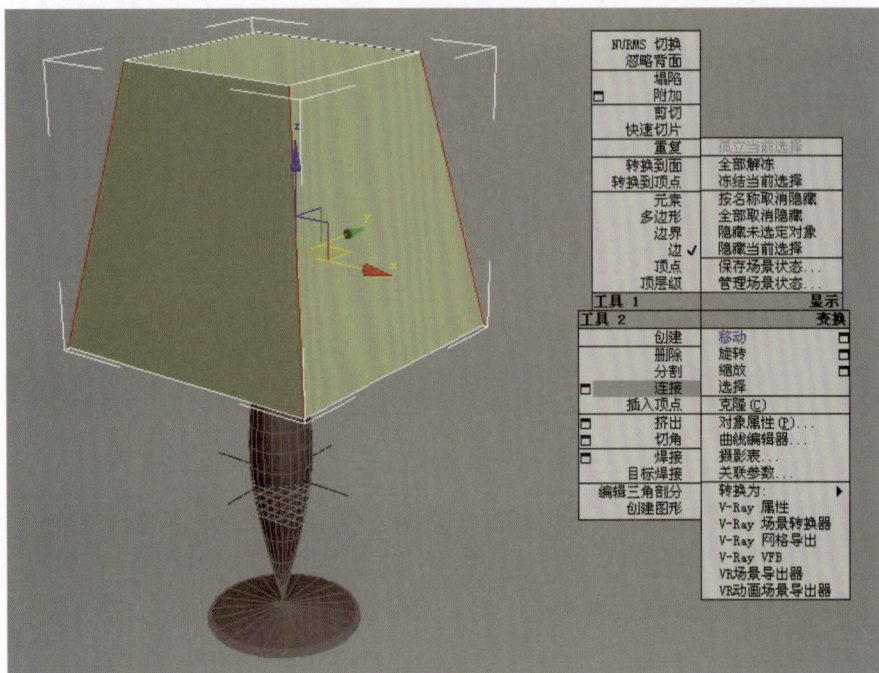

图 3-66　选择高度上的四条边

在弹出的连接对话框中，将分段数设置为8，如图 3-67 所示。最后单击确定，完成连接的参数设置。

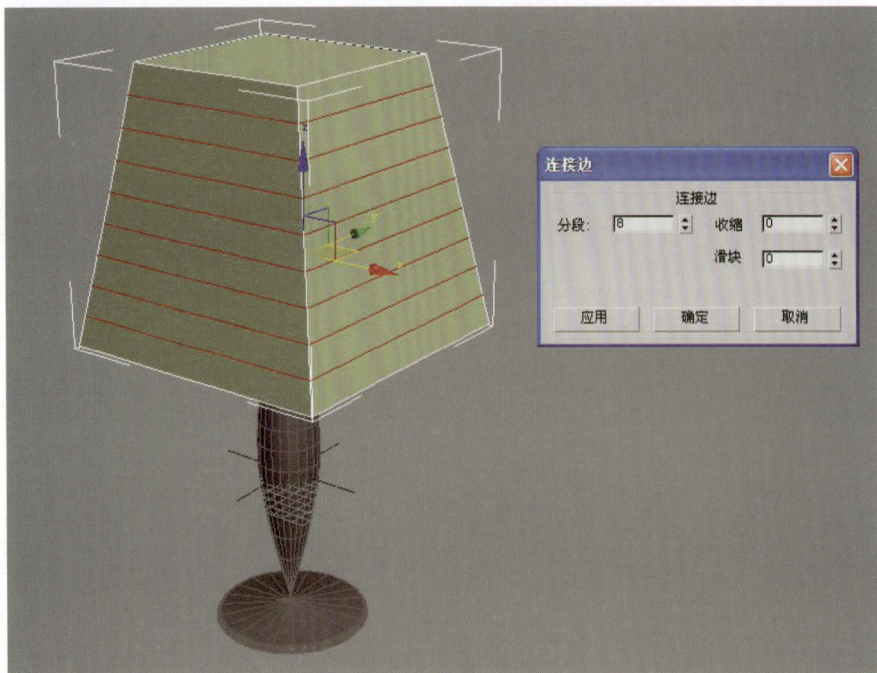

图 3-67　连接参数设置

在修改面板中选择"面"![选项按钮]，选中多边形的顶部面，在修改面板中点击 插入 □ 命令后的方块，在弹出的对话框中将插入量设置为 10mm，单击确定，如图 3-68 所示。

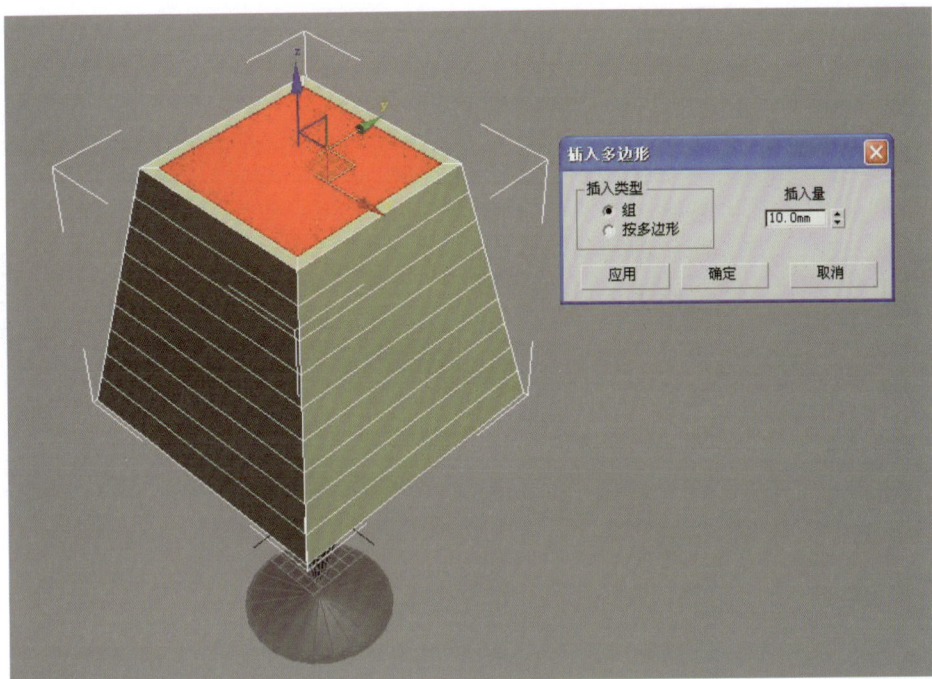

图 3-68　插入命令设置

在修改面板中选择 挤出 □ 命令后面方块，在弹出的对话框中设置挤出高度为 –5mm，如图 3-69 所示。

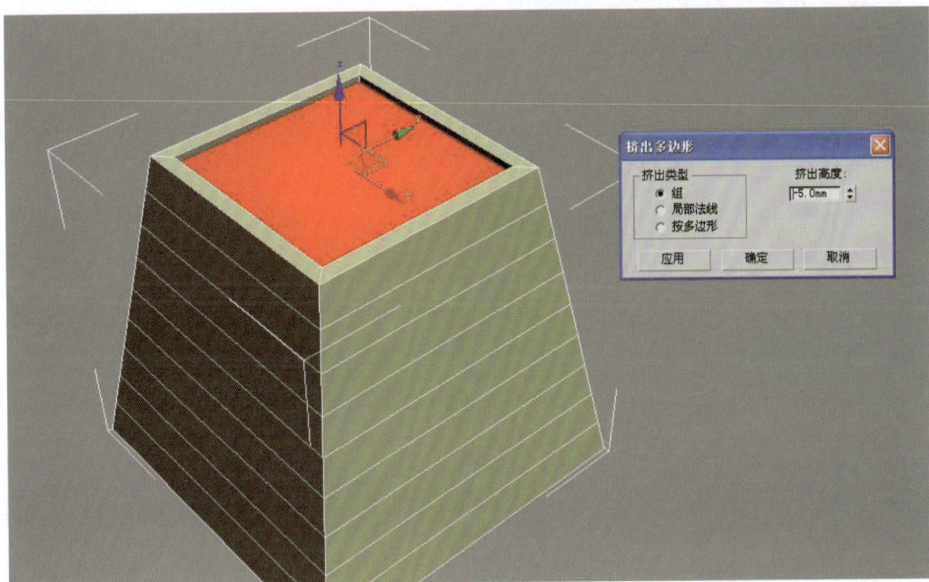

图 3-69　挤出参数设置

旋转透视图到灯罩底部，选中灯罩底部的面删除。删除后效果如图 3-70 所示。

单击 ⊿，使用边工具选中灯罩高度上的边，如图 3-71 所示。

图 3-70　删除灯罩底部面后效果

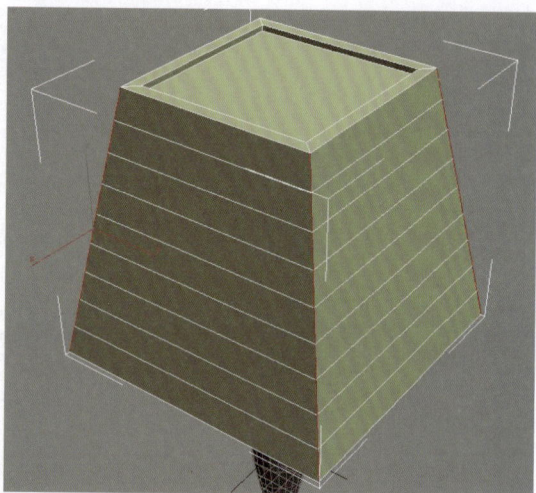

图 3-71　选择灯罩高度上的边

点击 切角 □ 后的小方块，在弹出的对话框中设置切角量为 3mm，如图 3-72 所示。

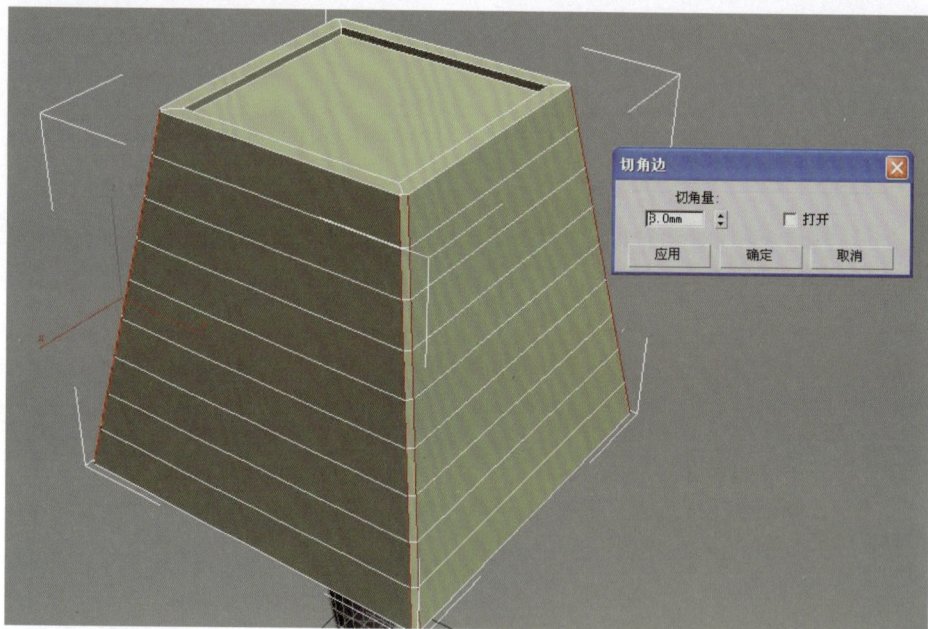

图 3-72　切角参数设置

单击多边形的点工具 •，选择多边形四个角顶点，单击鼠标右键选择"目标焊接"，焊接成如图 3-73 所示。

点击多边形 ⊿ 命令，选中多边形底面的所有边，单击移动工具，按住 Shift 键不放，在透视图中沿着 Z 轴方向下移一点，如图 3-74 所示。最后关闭线工具即可。

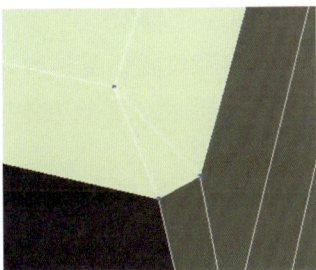

图 3-73　焊接后效果

图 3-74　移动底面的边

（7）在修改面板中叠加一个 FFD3×3×3 修改器，打开 FFD3×3×3 修改器前面的＋号，选择控制点命令，如图 3-75 所示。透视图效果如图 3-76 所示。

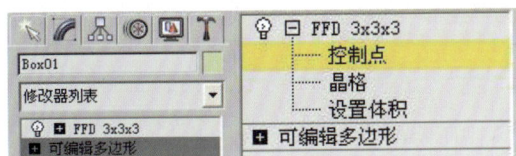

图 3-75　选择控制点命令

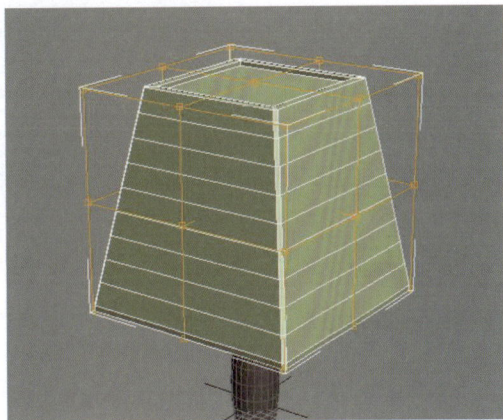

图 3-76　透视图效果

利用框选工具把中间外围的 8 个控制点选中，切换到顶视图，使用  缩放命令，向内缩放一定数量，最后透视图效果如图 3-77 所示。

选择灯罩模型，单击鼠标右键，再次将模型转变成可编辑多边形，选中灯罩四边棱的面，如图 3-78 所示。

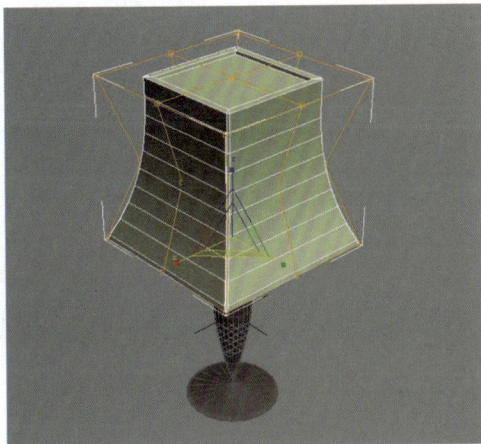

图 3-77　缩放控制点效果

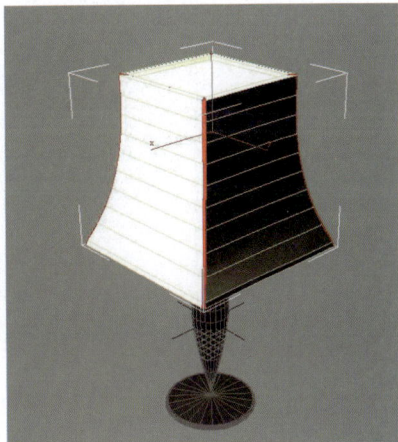

图 3-78　选中灯罩四边棱的面

最后在修改面板中单击 [分离] 按钮，把所选面独立成单独的一个物体。

（8）制作一个渲染场景，在顶视图中拖动出一个长方体，参数设置如图 3-79 所示。并选择移动键，在世界坐标轴的 X、Y、Z 轴的向下黑三角处按鼠标右键，将长方体模型移动至原点中心。

切换至前视图，使用对齐工具，将长方体对齐至台灯底座处，如图 3-80 所示。

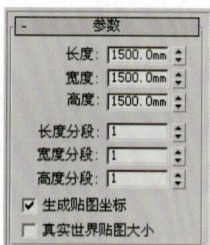

图 3-79　长方体参数设置

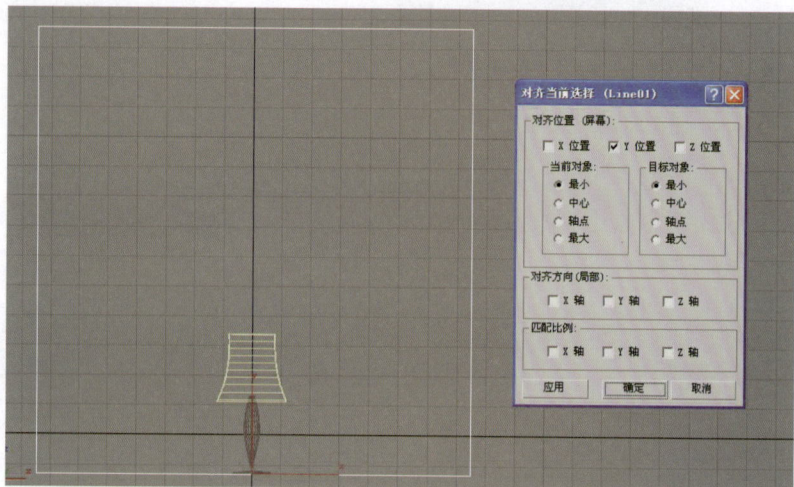

图 3-80　将长方体对齐至台灯底座处

选中长方体，按鼠标右键转变成可编辑多边形。在修改面板中选择元素工具 [选择]，点选多边形，再点击修改面板中的 [翻转] 按钮。最后选中"面" [■]，选择多边形侧面两个面和顶面，按键盘 Delete 键删除，效果如图 3-81 所示。

（9）在顶视图设置一个摄像机如图 3-82 所示。

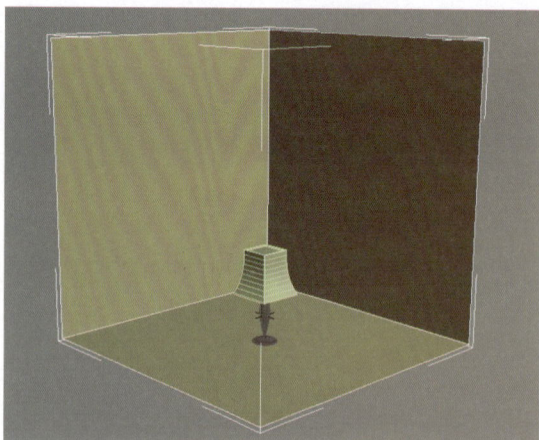

图 3-81　删除面后效果

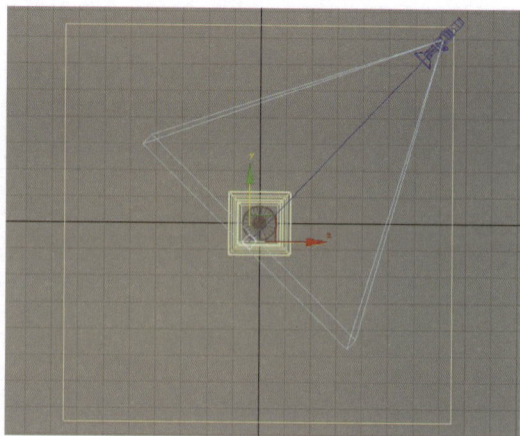

图 3-82　设置摄像机

在前视图调节摄像机及目标点如图 3-83 所示。

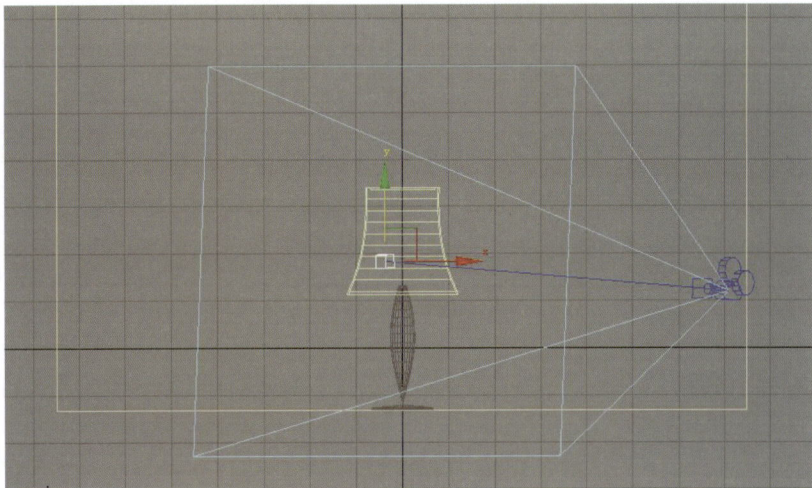

图 3-83 调节摄像机及目标点

（10）场景材质设置。本场景共四个材质需要设置：一为灯罩布艺材质，二为布艺边缘，三为台灯底座的烤漆材质，四为场景的漫反射材质。

1）布艺材质设置如图 3-84 所示。

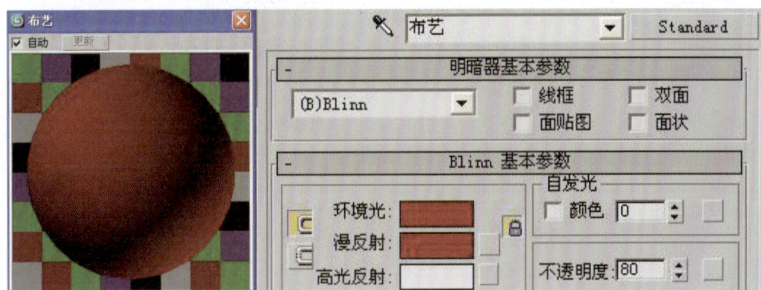

图 3-84 布艺材质设置

布艺的漫反射颜色设置如图 3-85 所示。

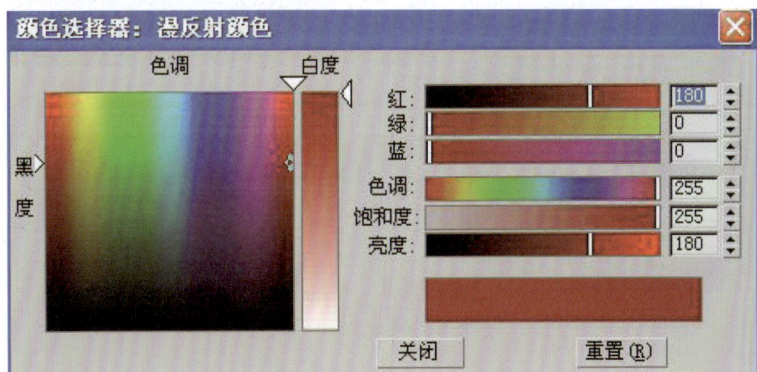

图 3-85 布艺的漫反射颜色设置

2）布艺灯罩四边棱面材质设置如图 3-86 所示。

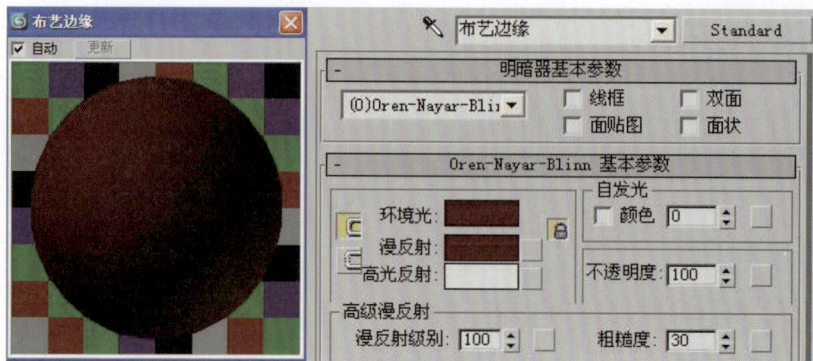

图 3-86　布艺灯罩四边棱材质设置

布艺边缘材质的漫反射颜色设置如图 3-87 所示。

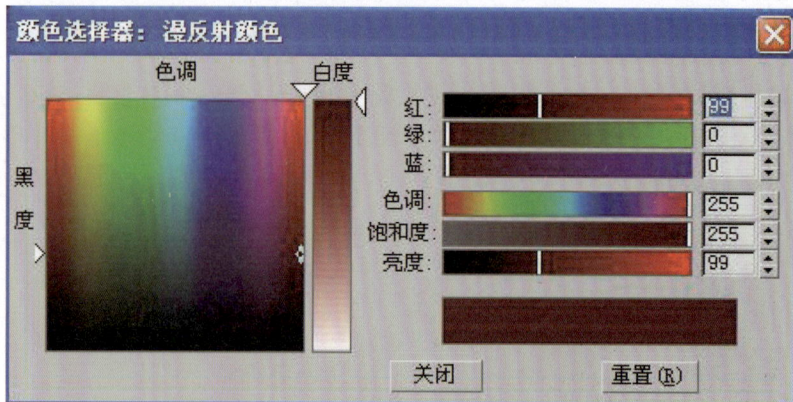

图 3-87　布艺边缘材质的漫反射颜色设置

3）烤漆材质设置如图 3-88 所示。

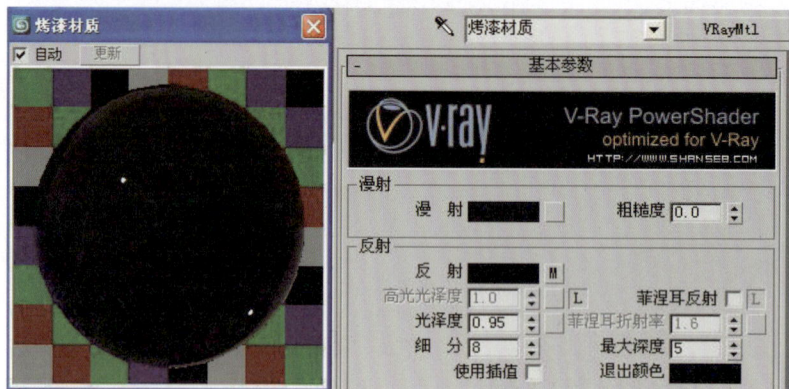

图 3-88　烤漆材质设置

烤漆材质漫射颜色设置如图 3-89 所示。

单击反射颜色块旁边的　按钮，在弹出的列表中选择一个 衰减 程序贴图，单击确定。然后在衰减参数栏中设置参数如图 3-90 所示。

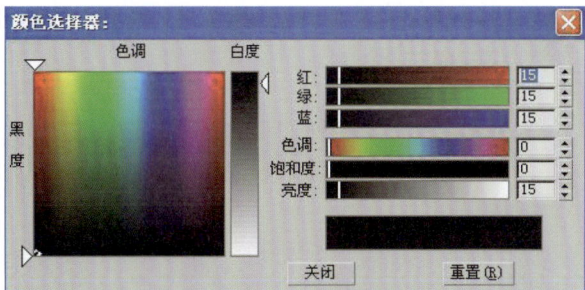

图 3-89　烤漆材质漫射颜色设置

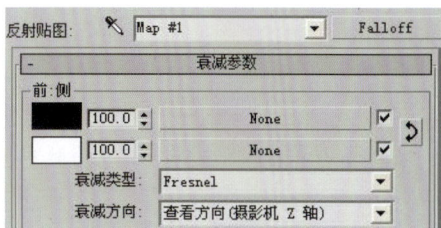

图 3-90　衰减参数设置

4）场景材质参数设置如图 3-91 所示。其中漫反射颜色设置为纯白色即可。

至此材质就全部设置完毕，可以依次选择材质相对应的模型，逐个单击材质编辑器中的 ![按键] 按键即可将材质赋予模型。

（11）在顶视图台灯正中间处打一盏泛光灯，如图 3-92 所示。

图 3-91　场景材质参数设置

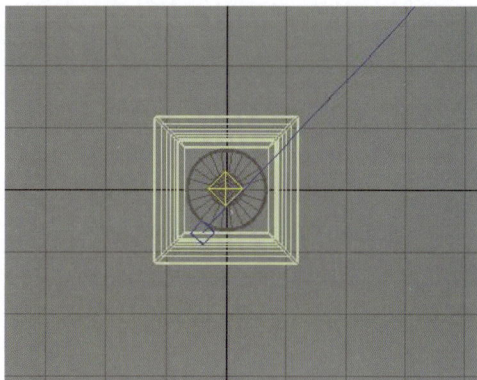

图 3-92　在顶视图台灯正中间处打一盏泛光灯

在前视图移动泛光灯到如图 3-93 所示位置，在修改面板中设置灯光参数如图 3-94 所示。其中灯光颜色设置为纯白色即可。

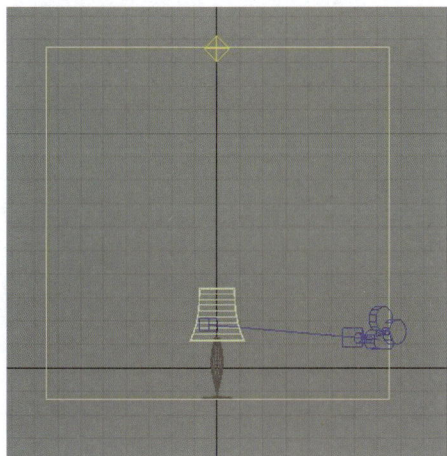

图 3-93　移动泛光灯位置

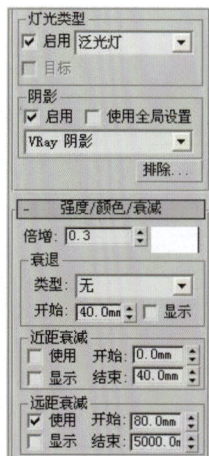

图 3-94　灯光参数设置

（12）在顶视图创建出一个 V-Ray 灯光，如图 3-95 所示。

在前视图利用旋转命令旋转 V-Ray 灯光如图 3-96 所示。

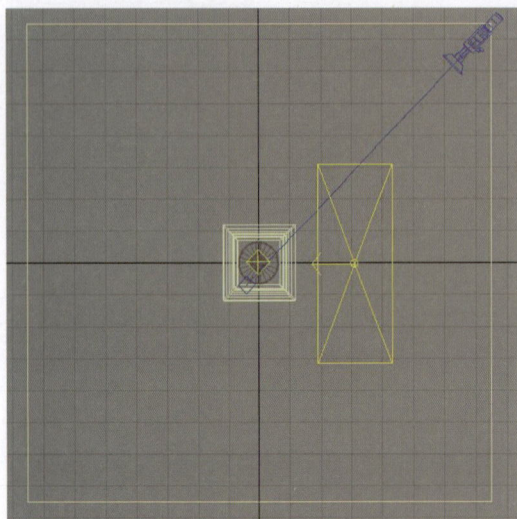

图 3-95　顶视图创建出一个 V-Ray 灯光

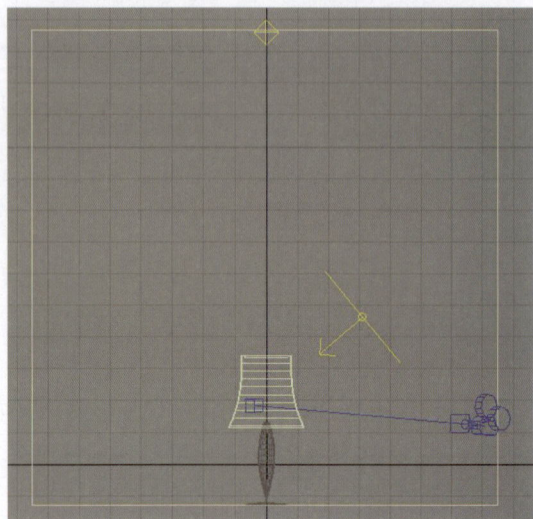

图 3-96　旋转 V-Ray 灯光

在修改面板中修改 V-Ray 灯光参数如图 3-97 所示。

（13）在灯光下拉菜单中选择光度学灯光，单击 自由点光源 按钮，在顶视图台灯中间处设置一个自由点光源，如图 3-98 所示。

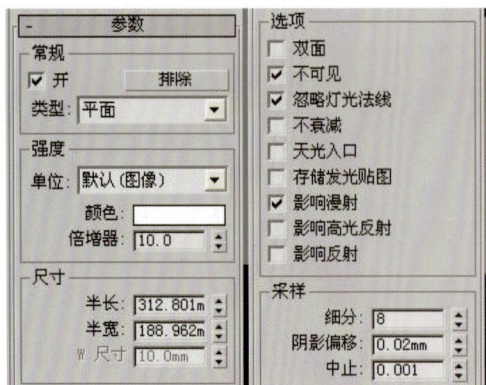

图 3-97　V-Ray 灯光参数设置

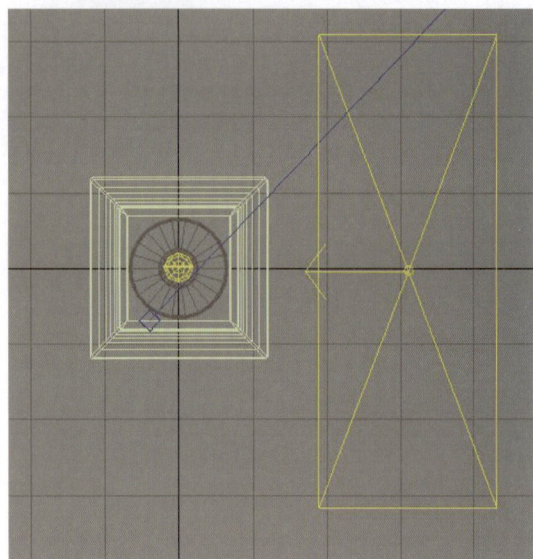

图 3-98　创建一盏自由点光源

在前视图调整自由点光源高度如图 3-99 所示。

回到修改面板设置自由点光源参数如图 3-100 所示。

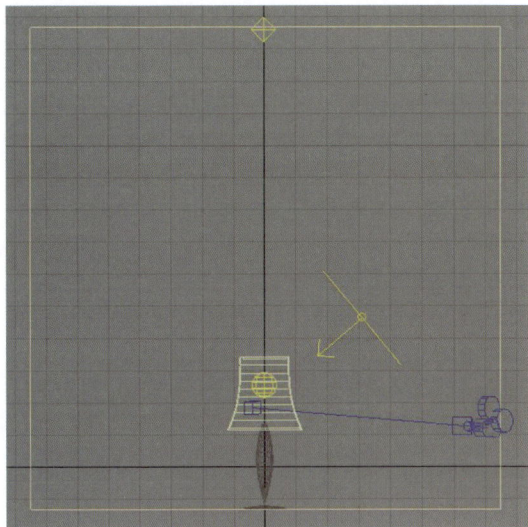

图 3-99　调整自由点光源高度

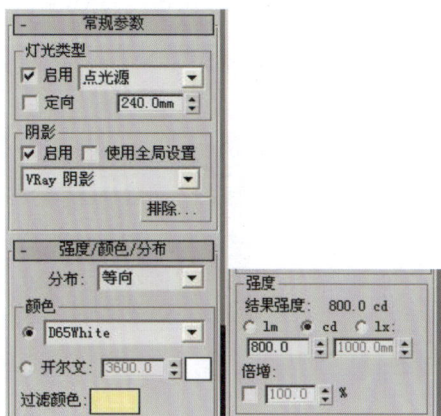

图 3-100　自由点光源参数设置

（14）设置渲染面板。

1）全局开关参数设置如图 3-101 所示。

2）图像采样参数设置如图 3-102 所示。

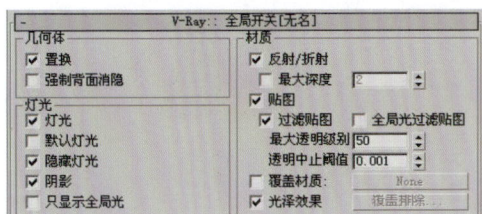

图 3-101　全局开关参数设置

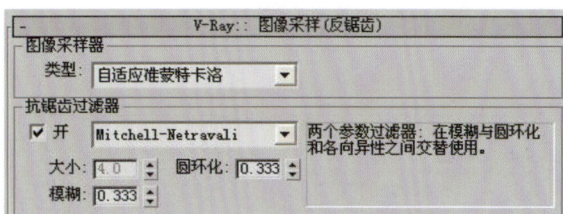

图 3-102　图像采样参数设置

3）间接照明参数设置如图 3-103 所示。

4）发光贴图参数设置如图 3-104 所示。

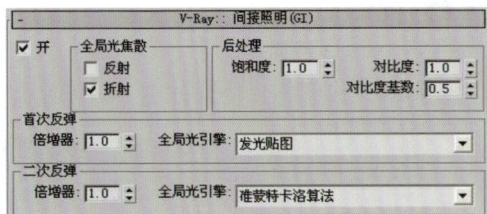

图 3-103　间接照明参数设置

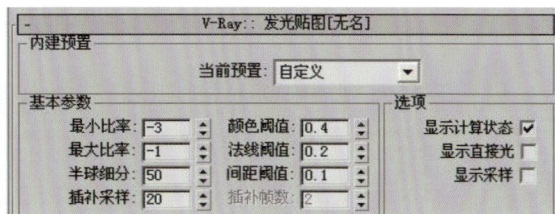

图 3-104　发光贴图参数设置

5）环境参数设置如图 3-105 所示。

单击"反射 / 折射环境覆盖"中的长条形按钮 None ，在弹出的列表中选择 VRayHDRI ，在通道中增加一个 V-Ray HDRI 贴图。

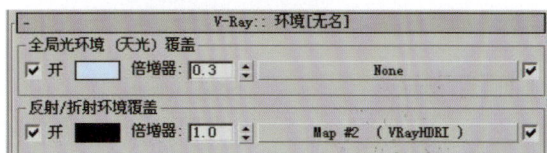

图 3-105　环境参数设置

按 M 键打开材质面板，按住鼠标左键不放，把反射/折射环境覆盖通道中的 V-Ray HDRI 贴图拖动到一个材质球中松开鼠标，在弹出的对话框中选择实例。在 V-RayHDRI 参数栏中单击 浏览 按钮，选择配套光盘"第 3 章 \ 台灯 \HDR 贴图"，如图 3-106 所示。

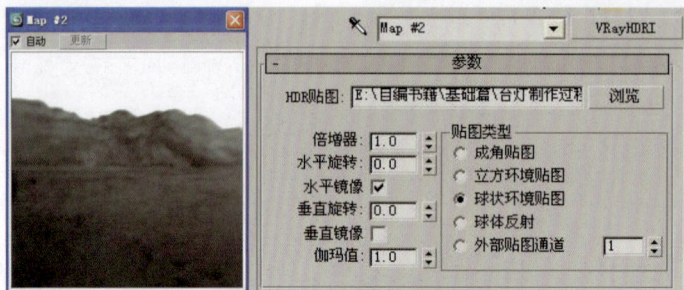

图 3-106　HDR 贴图参数设置

6）颜色映射参数设置如图 3-107 所示。

（15）最后渲染，得出效果如图 3-108 所示。

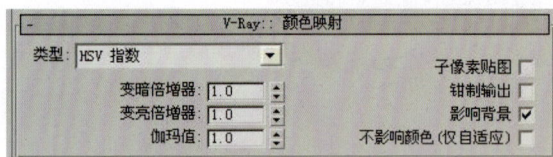

图 3-107　颜色映射参数设置

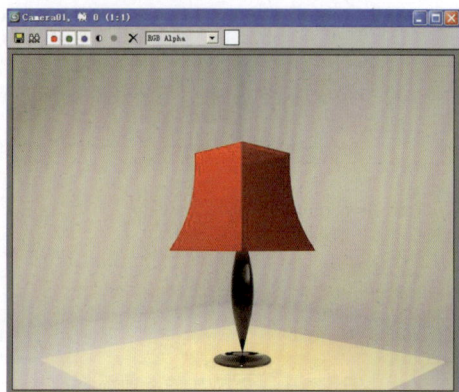

图 3-108　渲染效果

## 3.3　创建旋转楼梯

（1）在 Front 视图中创建两个矩形，参数如图 3-109 所示，其形态、位置如图 3-110 所示。

图 3-109　两个矩形的参数设置

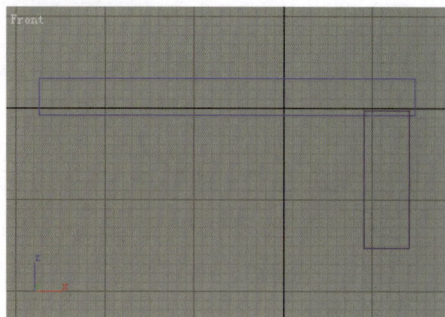

图 3-110　两个矩形的位置摆放

（2）选中两个矩形，单击右键将其转换为可编辑的样条线，如图 3-111 所示。

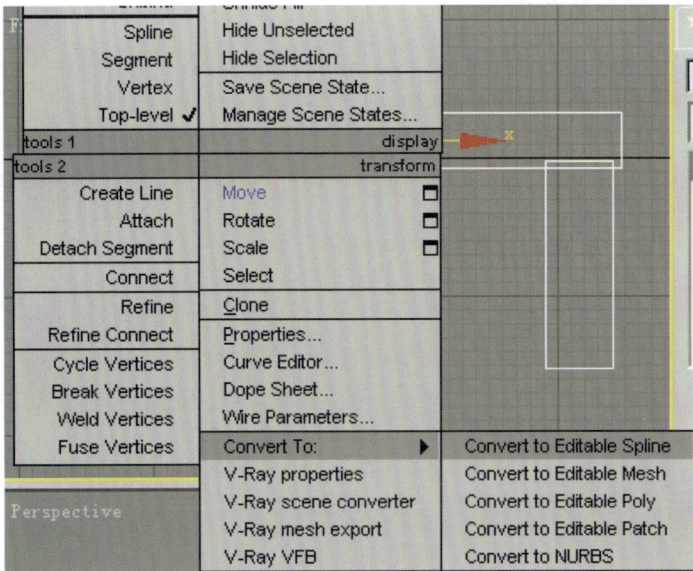

图 3-111　转换为可编辑的样条线

（3）选择其中一个矩形，单击 Attach 按钮后选择另外一个矩形，将两个矩形结合为一体，如图 3-112 所示。

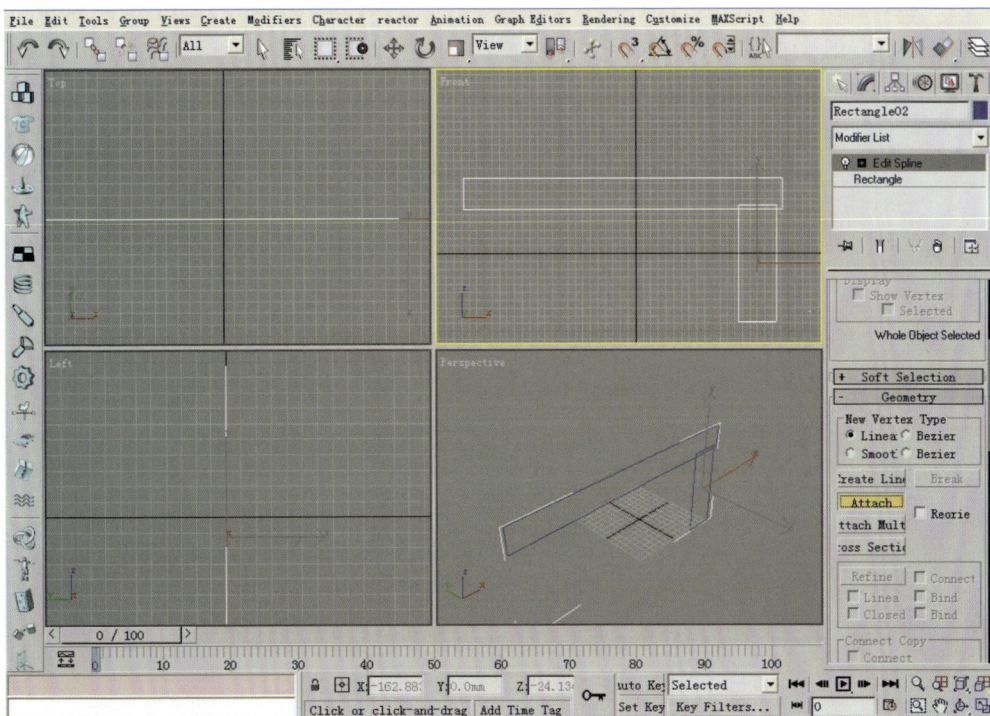

图 3-112　结合两个矩形

（4）选择任意一个矩形，单击 ↗ 按钮进入次物体线编辑，再单击 `Boolean` 按钮，使两个矩形布尔运算相加，得出效果如图 3-113 所示。

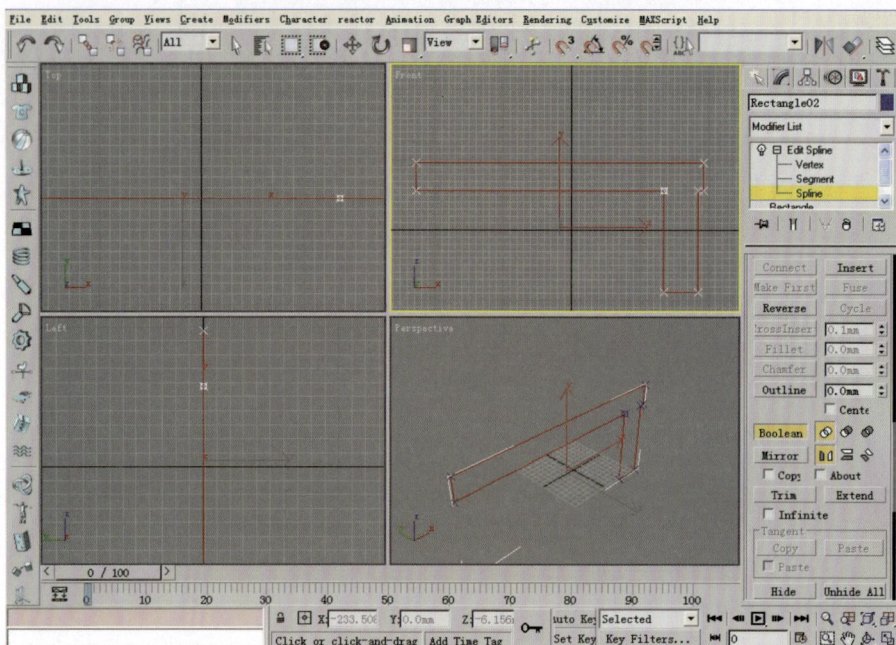

图 3-113　布尔运算相加

（5）在修改命令面板下拉框中选中 `Extrude` 拉伸命令，将 `Amount` 的值设置为 1700，其形态如图 3-114 所示。

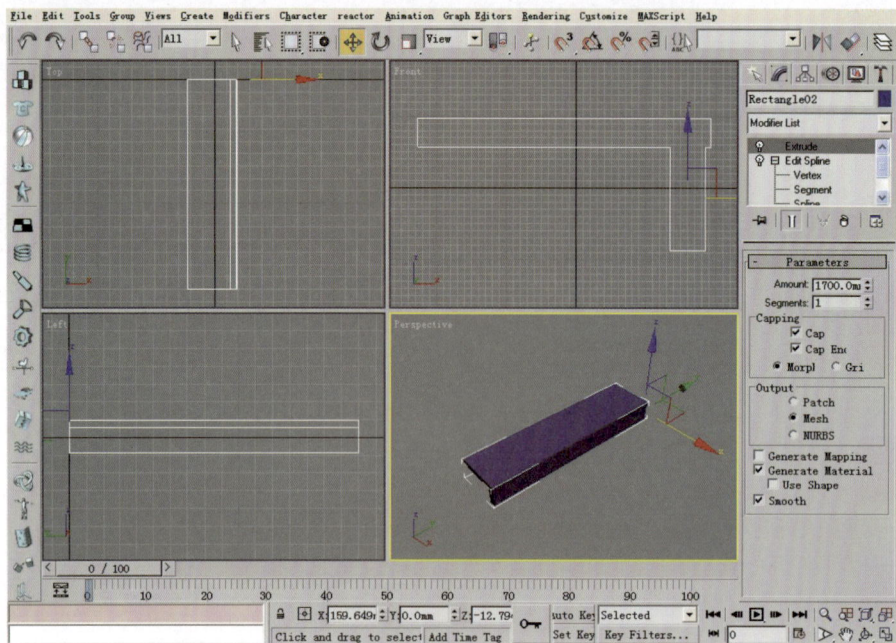

图 3-114　拉伸

（6）选中移动工具，选择挤出的模型，按住 Shift 键单击鼠标左键，在弹出的对话框中选中 copy 选项，复制一个，并将 Extrude 命令中的 Amount 的数值设置为 100，如图 3-115 所示。

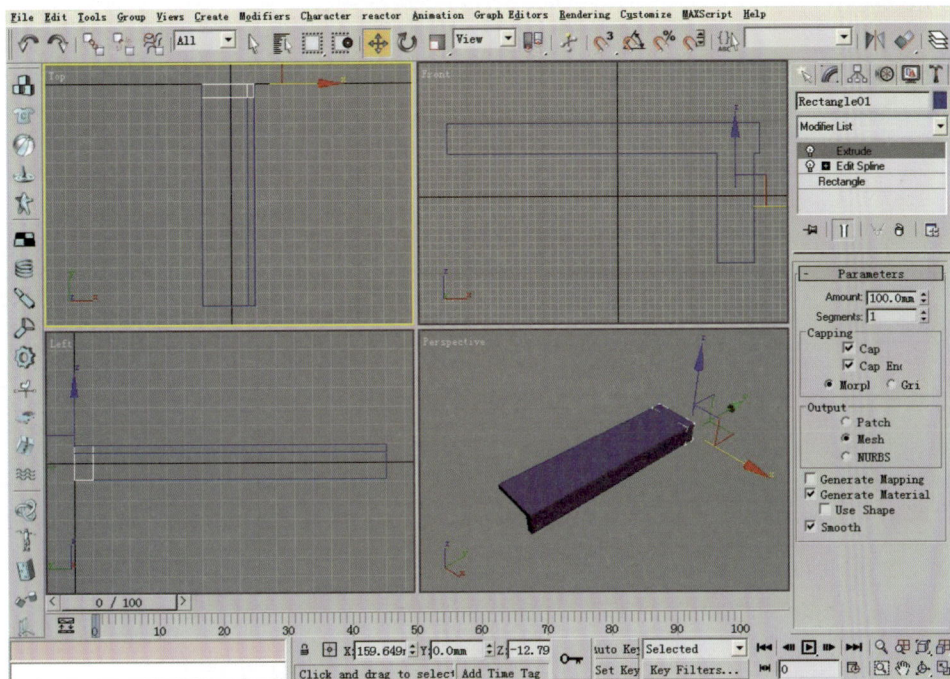

图 3-115　复制并修改拉伸的数值

（7）在堆栈中选择 Line 下的 ，设置 Outline 的数值为 –10 后回车，然后关闭 。单击堆栈中已有的 Extrude ，得出效果如图 3-116 所示。

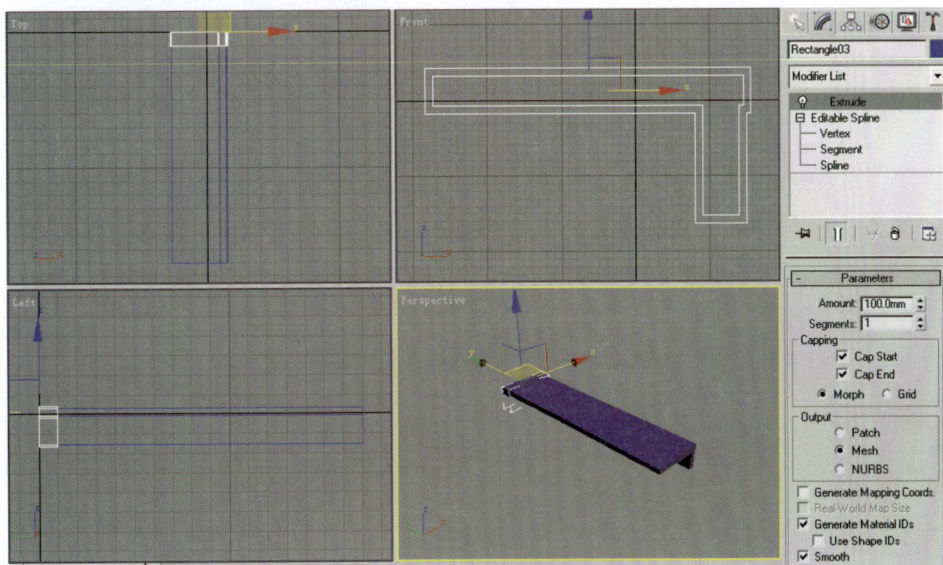

图 3-116　扩边

（8）选中该物体，在顶视图中按住 Shift 键沿 Y 轴移动将其复制出一个，调整位置如图 3-117 所示。

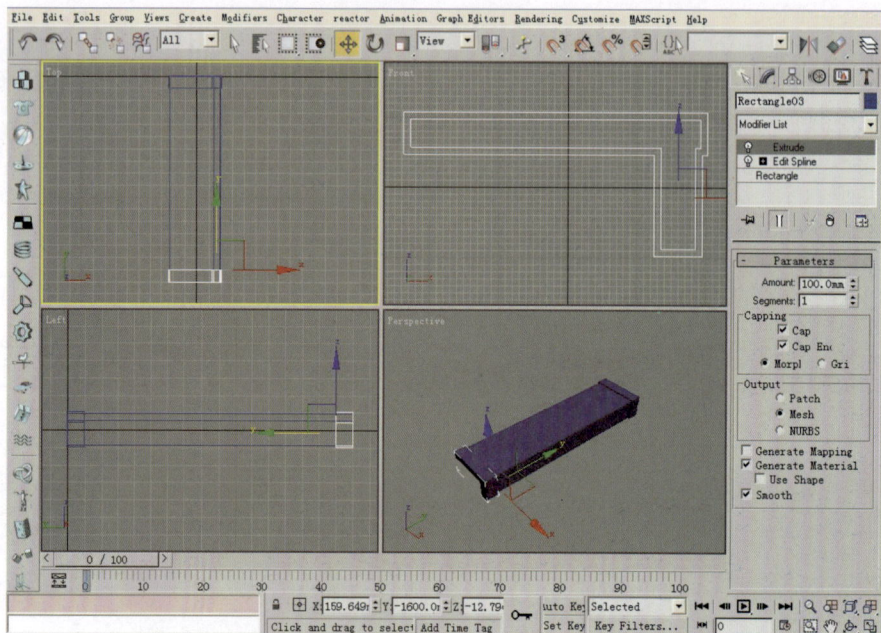

图 3-117　复制一个到另一边

（9）在模型上单击右键，如图 3-118 所示选择 Convert to Editable Mesh 命令，将模型塌陷为网格物体，在修改命令面板中单击 Attach 按钮，依次单击其余两个物体，将它们结合在一起，完成楼梯踏步模型制作如图 3-119 所示。

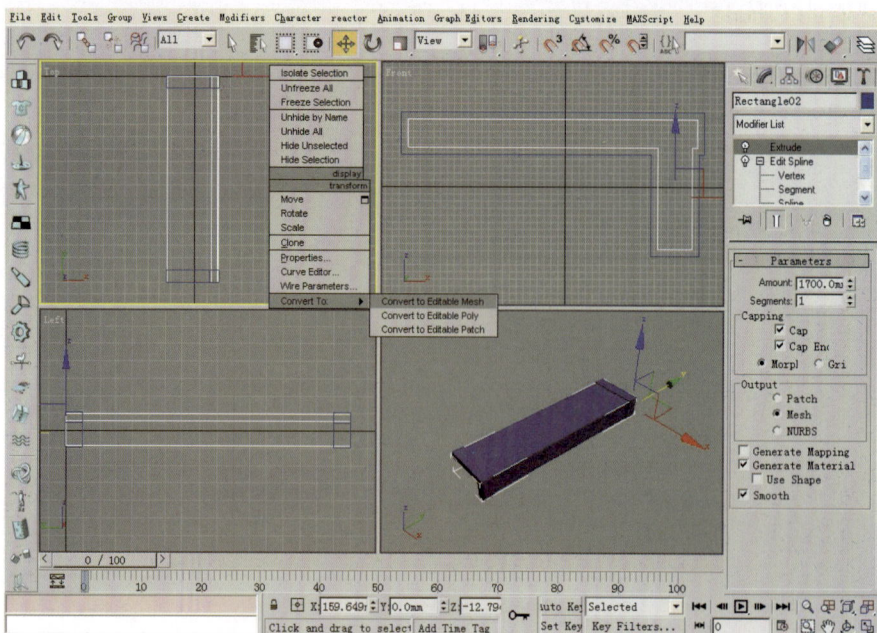

图 3-118　结合物体

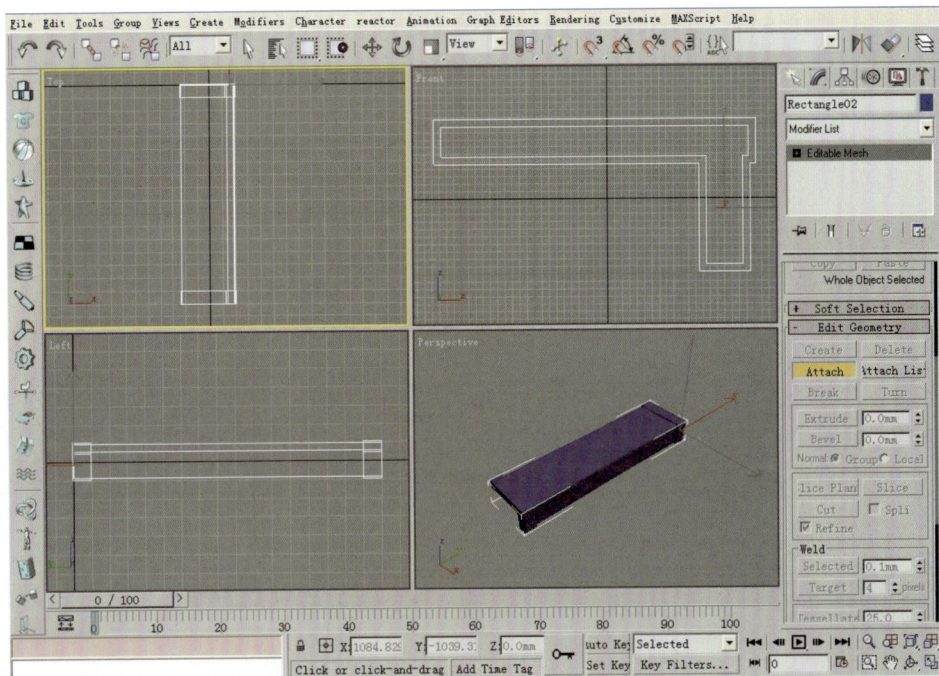

图 3-119　楼梯踏步的最终效果

（10）单击 按钮，在如图 3-120 所示的 Standard 下拉列表框中选择 Atmospheric Apparatus 选项，然后单击 CylGizmo ，在 Top 视图中创建一个 Radius 为 4000， Height 为 4500 的圆柱体框，并将其位置与之前完成的楼梯踏步对齐，如图 3-121 所示。

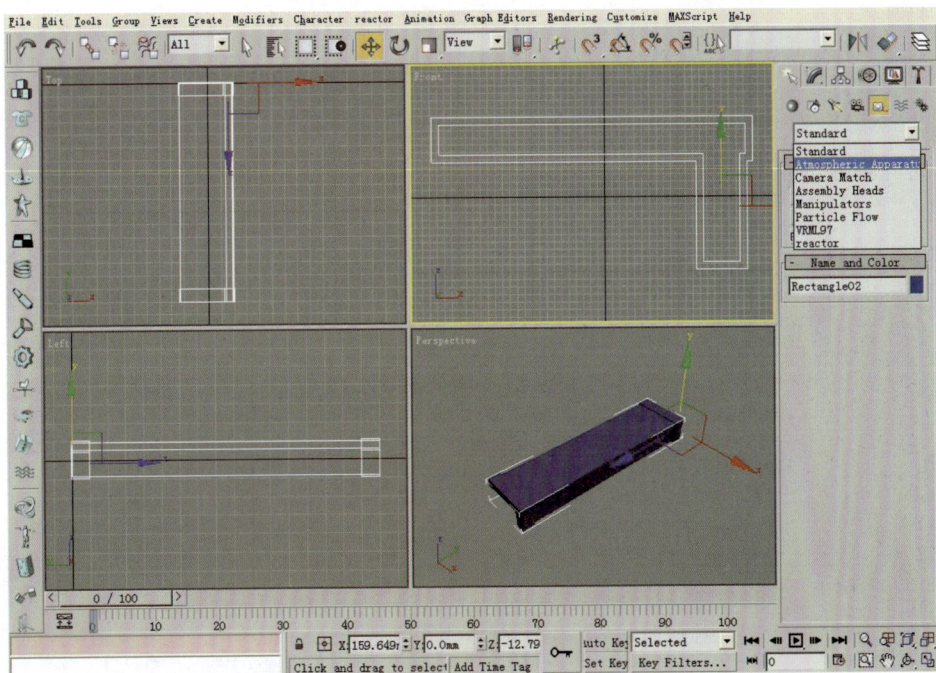

图 3-120　圆柱体框的创建

（11）选中圆柱体框，单击 ☃ 进入层级命令面板中，单击 `Affect Pivot Only` 按钮。然后打开中心轴捕捉，如图 3-122 所示，再移动楼梯踏步的轴心到圆柱体框的轴心上，如图 3-123 所示。

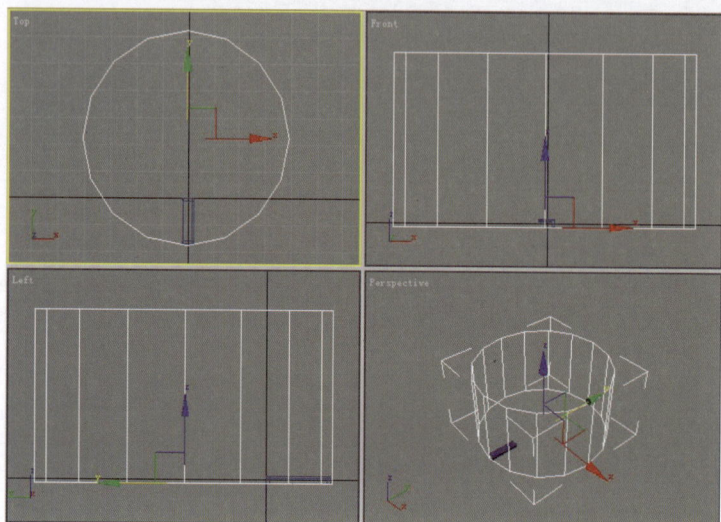

图 3-121　圆柱体框

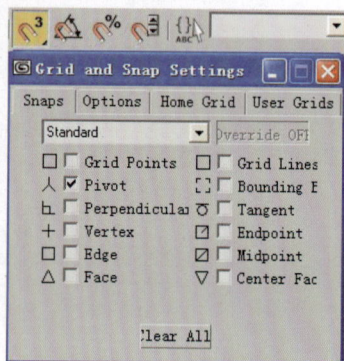

图 3-122　中心轴捕捉设置

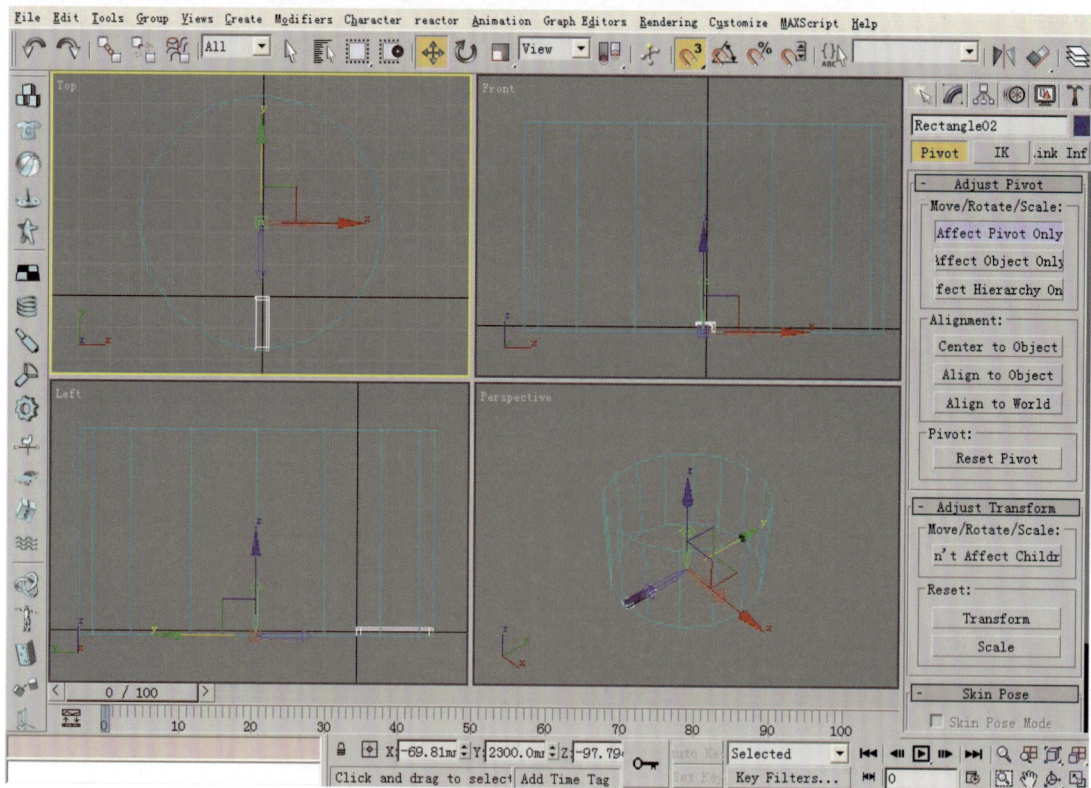

图 3-123　移动楼梯踏步的轴心到圆柱体框的轴心上

（12）选择楼梯踏步，如图 3-124 所示选择 **Tools** 菜单列表下的 Array 阵列命令，在出现的窗口中设置参数如图 3-125 所示，单击 OK 按钮，完成楼梯的创建，效果如图 3-126 所示。

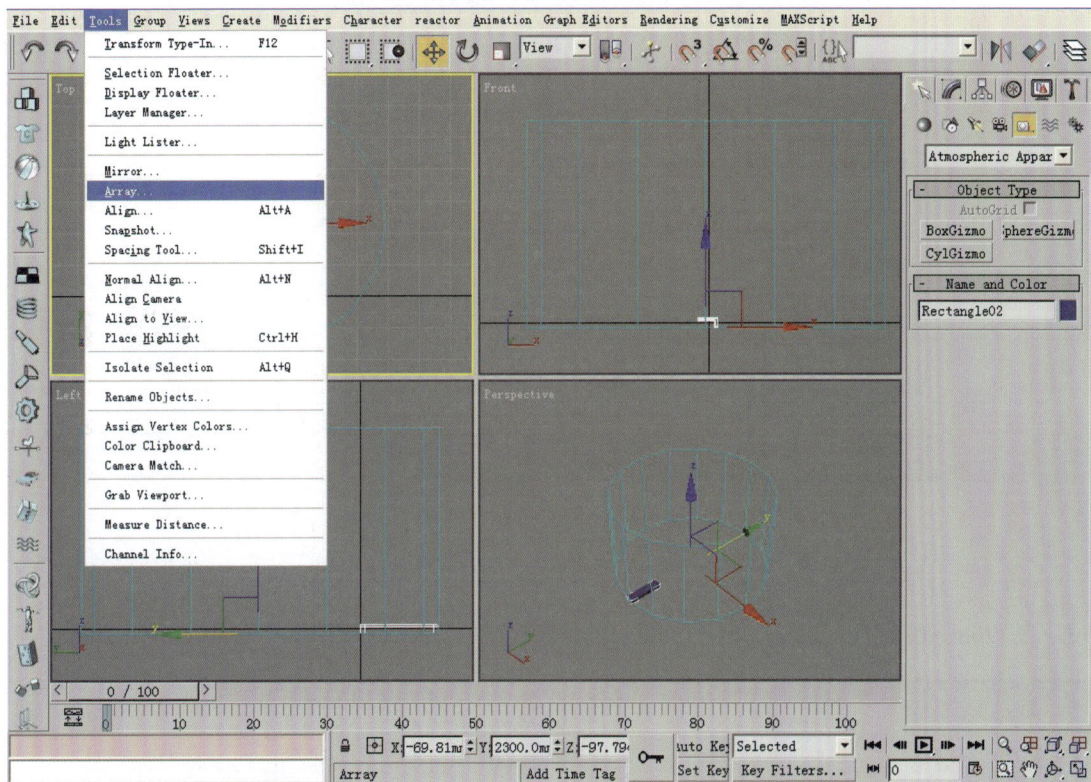

图 3-124　选择阵列命令

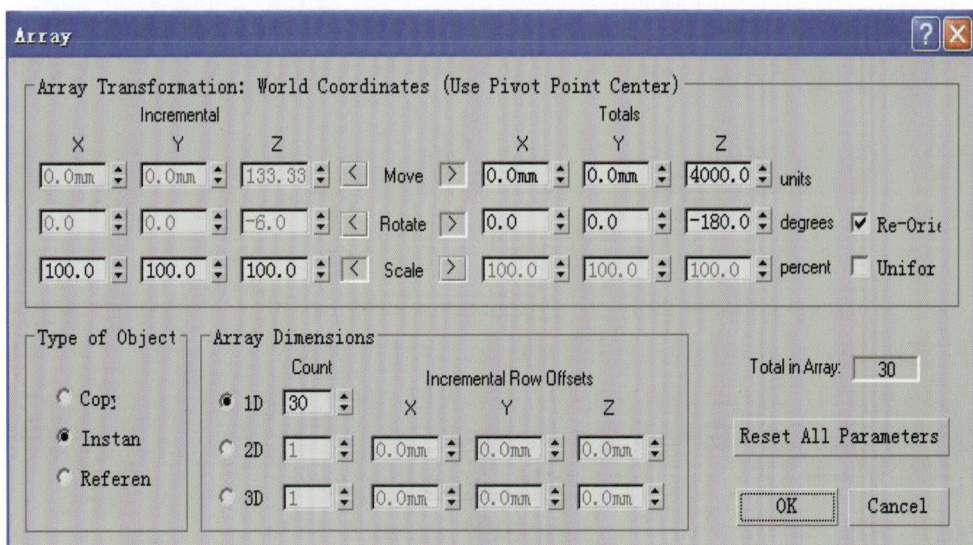

图 3-125　阵列参数设置

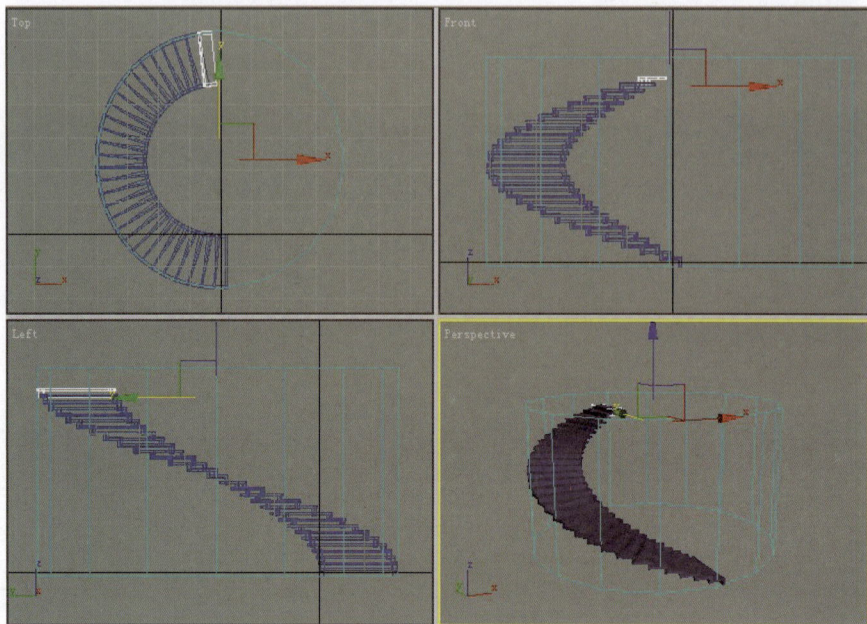

图 3-126　楼梯的创建效果

（13）选中所有楼梯，将楼梯隐藏。然后在 Top 视图中创建两个圆，半径分别为 30 和 50，在 Front 视图中再创建一条约长 900 的垂直直线，如图 3-127 所示。

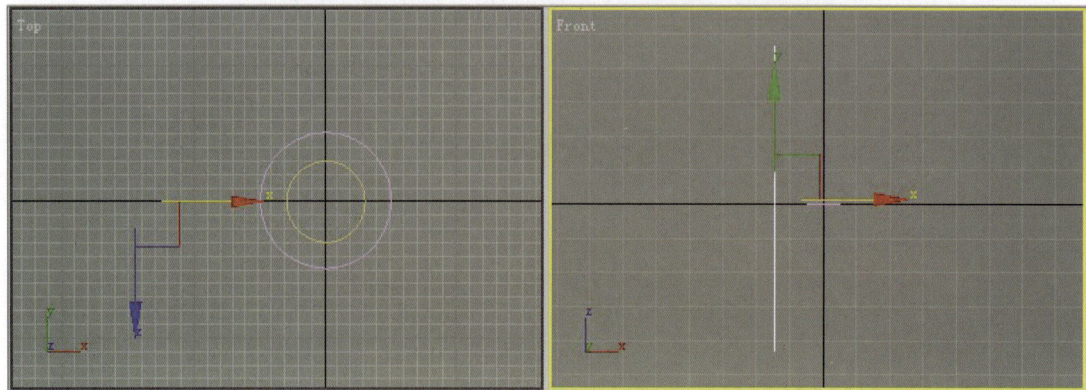

图 3-127　创建二维曲线

（14）选择直线，如图 3-128 所示，在 `Standard Primitiv` 下拉列表框中选择 `Compound Objects` 选项，单击 `Loft` 放样按钮，再单击 `Get Shape` 按钮，将 Path 的值设为 80，拾取大圆，再将 Path 的值设为 30，拾取小圆，放样结果如图 3-129 所示。

（15）进入到修改命令面板，单击 `Deformations` 卷展栏下的 `Twist` 按钮，单击 增加节点，使用 控制曲线如图 3-130 所示，得出其形态如图 3-131 所示。

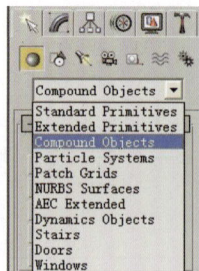

图 3-128　选择放样命令

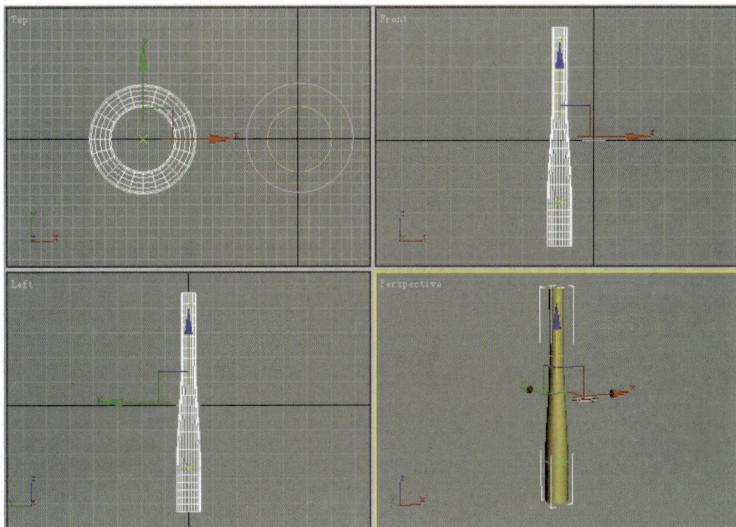

图 3-129  放样结果

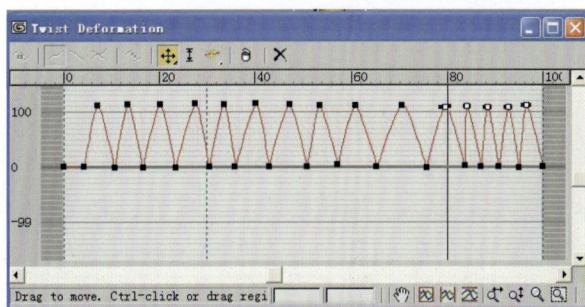

图 3-130  扭曲的修改设置

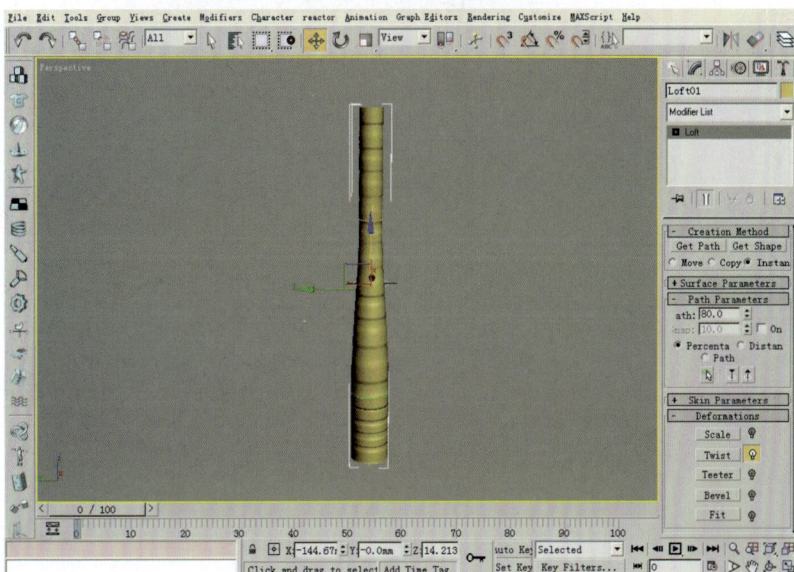

图 3-131  修改后效果

（16）单击 Scale 按钮，控制曲线如图 3-132 所示，得出其形态如图 3-133 所示。

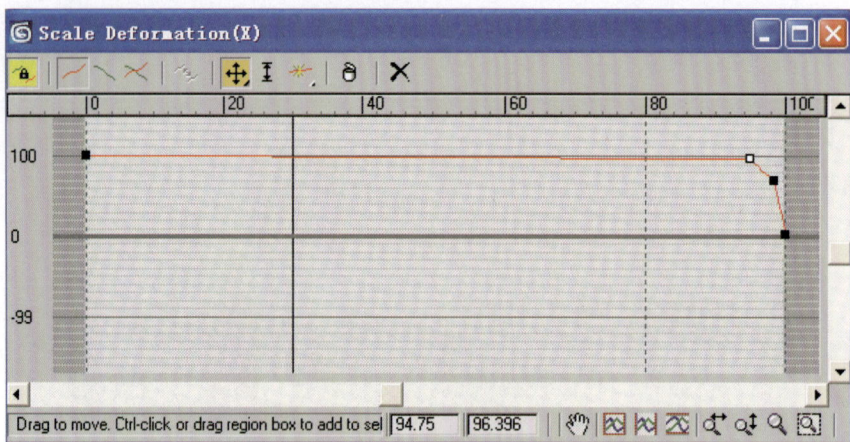

图 3-132　缩放的修改设置

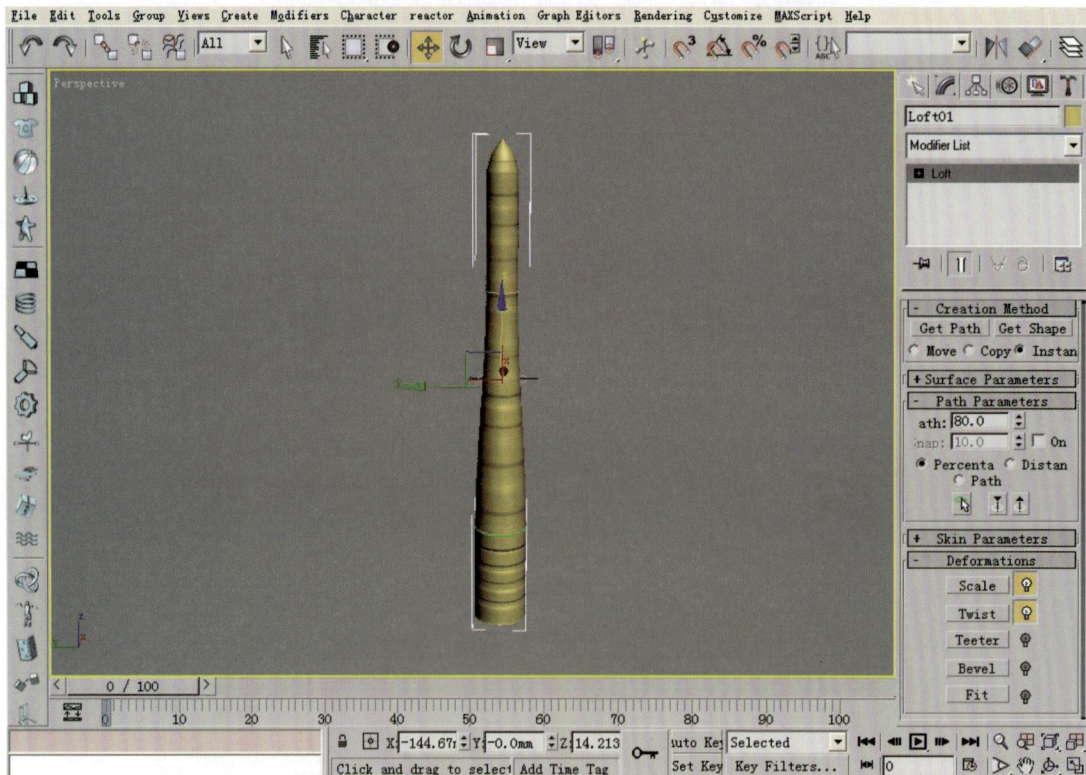

图 3-133　缩放的修改效果

（17）在 Top 视图中创建一个半径为 50 的球体，并调整好位置如图 3-134 所示。

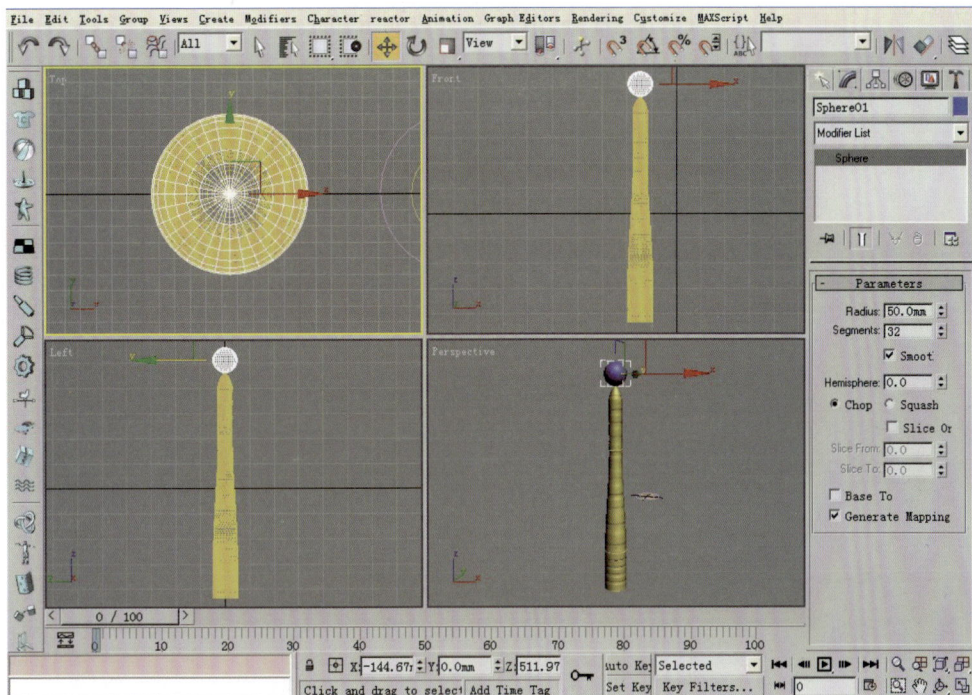

图 3-134　球体的创建

（18）选择球体和栏杆模型，单击 Group 下的 Group 命令组成为群，命名为栏杆，如图 3-135 所示。

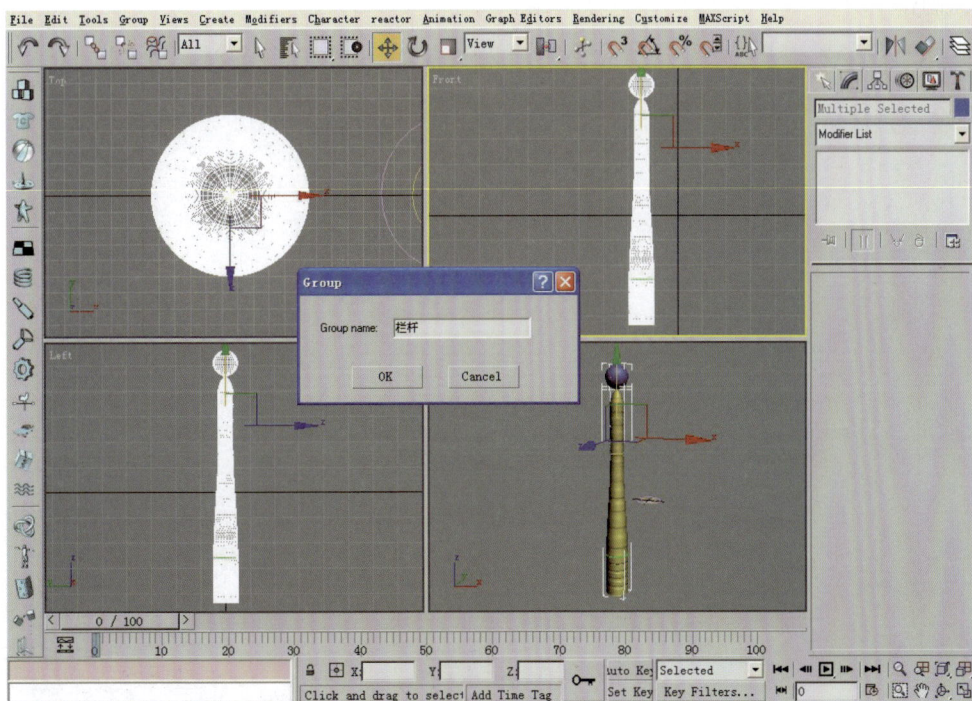

图 3-135　群组栏杆

（19）显示出楼梯模型，移动栏杆到如图 3-136 所示的位置上。

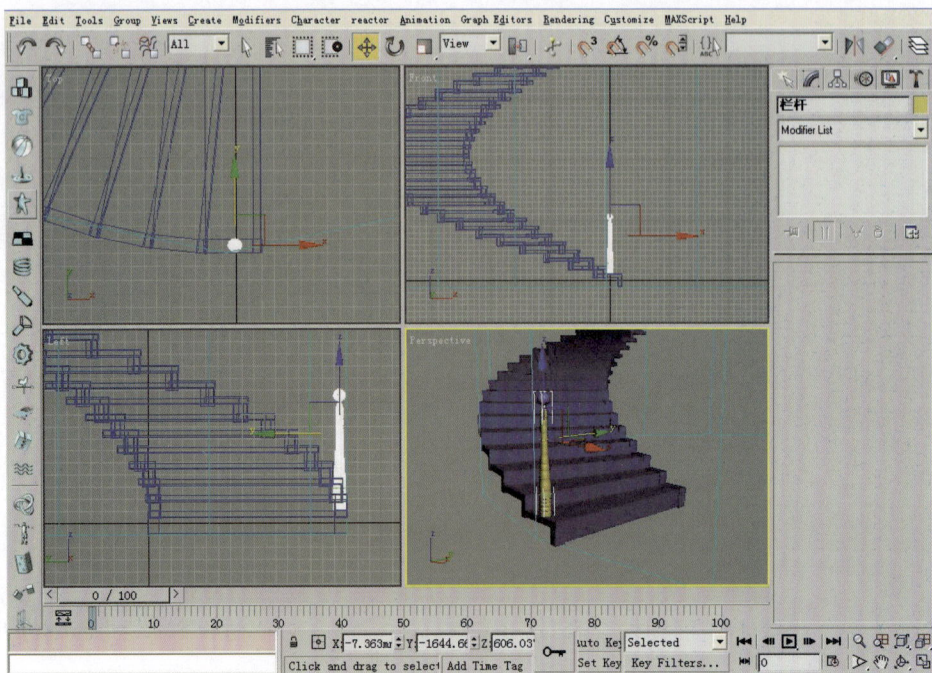

图 3-136　栏杆的位置移动

（20）采用之前移动轴心的方法将栏杆的轴心移动到圆柱体框的轴心位置上去，如图 3-137 所示。

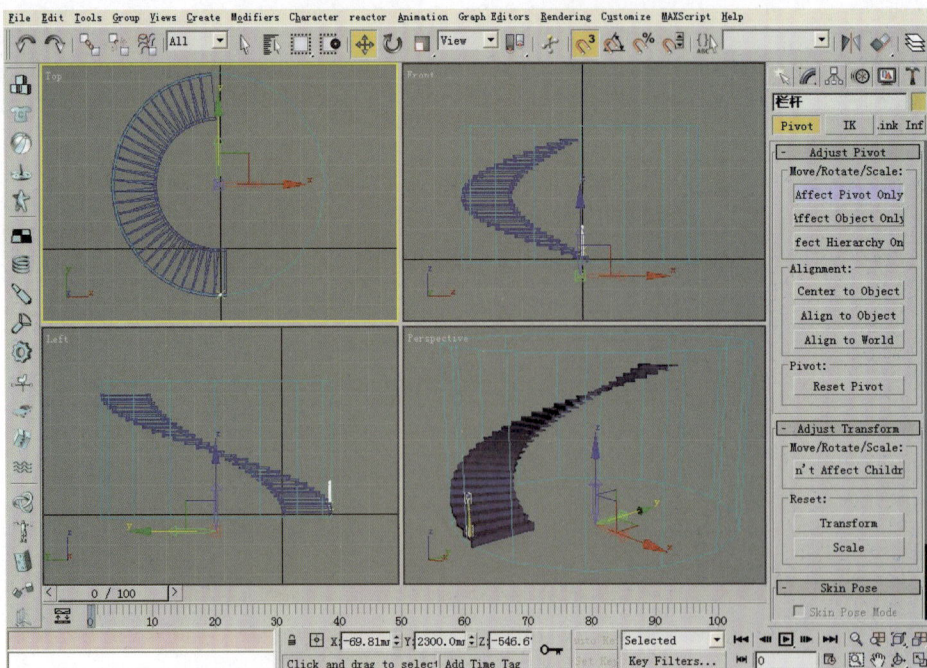

图 3-137　栏杆的轴心位置的移动

（21）再次采用 Array 阵列命令对栏杆进行阵列，参数与楼梯阵列参数一样，单击 OK，效果如图 3-138 所示。

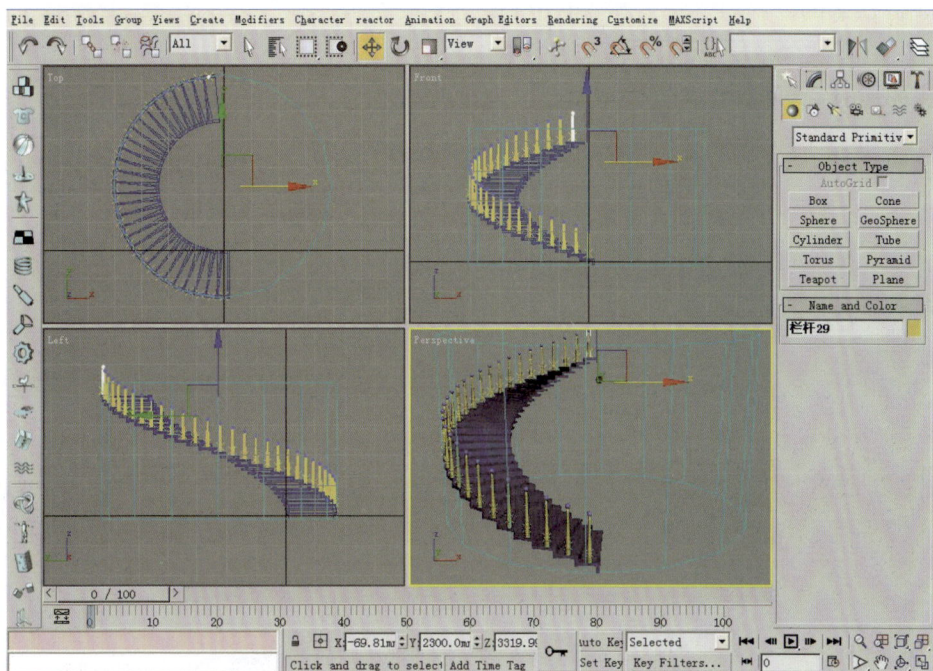

图 3-138 阵列栏杆

（22）用同样的方法创建另一侧的栏杆，效果如图 3-139 所示。

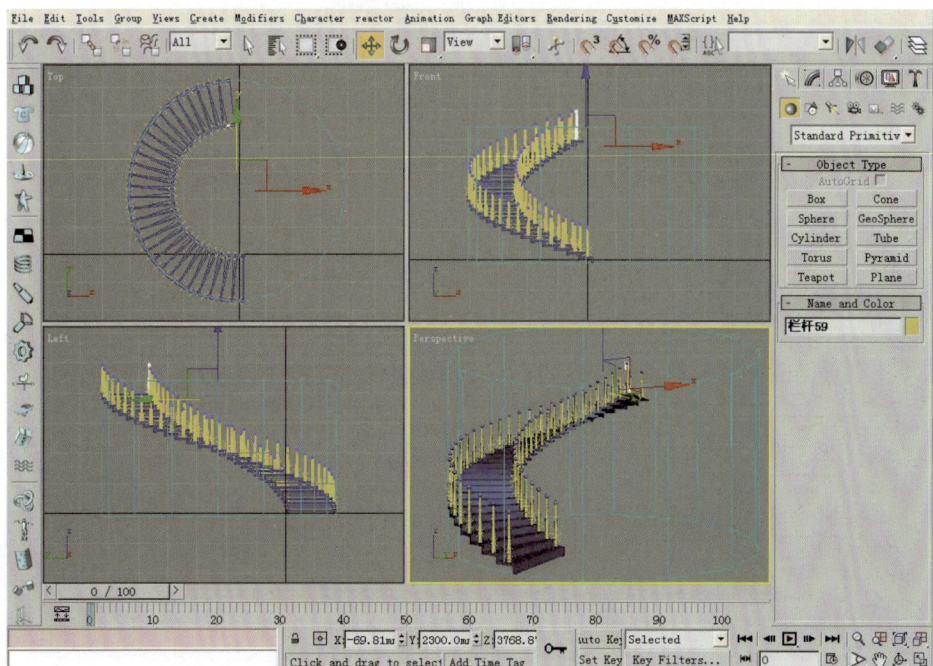

图 3-139 另一侧的栏杆的创建

（23）接下来创建扶手，在 Top 视图中创建一条螺旋线 Helix ，参数如图 3-140 所示，并移动到如图 3-141 所示位置上。扶手的位置需要处于圆球的中心位置。

（24）在 - Rendering 卷展栏中，如图 3-142 所示将 Renderabl 和 Generate Mapping 的选项勾选上，设置 Thickness: 的值为 30mm，完成扶手创建，效果如图 3-143 所示。

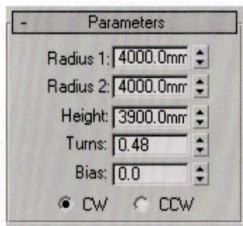

图 3-140 螺旋线的参数设置

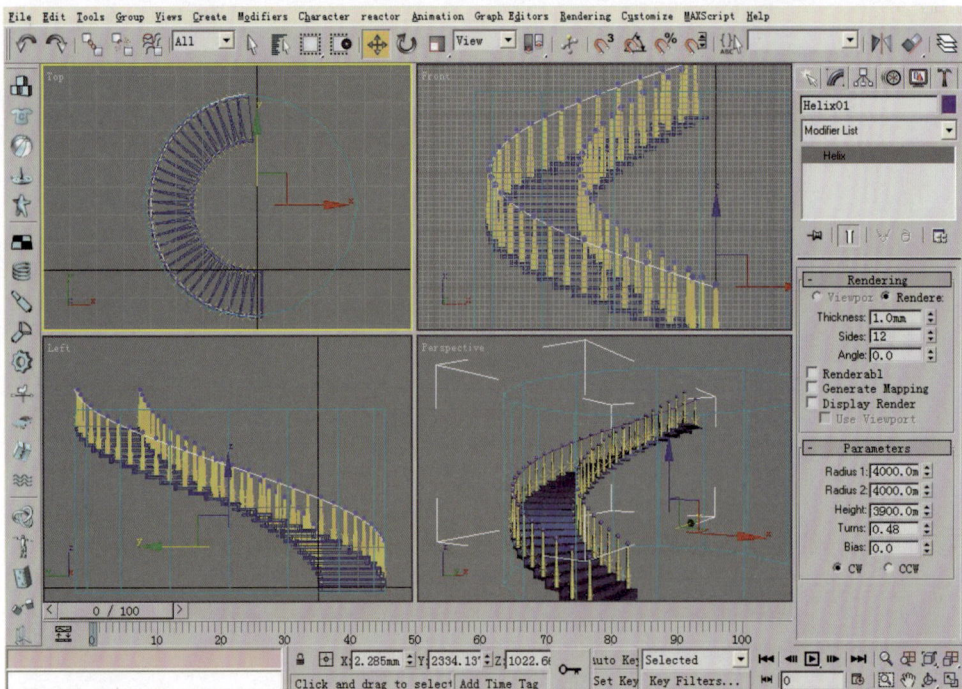

图 3-141 螺旋线的位置移动

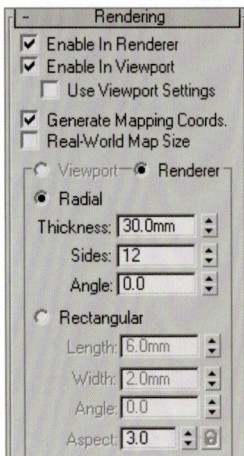

图 3-142 渲染参数设置

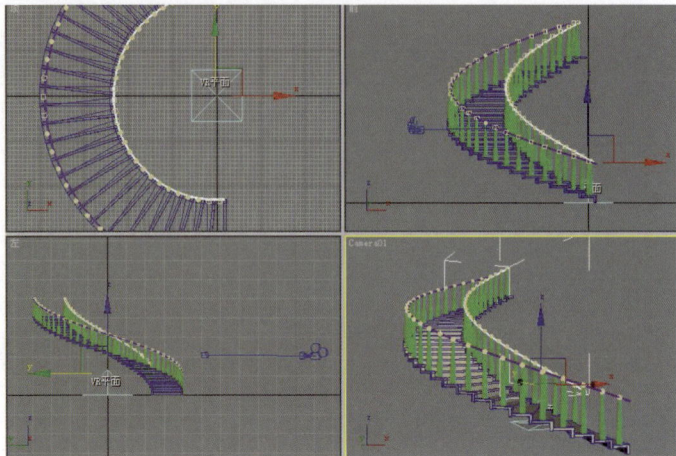

图 3-143 扶手创建的效果

（25）用同样的方法创建出另一侧的扶手，参数设置如图 3-144 所示。

（26）制作一个渲染场景。本场景中，将使用一个 V-Ray 平面作为渲染场景，而不是之前的创建长方体作为渲染场景。在修改面板的标准基本体下拉列表中选择 V-Ray，选择其中的 V-Ray 平面在顶视图拖动出一个 V-Ray 平面，大小如图 3-145 所示。

（27）选择移动键，在世界坐标轴的 X、Y、Z 轴的向下黑三角处按鼠标右键，将 V-Ray 平面移动至原点中心。

（28）在顶视图设置一个摄像机如图 3-145 所示。在左视图调节摄像机及目标点如图 3-146 所示。

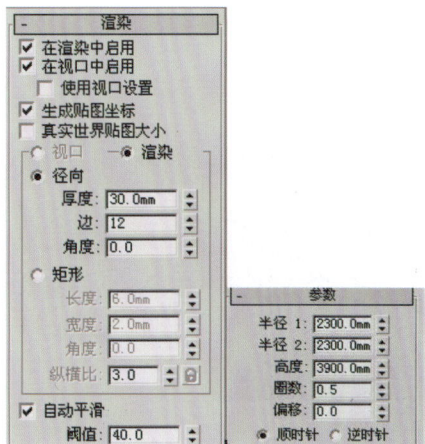

图 3-144　另一侧的扶手参数设置

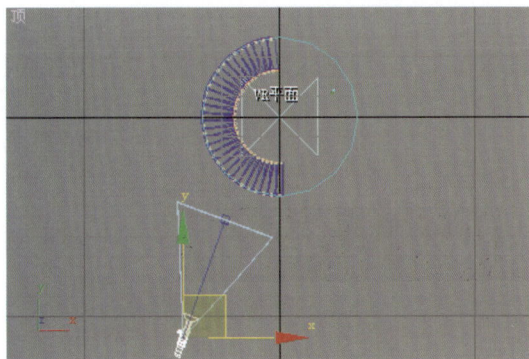

图 3-145　设置摄像机　　　　　图 3-146　调节摄像机及目标点

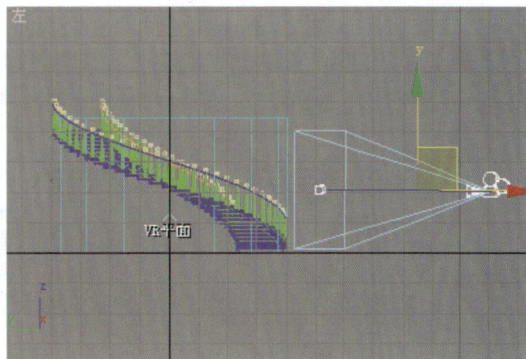

（29）场景材质设置。本场景共有三个材质需要设置，一为栏杆及扶手材质，二为台阶材质，三为渲染场景材质。

1）栏杆及扶手材质设置如图 3-147 所示。其中漫反射颜色设置为图 3-148 所示。反射通道中采用 Falloff 衰减程序贴图，其具体参数设置如图 3-149 所示，上下小色块颜色分别设置为纯黑及纯白即可。

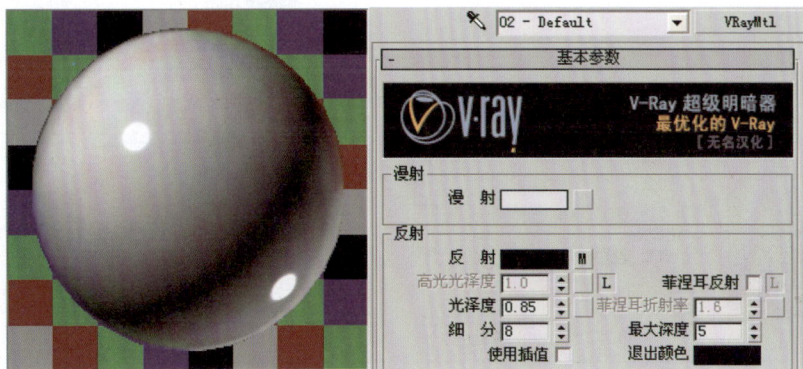

图 3-147　栏杆及扶手材质设置

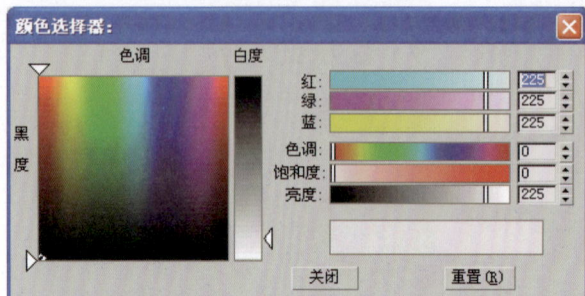

图 3-148　布艺的漫反射颜色设置

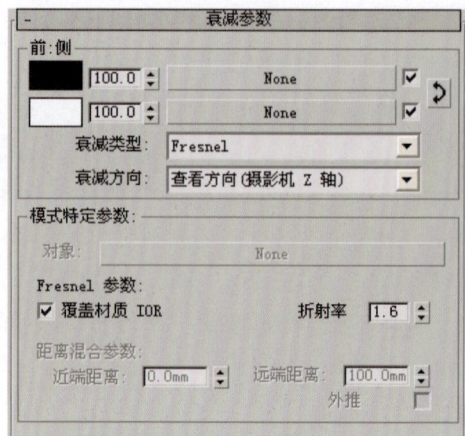

图 3-149　衰减参数设置

2）台阶材质设置如图 3-150 所示。台阶材质的漫反射颜色设置如图 3-151 所示。反射通道中采用 Falloff 衰减程序贴图，其具体参数设置如图 3-152 所示，上下小色块颜色分别设置为纯黑及纯白即可。

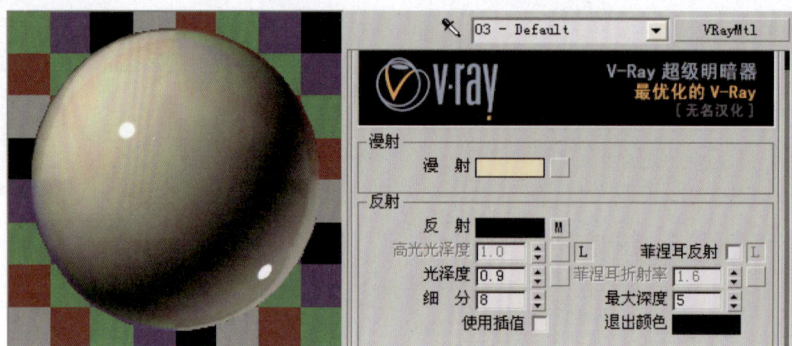

图 3-150　台阶材质设置

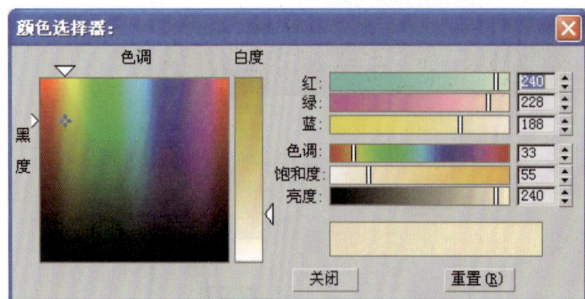

图 3-151　台阶材质的漫反射颜色设置

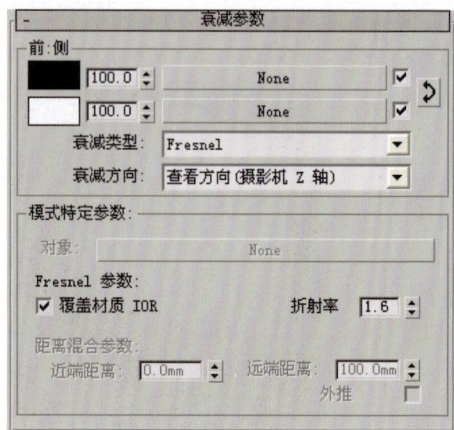

图 3-152　衰减参数设置

3）场景材质参数设置如图 3-153 所示。其中漫反射颜色设置为纯白色即可。

至此材质就全部设置完毕，可以依次选择材质相对应的模型，逐个单击材质编辑器中的 ⚙ 按键，将材质赋予模型。

（30）设置渲染面板。

1）全局开关参数设置如图 3-154 所示。

2）图像采样参数设置如图 3-155 所示。

3）自适应准蒙特卡洛图像采样器参数设置如图 3-156 所示。

4）间接照明参数设置如图 3-157 所示。

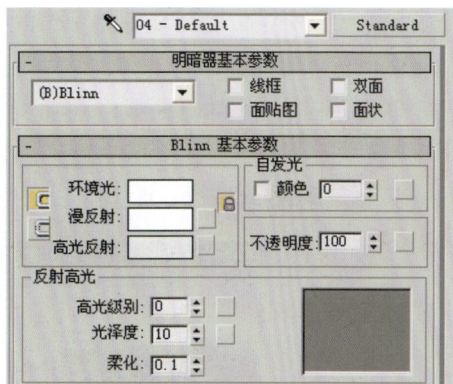

图 3-153　场景材质参数设置

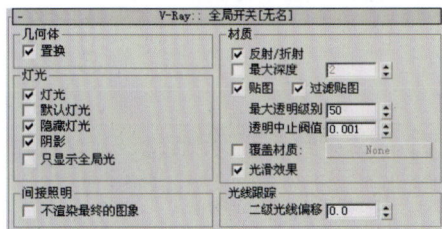

图 3-154　全局开关参数设置

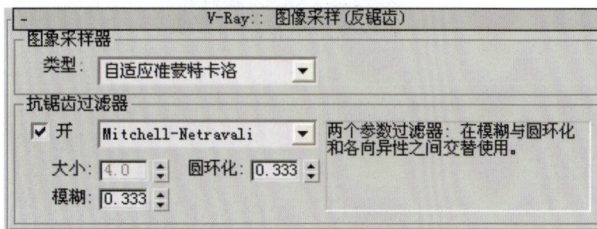

图 3-155　图像采样参数设置

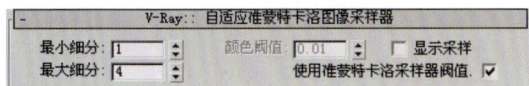

图 3-156　自适应准蒙特卡洛图像采样器参数设置

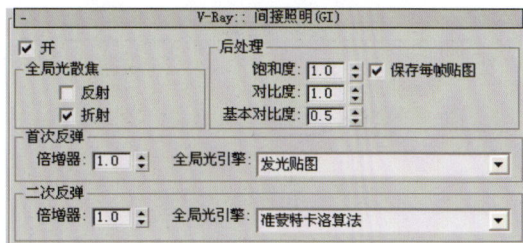

图 3-157　间接照明参数设置

5）发光贴图参数设置如图 3-158 所示。

6）准蒙特卡洛全局光参数设置如图 3-159 所示。

7）环境参数设置如图 3-160 所示。

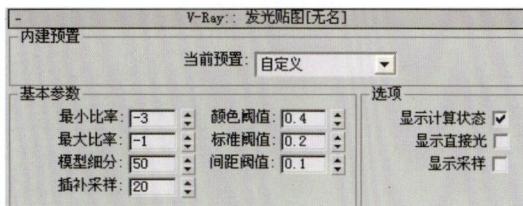

图 3-158　发光贴图参数设置

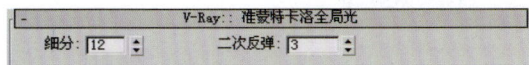

图 3-159　准蒙特卡洛全局光参数设置

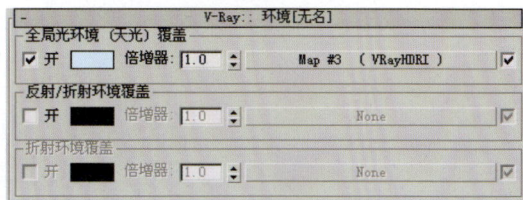

图 3-160　环境参数设置

单击"反射/折射环境覆盖"中的长条形按钮 **None**，在弹出的列表中选择 **VRayHDRI**，在通道中增加一个 V-Ray HDRI 贴图。

单击 M 键打开材质面板，按住鼠标左键不放，把反射/折射环境覆盖通道中的 V-Ray HDRI 贴图拖动到一个材质球中松开鼠标，在弹出的对话框中选择实例。在 V-Ray HDRI 参数栏中单击 **浏览** 按钮，选择配套光盘"第 3 章\旋转楼梯\HDR 贴图"，如图 3-161 所示。

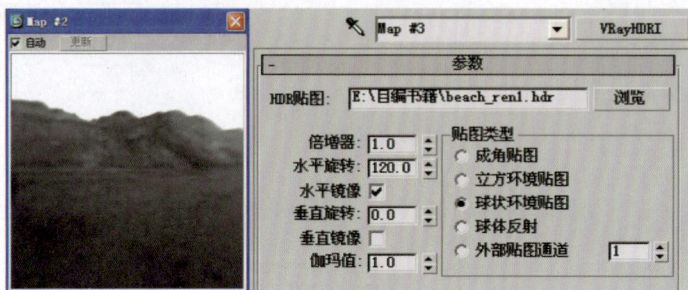

图 3-161　HDRI 贴图参数设置

8) RQMC 采样器参数设置如图 3-162 所示。

9) 颜色映射参数设置如图 3-163 所示。

10) 系统参数设置如图 3-164 所示。

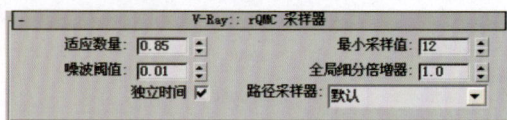

图 3-162　rQMC 采样器参数设置

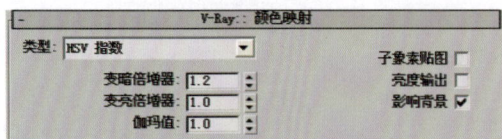

图 3-163　颜色映射参数设置

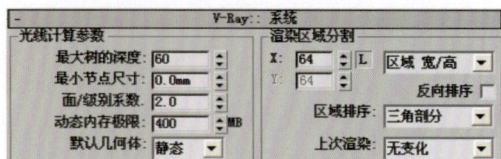

图 3-164　系统参数设置

(31) 最后渲染，得出效果如图 3-165 所示。

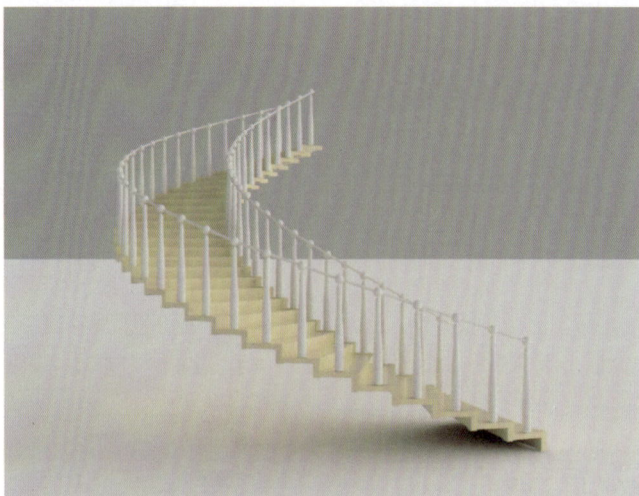

图 3-165　渲染效果

## 3.4 双人沙发制作

（1）在菜单栏自定义菜单下单位设置命令中，设置系统和显示单位均为毫米。如图3-166 所示。

（2）在前视图中绘制一个长方体，在修改面板中修改长、宽、高参数如图3-167所示。

（3）选中长方体，选择移动键，在世界坐标轴的 X、Y、Z 轴的向下黑三角处单击鼠标右键，将长方体移动至原点中心。即长方体在世界坐标轴的 X、Y、Z 轴都为0，如图3-168所示。

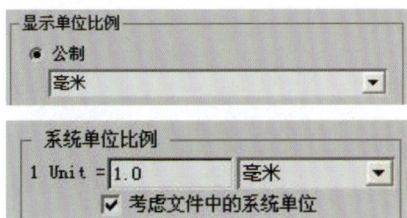

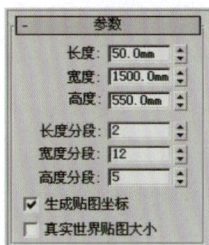

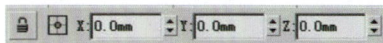

图 3-166　设置系统和显示单位　　图 3-167　长方体参数设置　　图 3-168　长方体世界坐标轴设置

（4）选中长方体单击鼠标右键，将其转变成可编辑多边形，如图3-169所示。

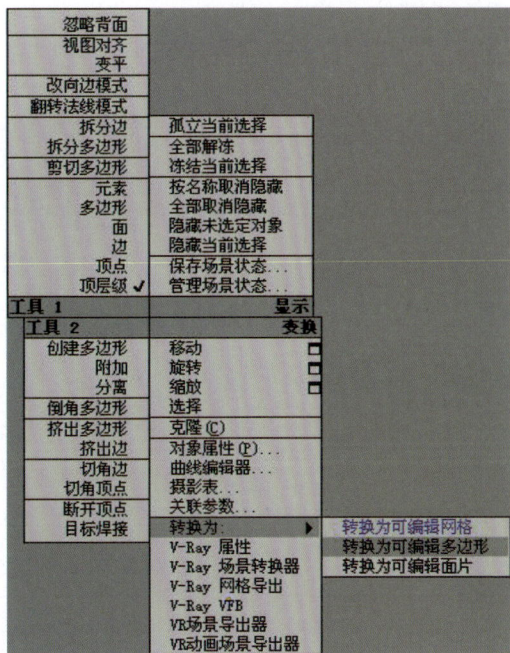

图 3-169　转变成可编辑多边形　　　　　图 3-170　点击移动旁边小方块

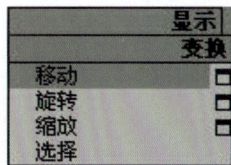

（5）选择可编辑点工具 ，在前视图中选择多边形左右两边各三排的点，单击鼠标右键，在弹出的菜单中点击移动命令后的小方块，如图3-170所示。在弹出的浮动对话框

中设置 Y 轴为 100mm，按回车键即可将选中的点沿着 Y 轴方向上移动 100mm，如图 3-171 所示。

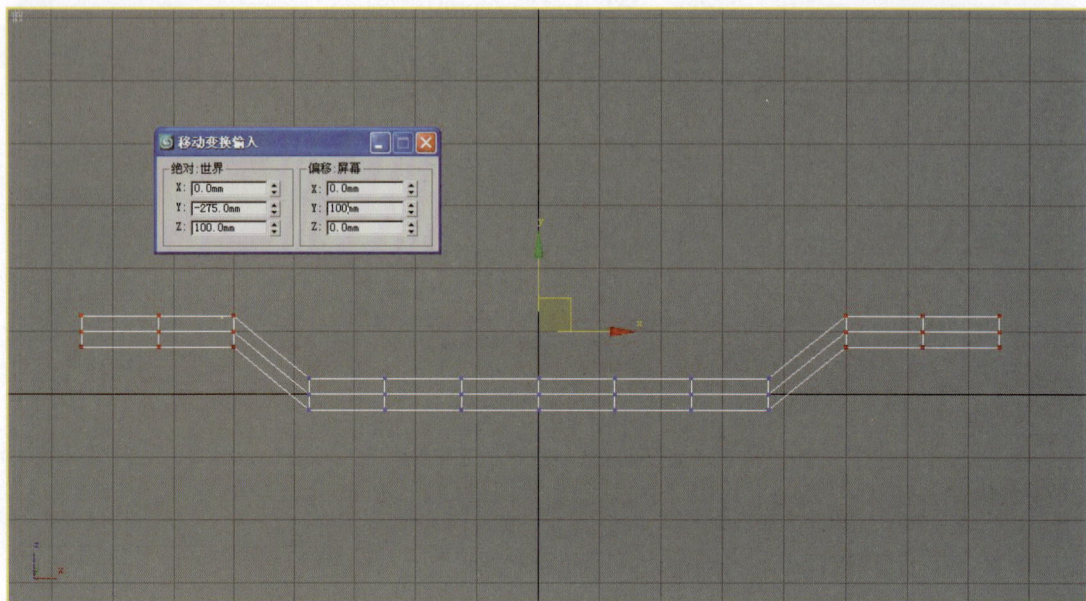

图 3-171　沿着 Y 轴方向上移动 100mm

（6）切换到顶视图，选中上下两排相对应的节点，使用缩放工具▢移动节点至如图 3-172 所示的多边形边缘处。

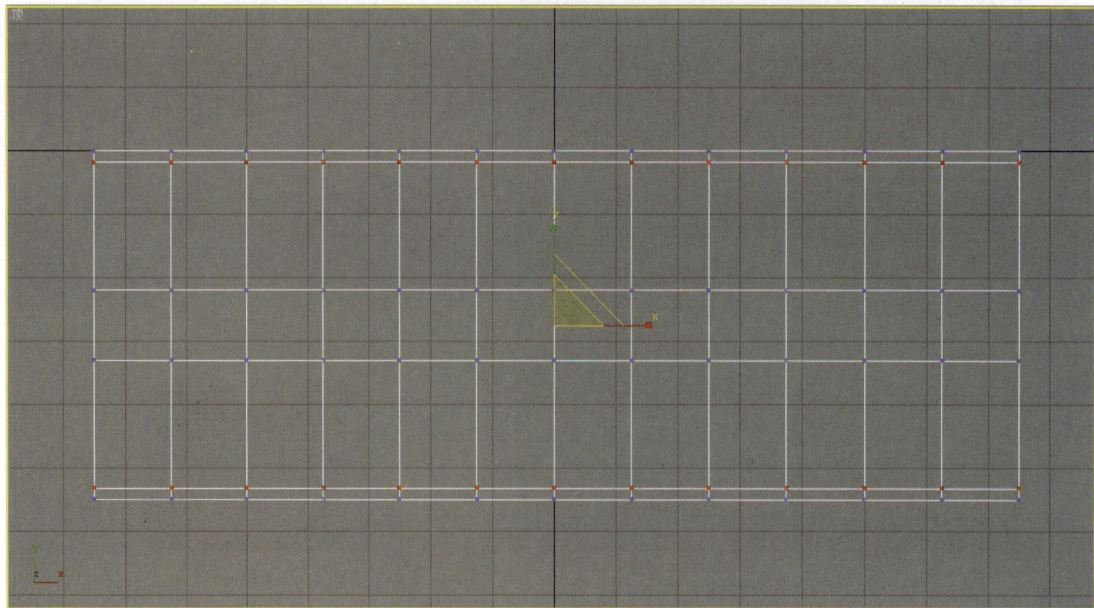

图 3-172　移动上下节点

（7）选中左右相对应的节点，使用缩放工具  移动至如图 3-173 所示的多边形边缘处。

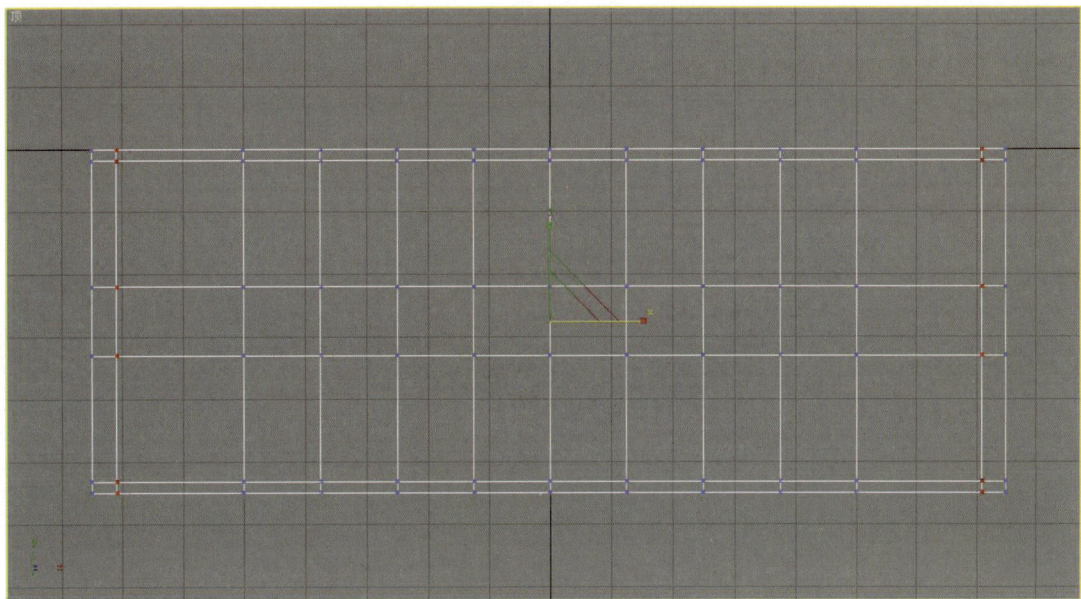

图 3-173 移动左右节点

（8）选择 ，切换视图到前视图，使用框选工具 ，选择中间所有的面，点击移动键，按住 Shift 不放沿着 Y 轴拖动一定距离，松开鼠标和 Shift 键，在弹出的浮动对话框中选择克隆到对象，点击确定，如图 3-174 所示。这样就复制出了一个坐垫模型。

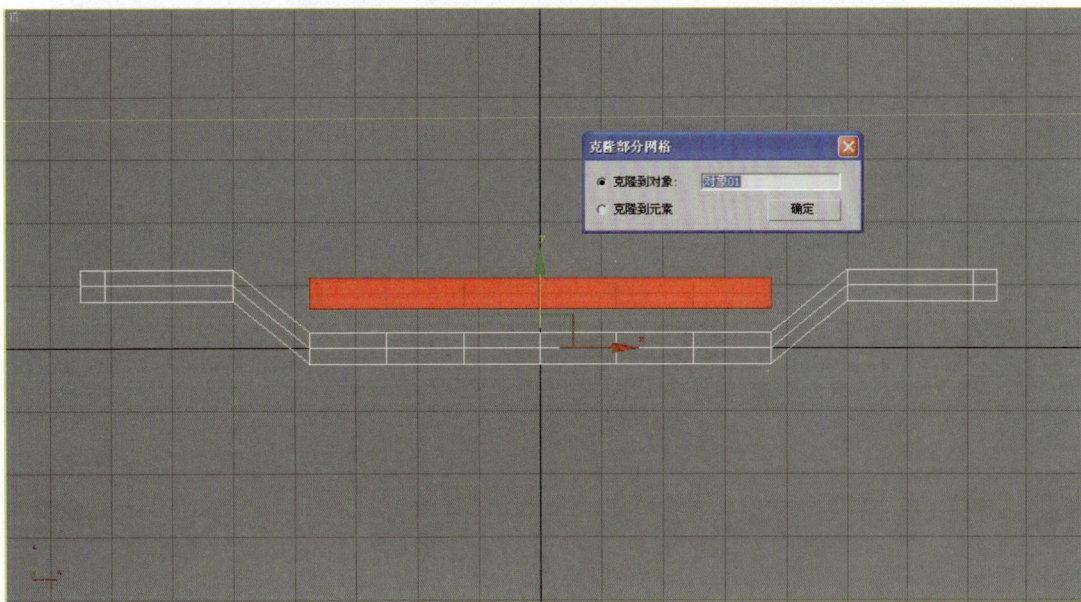

图 3-174 复制坐垫模型

（9）选中克隆出来的坐垫多边形，按 Alt+Q 使得克隆的坐垫多边形独立显示。选择 ◁，切换到透视图，选中如图 3-175 所示的边。

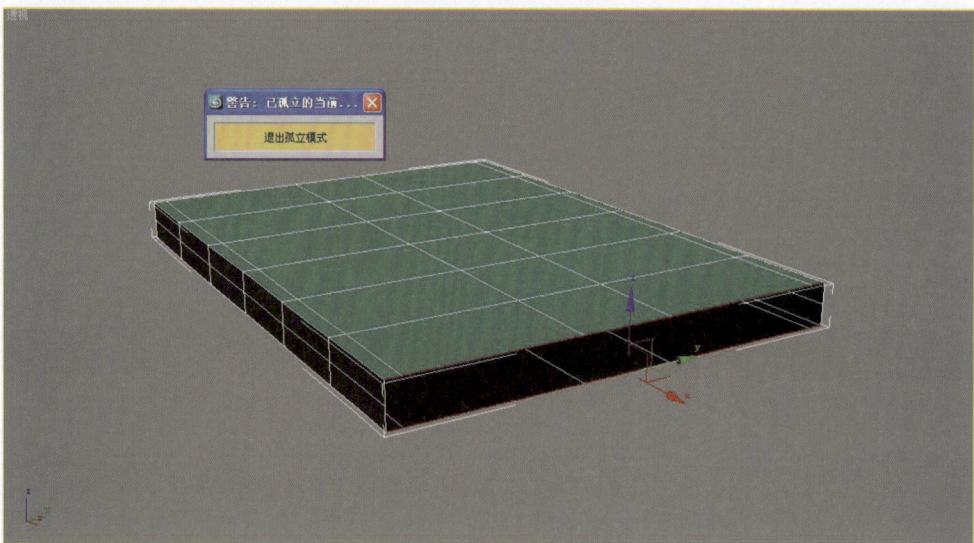

图 3-175　选中多边形的边

（10）在修改面板中点击桥命令 桥 □，从多边形侧面的底部到顶部拉动一条虚线，使得多边形侧面形成一个封闭的面，得出效果如图 3-176 所示。

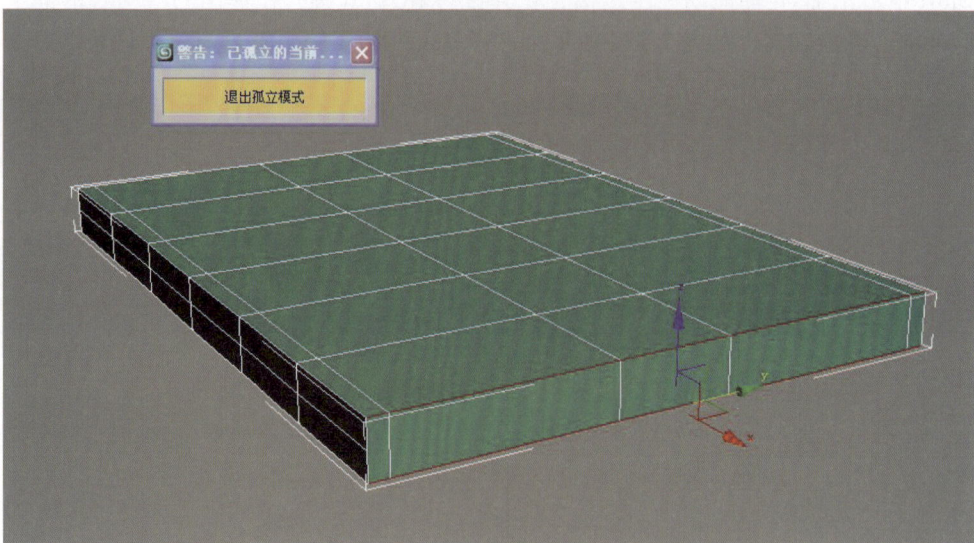

图 3-176　选择桥命令

（11）单击 ■，选中如图 3-177 所示的侧面。

选择 2.5 维捕捉，在 ₂₅ 上单击鼠标右键，在弹出的设置对话框中设置端点和中点捕捉，如图 3-178 所示。

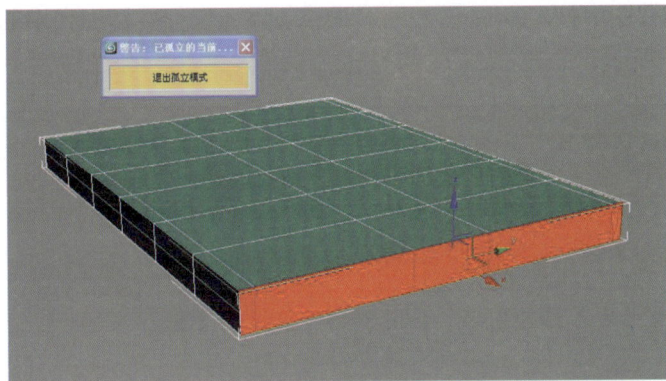

图 3-177　选择侧面

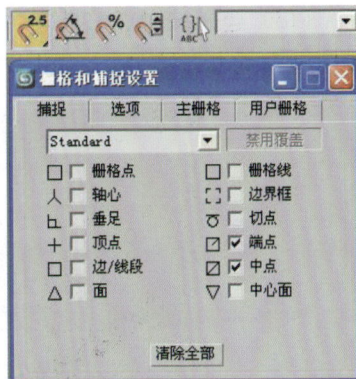

图 3-178　设置端点和中点捕捉

（12）切换到左视图，单击鼠标右键，选择快速切片工具，如图 3-179 所示。利用刚才设置的捕捉，对所选面两端进行切割，竖向切割面和横向切割面如图 3-180 所示。

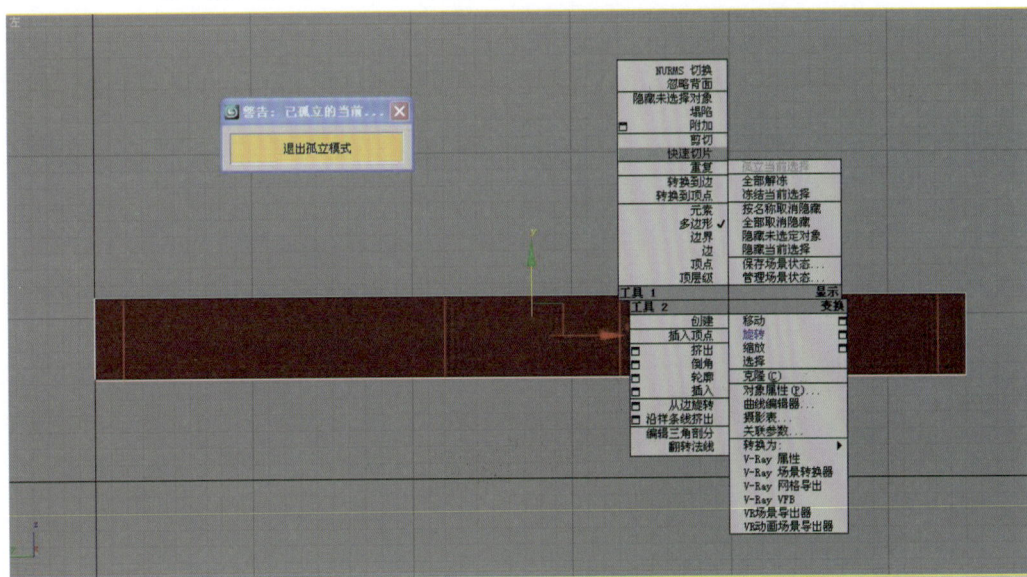

图 3-179　选择快速切片工具

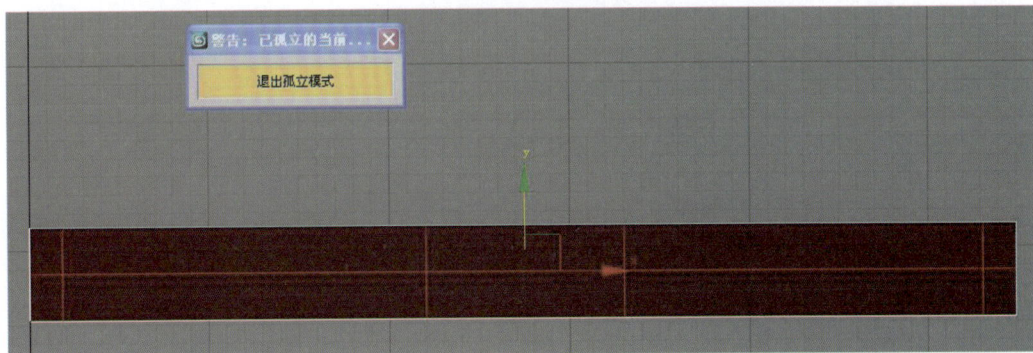

图 3-180　快速切片后效果

（13）选择编辑点工具 ，在透视图中按 Ctrl+A 选中所有的点，单击鼠标右键在弹出的对话框中点击焊接命令，如图 3-181 所示。

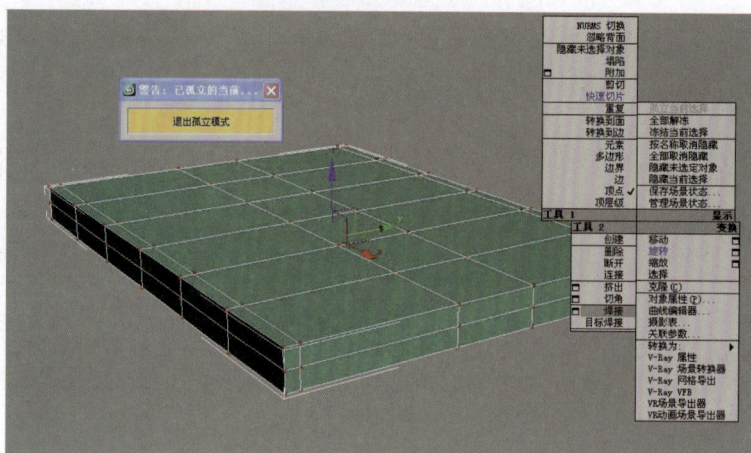

图 3-181　焊接节点

（14）旋转透视图至另一端，如图 3-182 所示。使用同样的方法进行制作，封闭多边形缺口的面，如图 3-183 所示。

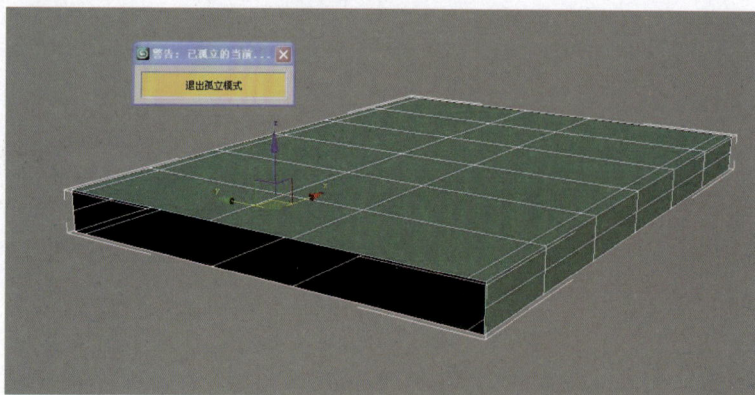

图 3-182　旋转透视图至另一端

图 3-183　封闭多边形缺口的面

（15）切换到顶视图，选择如图 3-184 所示的节点，使用缩放命令 缩放节点至如图 3-184 所示的位置。

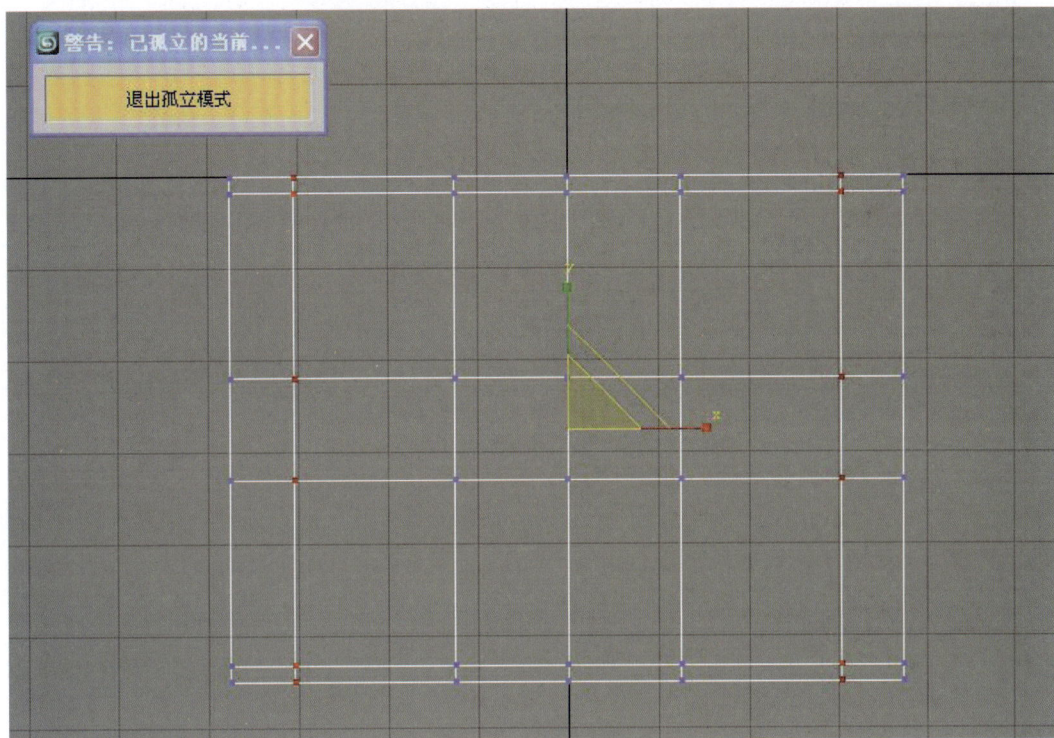

图 3-184　缩放节点

（16）切换到前视图，选中如图 3-185 所示的节点，利用缩放工具 将所选节点缩放至如图 3-185 所示位置。

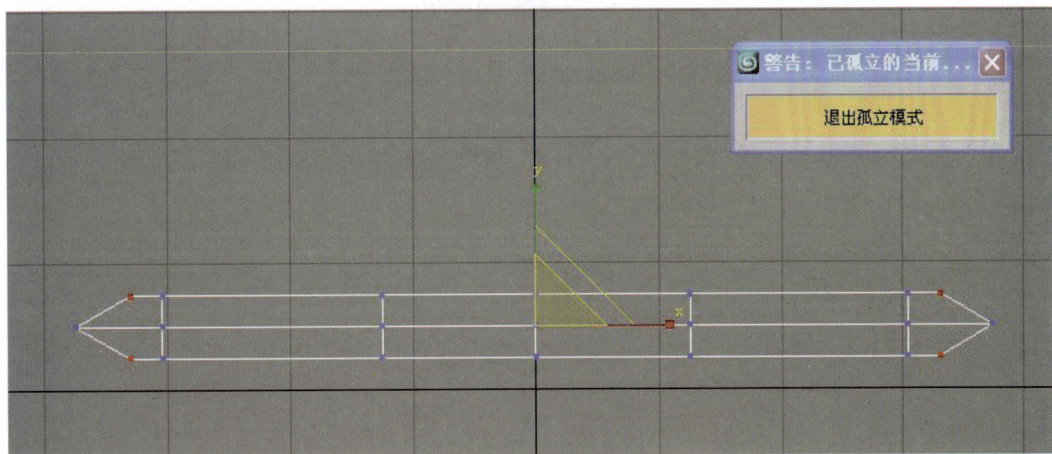

图 3-185　节点缩放

（17）选择 ，选中两端的边，单击切角工具 切角 □ 后的小方块，在弹出的对话框中设置切角量为 10mm，如图 3-186 所示。

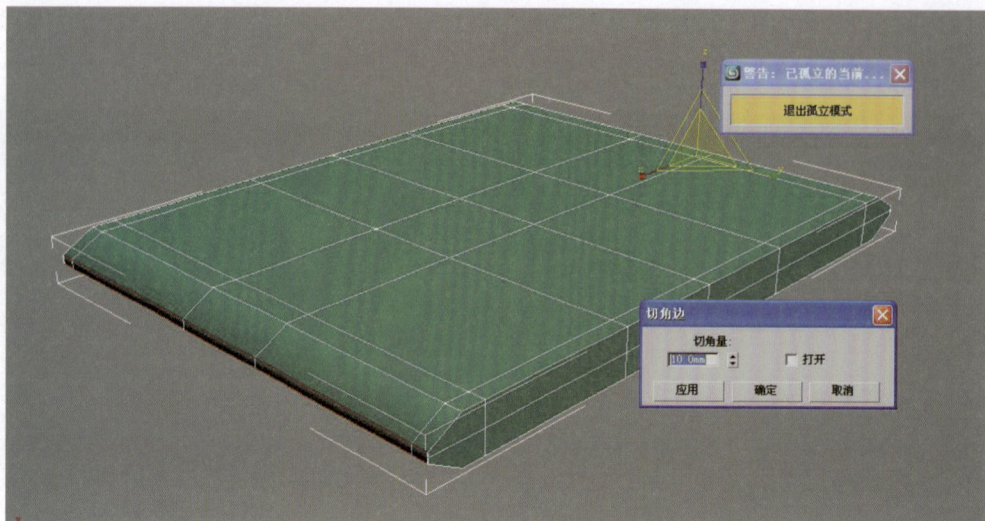

图 3-186　切角设置

（18）关闭物体孤立模式，使用捕捉工具，选择移动工具，把修补好的坐垫多边形捕捉移动至如图 3-187 所示的位置。

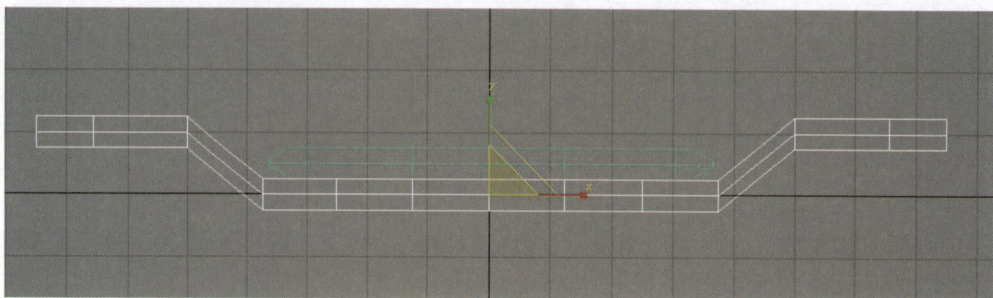

图 3-187　移动坐垫多边形

（19）在前视图绘制一长方体，在修改面板中调节参数如图 3-188 所示。该长方体将作为沙发的靠背。

（20）选择移动工具，选中绘制的长方体，调整长方体 X 轴世界坐标为 0mm，Y 轴为 50mm，Z 轴为 150mm，如图 3-189 所示。

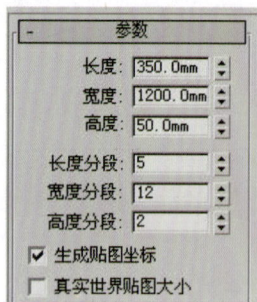

图 3-188　长方体参数设置

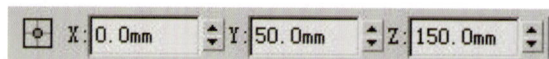

图 3-189　调整长方体位置

（21）选择长方体，单击鼠标右键，将其转变成可编辑多边形。在修改面板中选择多边形■工具，选中如图 3-190 所示的面。

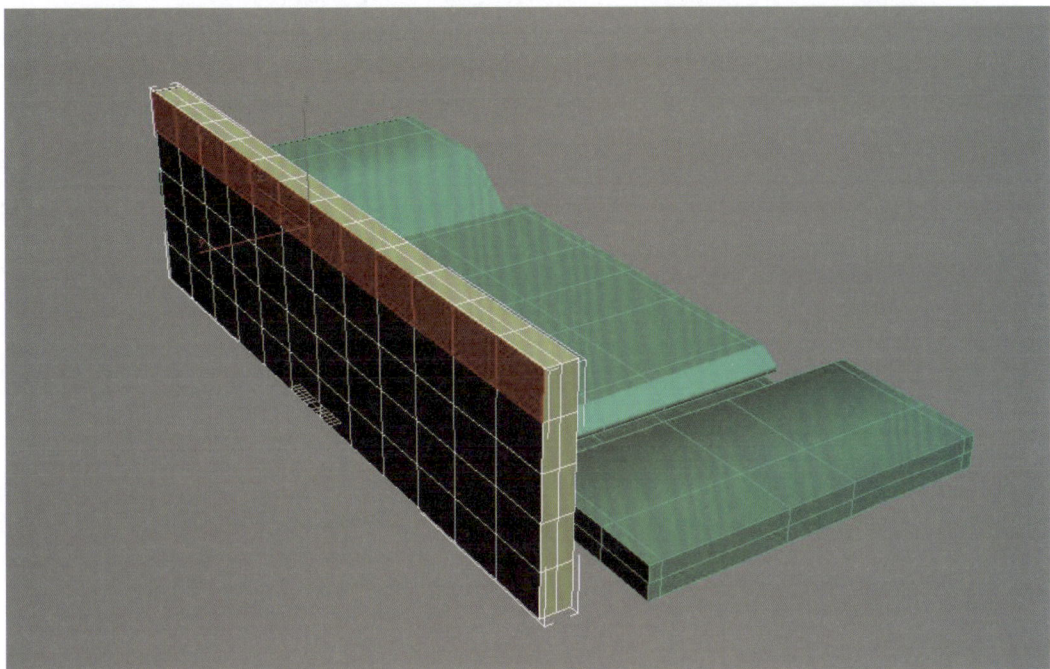

图 3-190　选择面

（22）在修改面板中点击　挤出　□工具后面的小方块，在弹出的浮动对话框中输入参数，如图 3-191 所示。

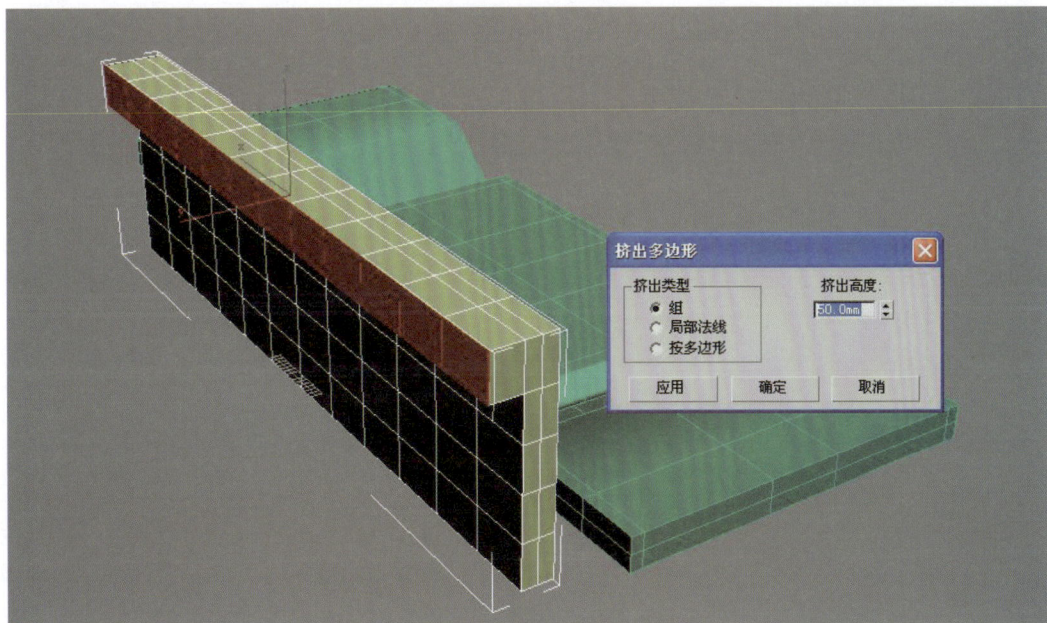

图 3-191　挤出参数设置

（23）切换至左视图，使用 点工具调整靠背的多边形节点位置，如图 3-192 所示。

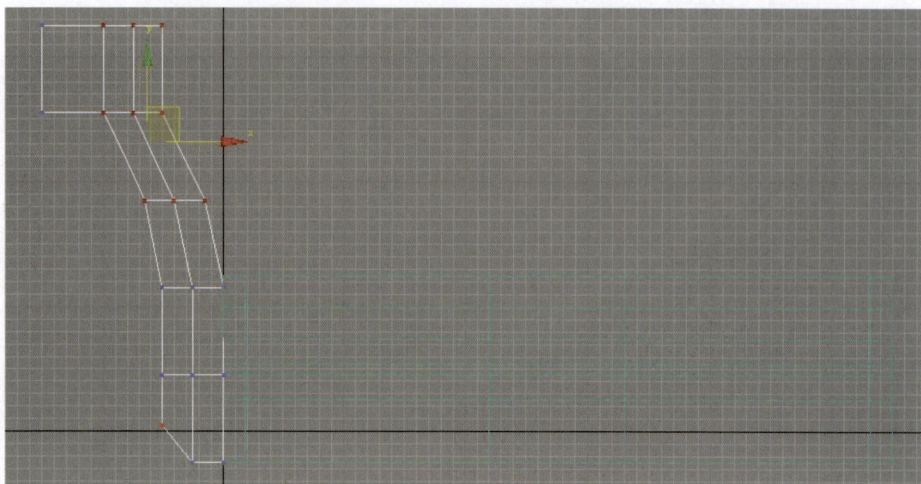

图 3-192　调整靠背的多边形节点位置

在前视图中，调整节点位置如图 3-193 所示。

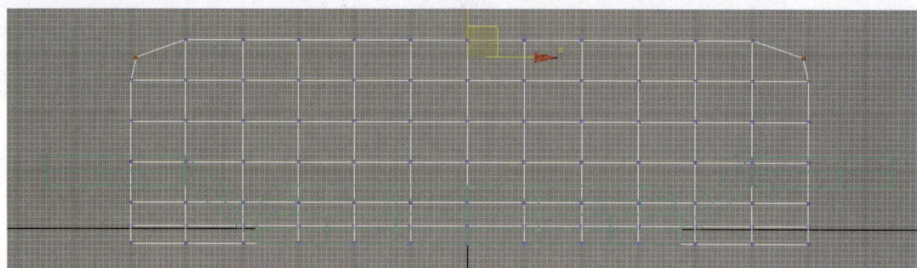

图 3-193　在前视图中调整节点位置

最终透视图效果如图 3-194 所示。

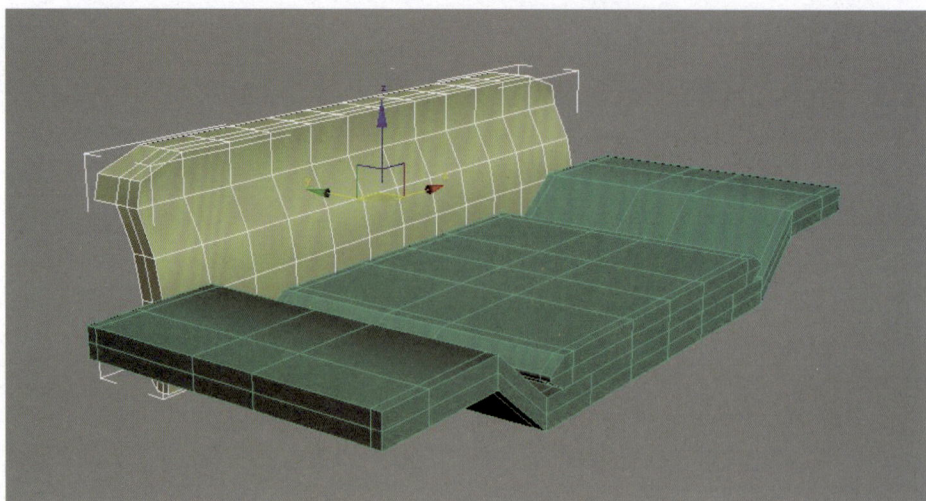

图 3-194　最终透视图效果

（24）回到顶视图，在顶视图绘制一个矩形二维图形，并在修改面板中调整其参数如图 3-195 所示。

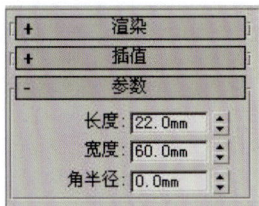

| + | 渲染 |
|---|---|
| + | 插值 |
| − | 参数 |

长度：|22.0mm|
宽度：|60.0mm|
角半径：|0.0mm|

| + | 渲染 |
|---|---|
| + | 插值 |
| − | 参数 |

长度：|200.0mm|
宽度：|480.0mm|
角半径：|0.0mm|

图 3-195　顶视图矩形参数设置　　　　　图 3-196　左视图矩形参数设置

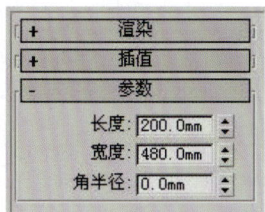

在左视图中再绘制一个二维矩形，并调整其参数如图 3-196 所示。最后移动到如图 3-197 所示的位置。

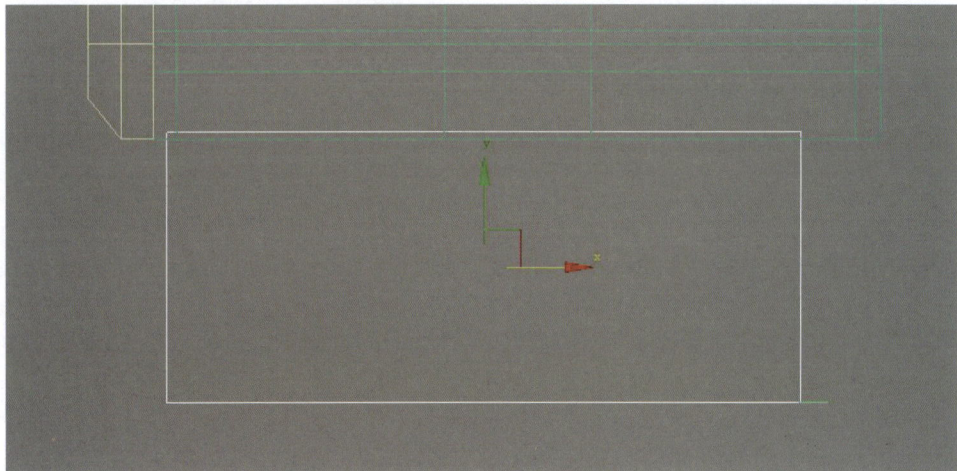

图 3-197　调整矩形位置

（25）选择该矩形，单击鼠标右键将其转变成可编辑样条曲线，选择线段工具，点选下端的线段并删除，效果如图 3-198 所示。

图 3-198　删除线段

（26）在透视图中选中其他物体单击鼠标右键，在弹出的命令中点击"隐藏当前选择"。最终只显示刚才绘制两条二维线形，如图 3-199 所示。

（27）选中被删除一段边的图形，在创建面板中的几何体下拉列表中选择复合对象，如图 3-200 所示。

（28）点击其中的放样命令，在出现的放样命令面板中选择"获取图形"，再点击图中较小的二维矩形线框，得出效果如图 3-201 所示。该放样物体将作为沙发脚。

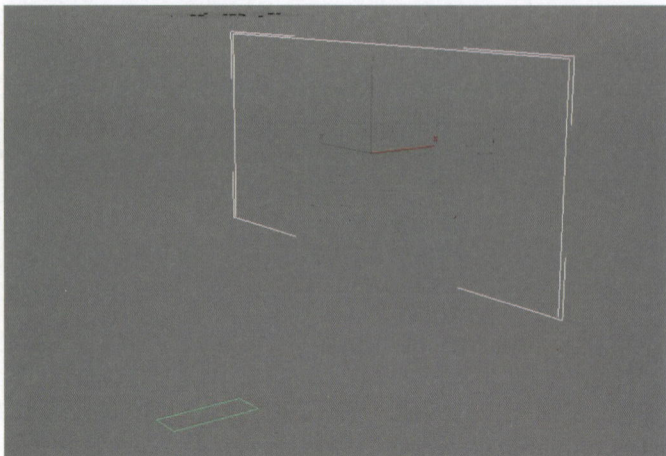

图 3-199　只显示两条线形

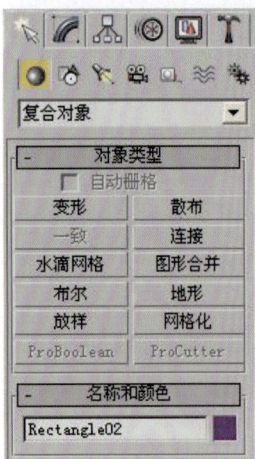

图 3-200　选择复合对象

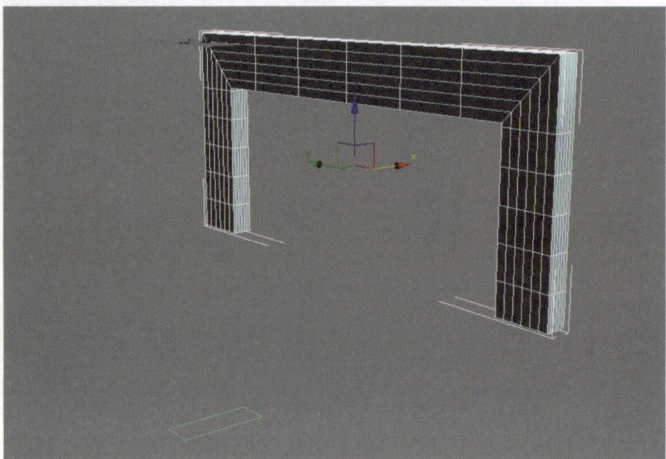

图 3-201　放样效果

（29）在修改面板中调整蒙皮参数中的图形和路径步数为 0，如图 3-202 所示。

（30）打开 Loft 前的小加号，选中图形，如图 3-203 所示。

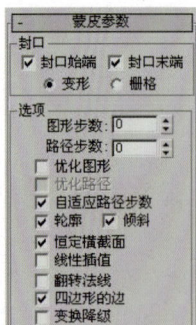

图 3-202　蒙皮参数调整

图 3-203　选中图形

（31）在顶视图中框选中放样物体的图形截面，使用旋转工具，打开旋转捕捉 ⚠，在左视图中旋转图形截面 90°角，旋转后如图 3-204 所示。

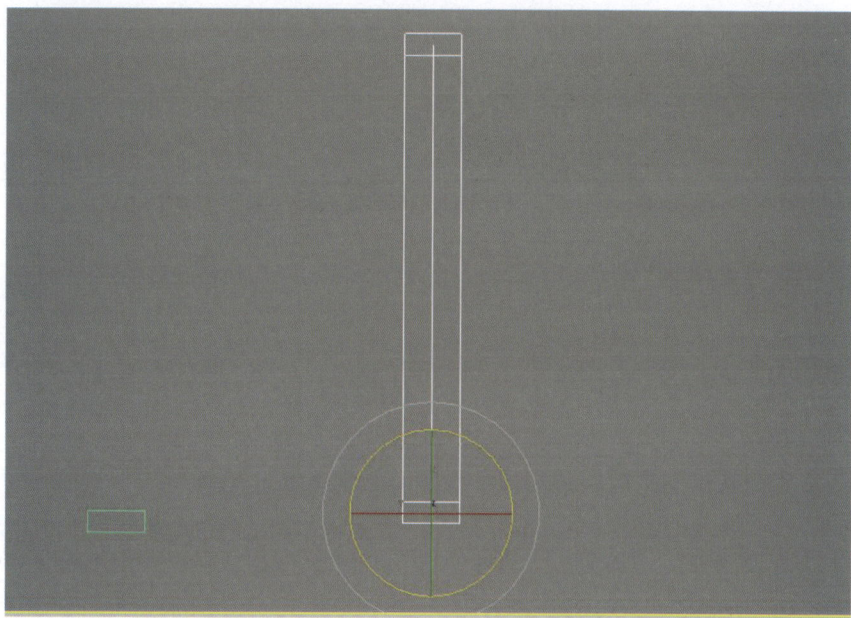

图 3-204　旋转后左视图效果

（32）旋转后透视图效果如图 3-205 所示。

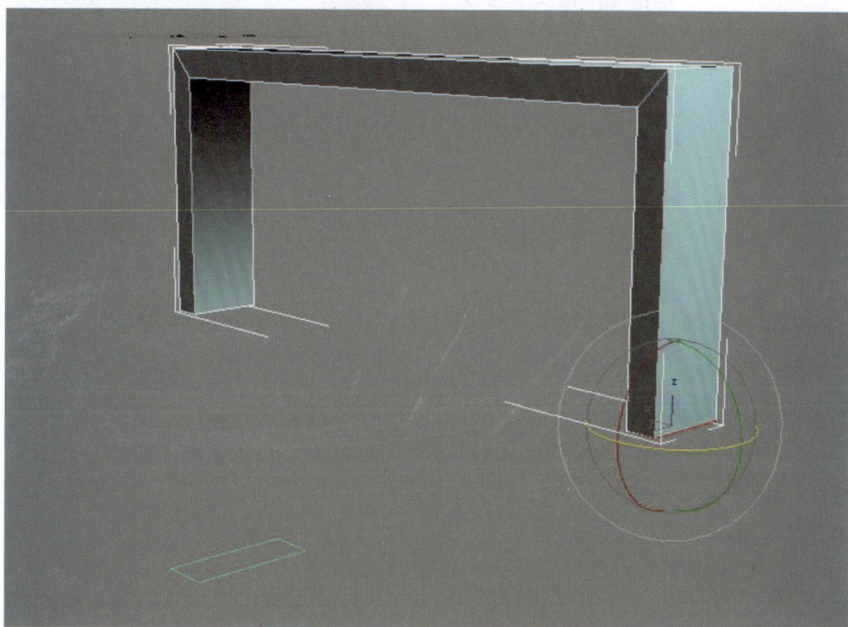

图 3-205　旋转后透视图效果

（33）选择放样模型，单击鼠标右键将其转变成可编辑多边形。再单击右键选择全部取消隐藏命令，显示其他物体，并移动放样物体至如图 3-206 所示。

图 3-206  调整放样物体位置

（34）在顶视图复制一个沙发脚到另外一侧，透视图效果如图 3-207 所示。

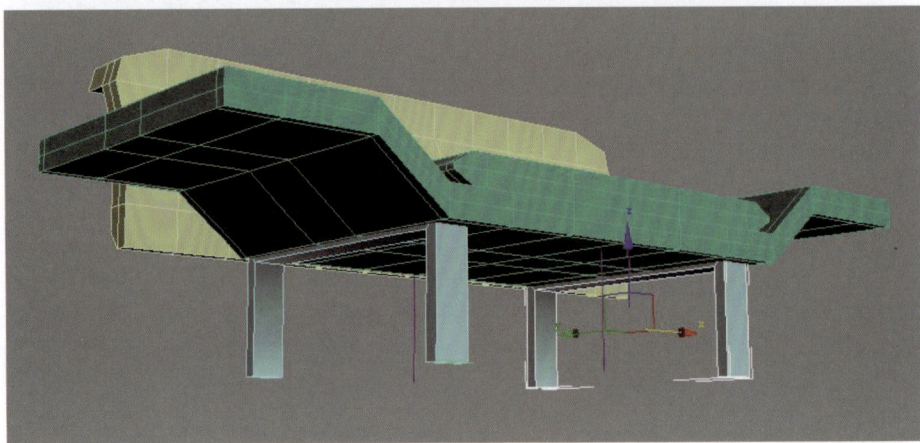

图 3-207  复制一个到另外一侧

（35）选中沙发靠背、坐垫和沙发体模型，在修改面板下拉列表中选择"网格平滑"，添加一个网格平滑修改器，如图 3-208 所示。并调节网格平滑细分量参数如图 3-209 所示。最后透视效果如图 3-210 所示。

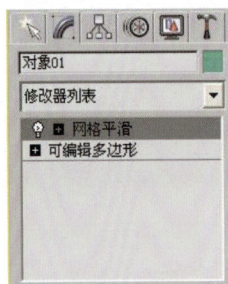

图 3-208  添加网格平滑修改器

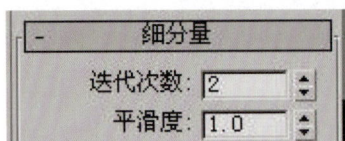

图 3-209  细分量参数设置

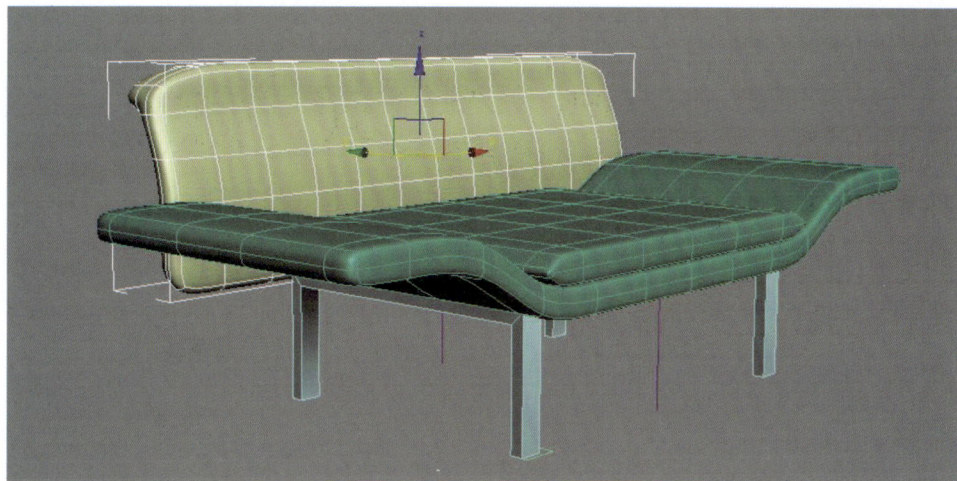

图 3-210　透视效果

（36）材质调节。

1）布料材质设置如图 3-211 所示。其中漫反射颜色设置如图 3-212 所示。

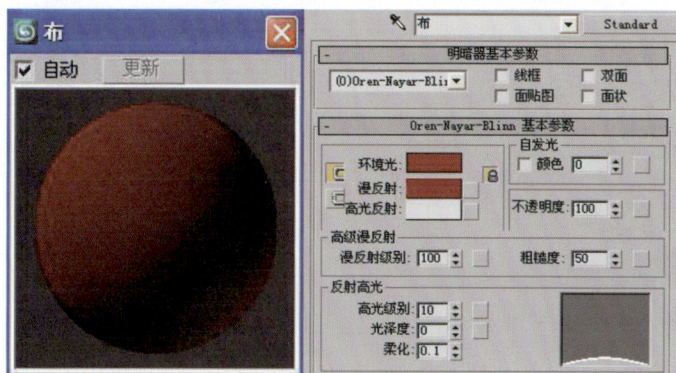

图 3-211　布料材质设置

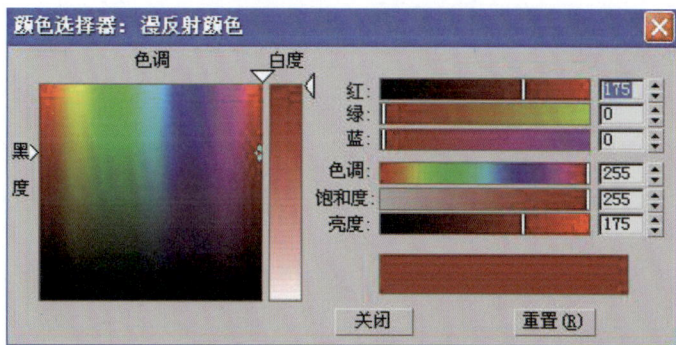

图 3-212　漫反射颜色设置

2）不锈钢材质设置如图 3-213 所示。其漫反射颜色保持默认的灰色即可，反射颜色改为纯白色。

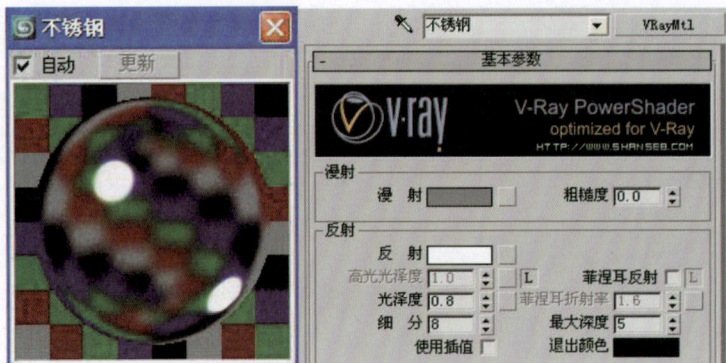

图 3-213　不锈钢材质设置

　　(37) 切换到顶视图，在创建面板中选择 V-Ray 类型，如图 3-214 所示。在 V-Ray 参数面板中选择 V-Ray 平面，如图 3-215 所示。

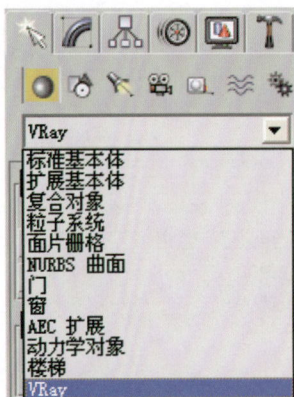

图 3-214　选择 V-Ray 类型

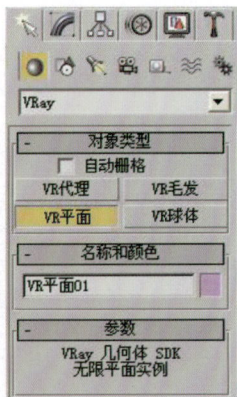

图 3-215　选择 V-Ray 平面

　　(38) 在顶视图中创建出如图 3-216 所示的 V-Ray 平面。V-Ray 平面作为渲染场景，作用是在渲染时更好地衬托出沙发效果。

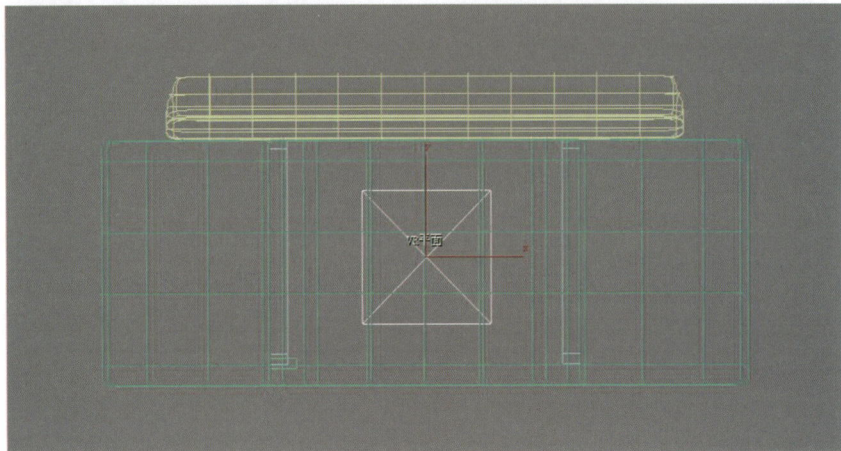

图 3-216　创建 V-Ray 平面

（39）V-Ray 平面创建完成，在前视图中将其移动到沙发脚下的位置，如图 3-217 所示。

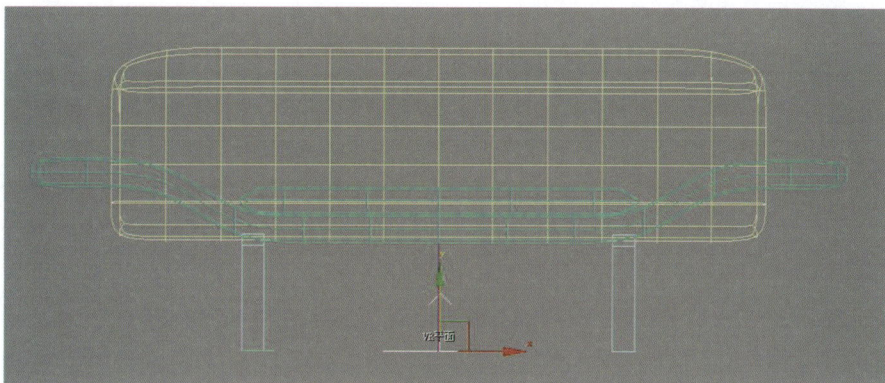

图 3-217　调整 V-Ray 平面位置

（40）给创建的 V-Ray 平面场景赋予一个基本材质，如图 3-218 所示。其中漫反射颜色为纯白色即可。

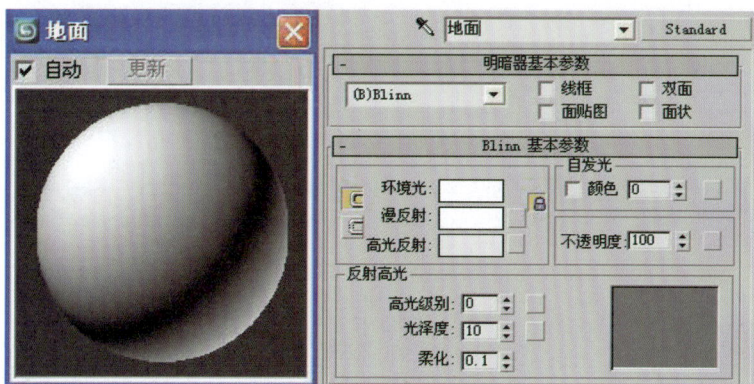

图 3-218　V-Ray 平面场景材质设置

（41）渲染器参数设置。

1）全局开关参数设置如图 3-219 所示。

2）图像采样参数设置如图 3-220 所示。

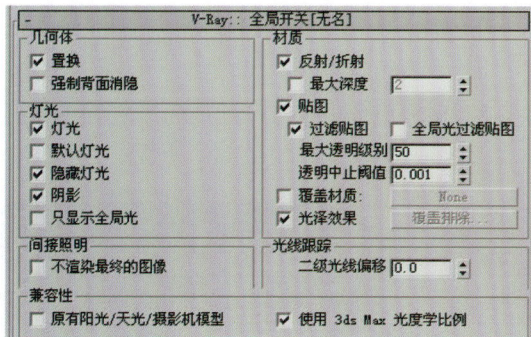

图 3-219　全局开关参数设置

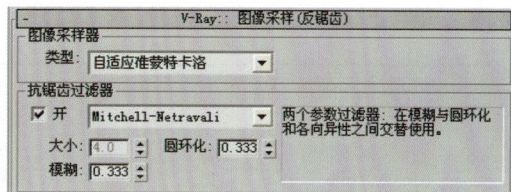

图 3-220　图像采样参数设置

3）间接照明参数设置如图 3-221 所示。

4）发光贴图参数设置如图 3-222 所示。

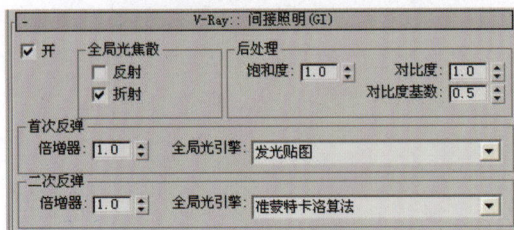

图 3-221　间接照明参数设置

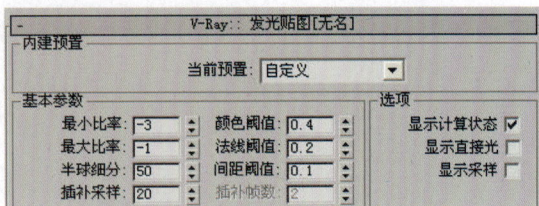

图 3-222　发光贴图参数设置

5）环境参数设置如图 3-223 所示。在倍增器后的长条按钮中选中 V-Ray HDRI 程序贴图，同时打开材质面板，把鼠标移动到小长条上，按住鼠标左键不放拖动到一个材质球上，并在弹出的对话框中选择"实例"，在材质球面板中选择"浏览"，在配套光盘"第 3 章 \ 双人沙发 \HDR"文件包中找到一张准备好的 HDRI 贴图载入进来，并调节其参数如图 3-224 所示。

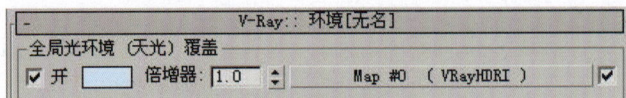

图 3-223　环境参数设置

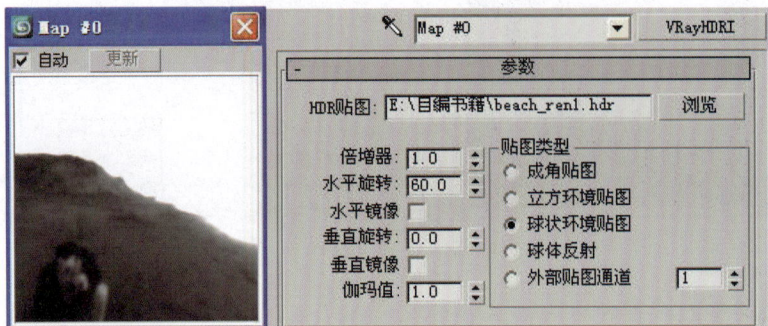

图 3-224　HDRI 贴图参数设置

6）颜色映射参数设置如图 3-225 所示。

（42）调整环境颜色。单击键盘上的 8 字键，在弹出的环境和效果面板中，把默认的背景颜色调节成纯白色，如图 3-226 所示。

通常 3ds Max 会将环境颜色默认设置为黑色，将环境颜色设置为白色是为了更好地衬托出沙发效果。

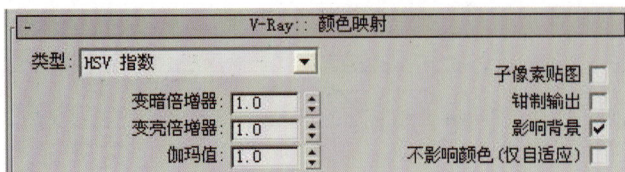

图 3-225　颜色映射参数设置

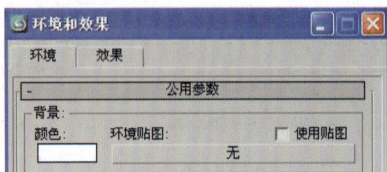

图 3-226　调整环境颜色

（43）调整透视图角度如图 3-227 所示。

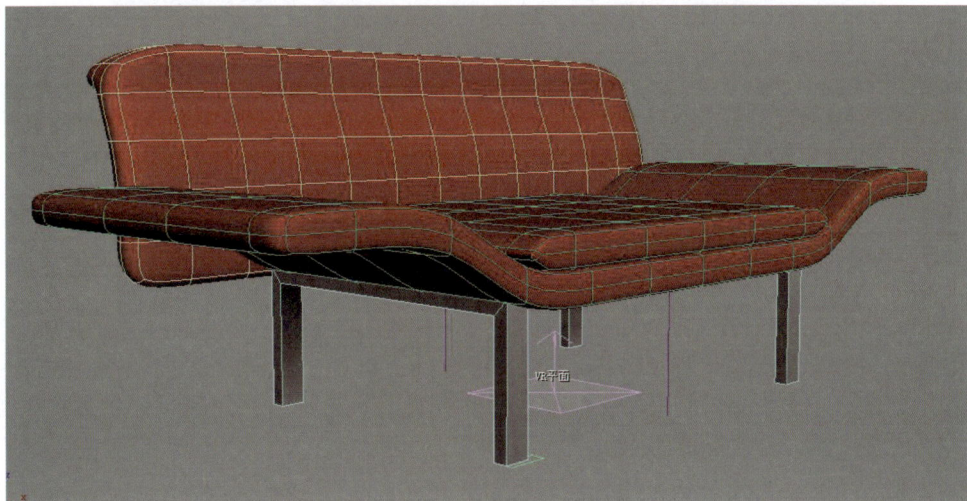

图 3-227　透视图效果

（44）从透视图中可以看出模型的尺寸稍微有点问题，作为双人沙发坐垫部分显得有点短了。因而需要继续调整模型。

（45）切换至顶视图，点击 ![工具] 工具，选择沙发体右边的节点，再点击 ![工具] 工具，并在移动工具上单击鼠标右键，在弹出的对话框中设置如图 3-228 所示。这样可以使得沙发体坐垫部分向右移动 100mm，从而使沙发体变长 100mm。

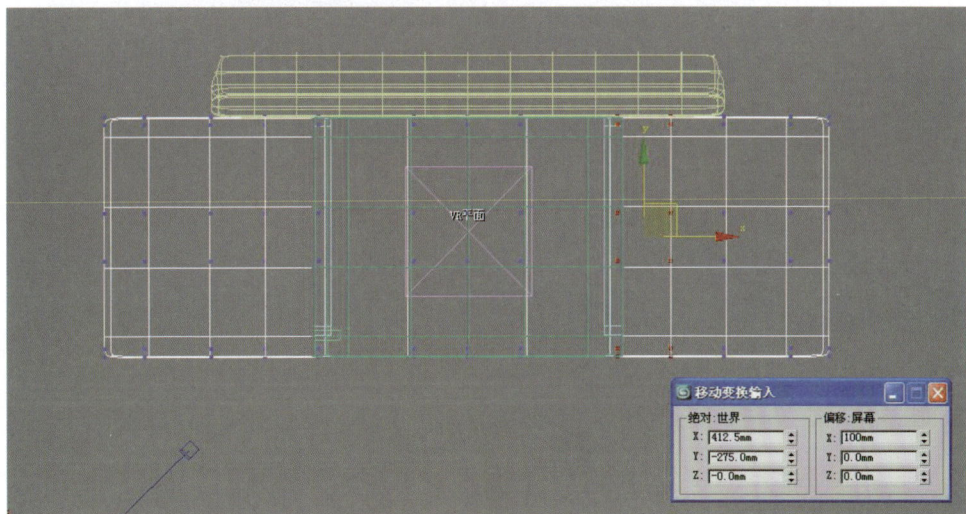

图 3-228　移动参数设置

（46）同样选择沙发体左边相应位置的节点，用同样方法将节点向左边移动 100mm，需要注意的是因为是向左边移动，此时的 X 轴参数设置应为 −100mm。

（47）用同样方法调整坐垫左右两边的节点至合适的位置。

（48）再在透视图中调整沙发位置如图 3-229 所示。

图 3-229　在透视图中调整沙发位置

（49）按键盘上的 Ctrl+C 键自动创建出一个摄像机。这是一种快捷创建摄像机的方法，可以根据透视图的效果自定义摄像机。

（50）最后渲染，得出效果如图 3-230 所示。

图 3-230　最终渲染效果

## 3.5　洁　具　制　作

（1）在顶视图中绘制一个长方体，并在修改面板中调节参数如图 3-231 所示。

图 3-231　长方体参数调整

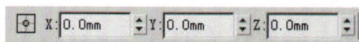

图 3-232　在世界坐标 X、Y、Z 轴中分别输入 0

（2）使用移动工具，选中长方体，在世界坐标 X、Y、Z 轴中分别输入 0，使得长方体处于原点位置，如图 3-232 所示。

（3）单击鼠标右键把长方体转换成可编辑多边形。选择 ◻ 多边形面工具，选中多边形底部的所有面，将其删除，如图 3-233 所示。

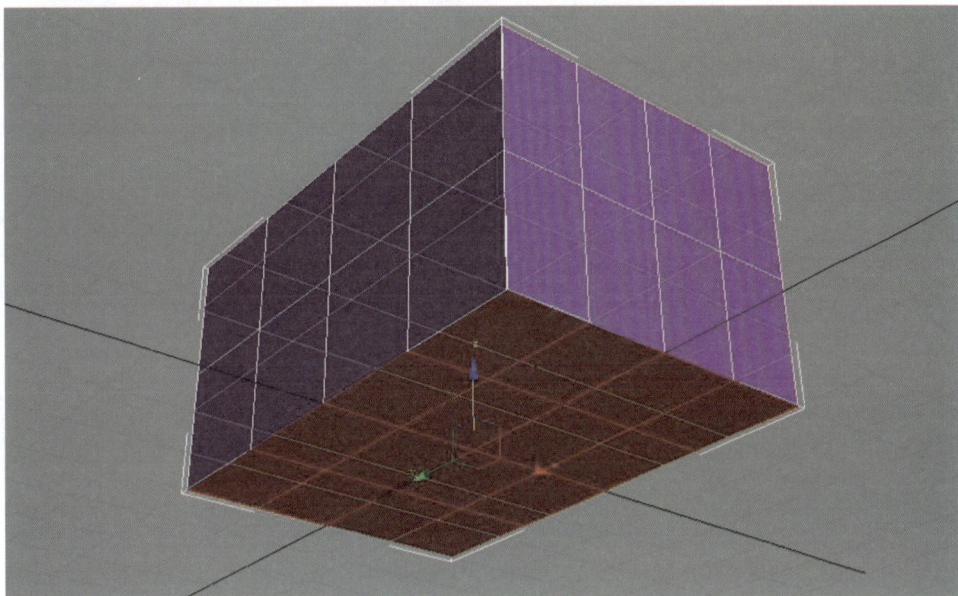

图 3-233　选择多边形底部的所有面删除

（4）旋转透视图，选中多边形顶部所有面，点击修改面板中 插入 ◻ 命令后的小方块，在弹出的浮动对话框中调节参数，如图 3-234 所示。

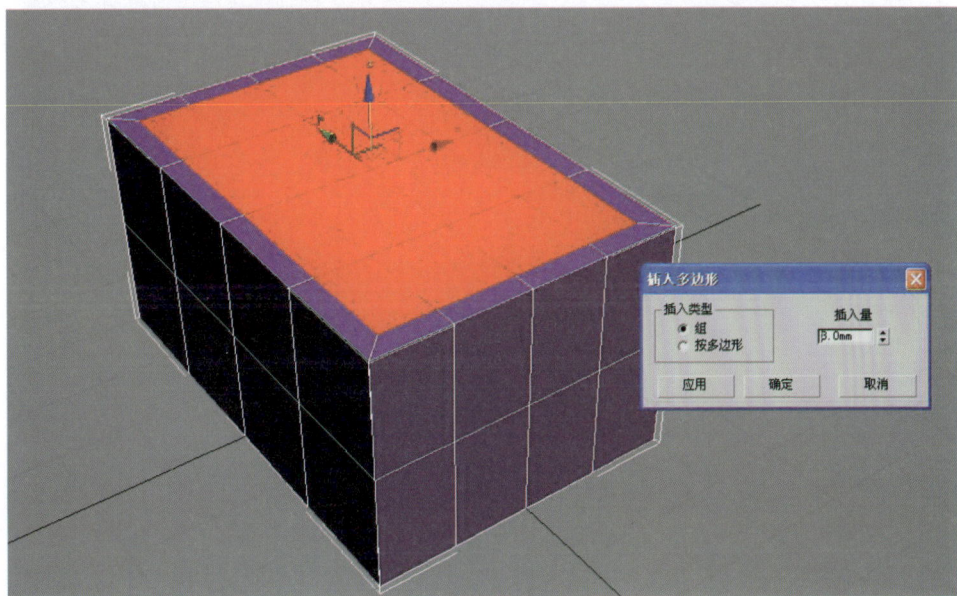

图 3-234　插入参数设置

（5）切换至前视图，选择弧命令，如图 3-235 所示。在前视图中绘制一条弧线，如图 3-236 所示。

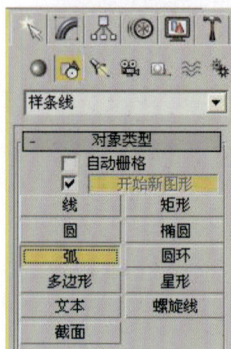

图 3-235　选择弧命令

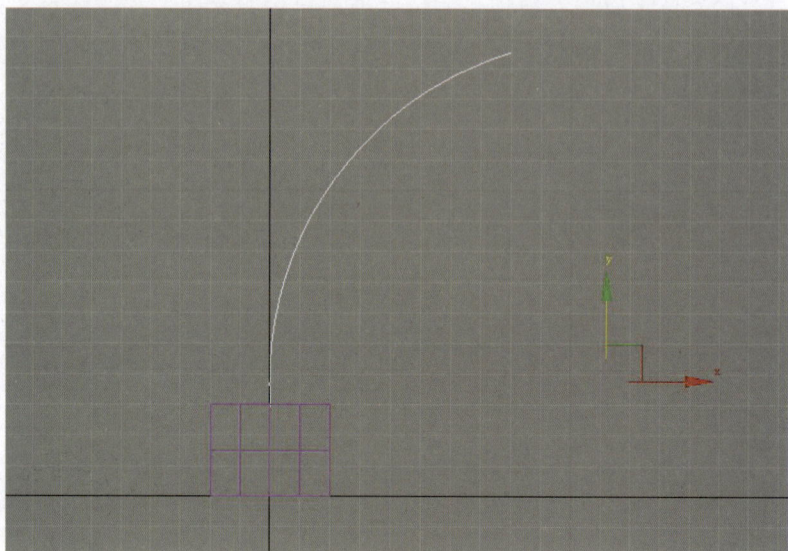

图 3-236　绘制一条弧线

（6）选中多边形插入命令制成的面，如图 3-237 所示。在点击修改面板中 沿样条线挤出 命令后的小方块，在弹出的沿样条线挤出多边形参数对话框中选择 拾取样条线 小方条，点击弧线，再调节对话框参数如图 3-238 所示，最后点击确定即可。

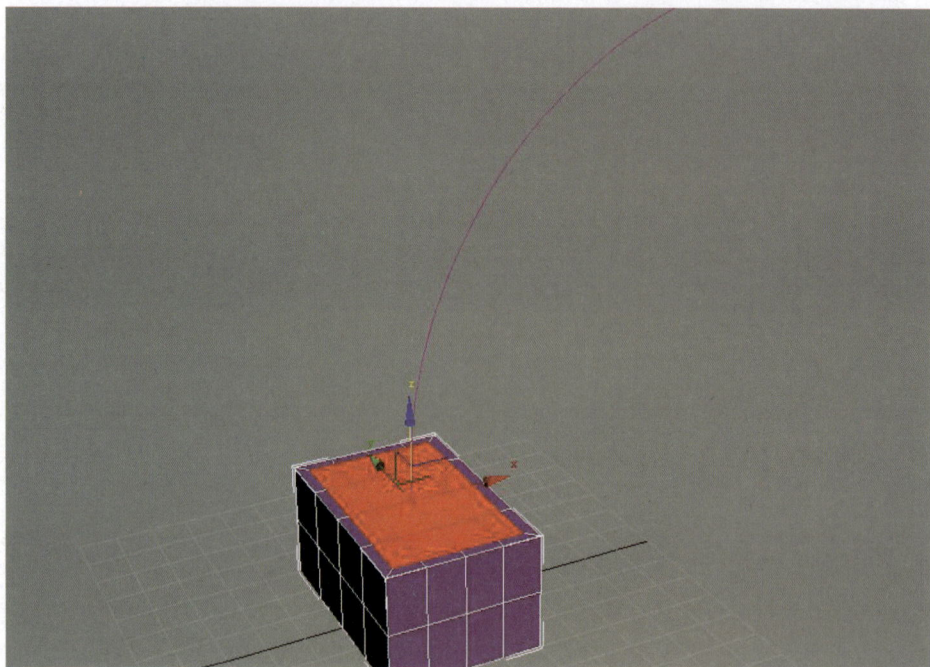

图 3-237　选中多边形插入命令制成的面

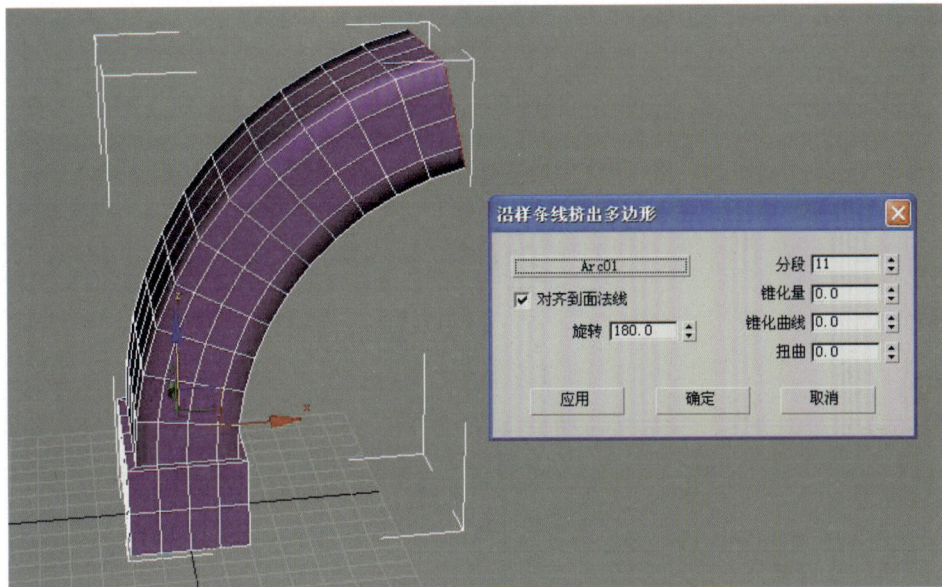

图 3-238　沿样条线挤出多边形参数设置

（7）选择边 ◁ 工具，依次选择如图 3-239 所示的边。点击修改面板中的 切角 □ 命令后的小方块，在弹出对话框中设置参数，如图 3-240 所示。

（8）选择如图 3-241 所示的面。

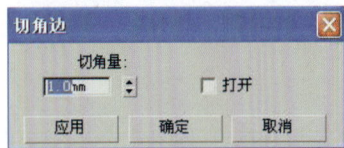

图 3-240　切角边参数设置

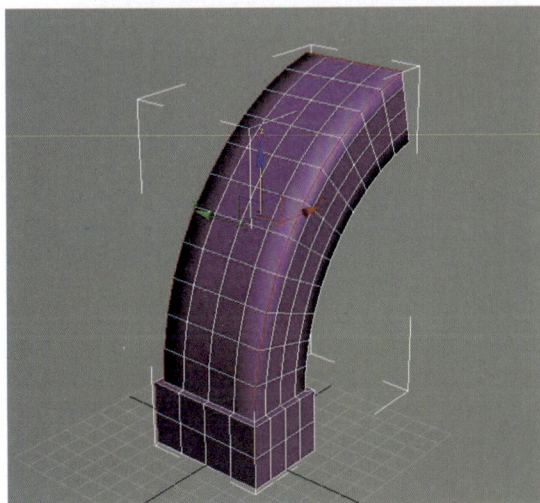

图 3-239　选择边

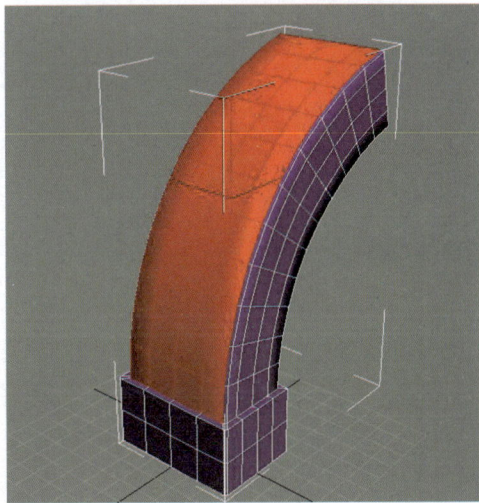

图 3-241　选择面

（9）点击修改面板中的挤出命令后的小方块，在弹出的挤出多边形对话框中调节参数如图 3-242 所示。

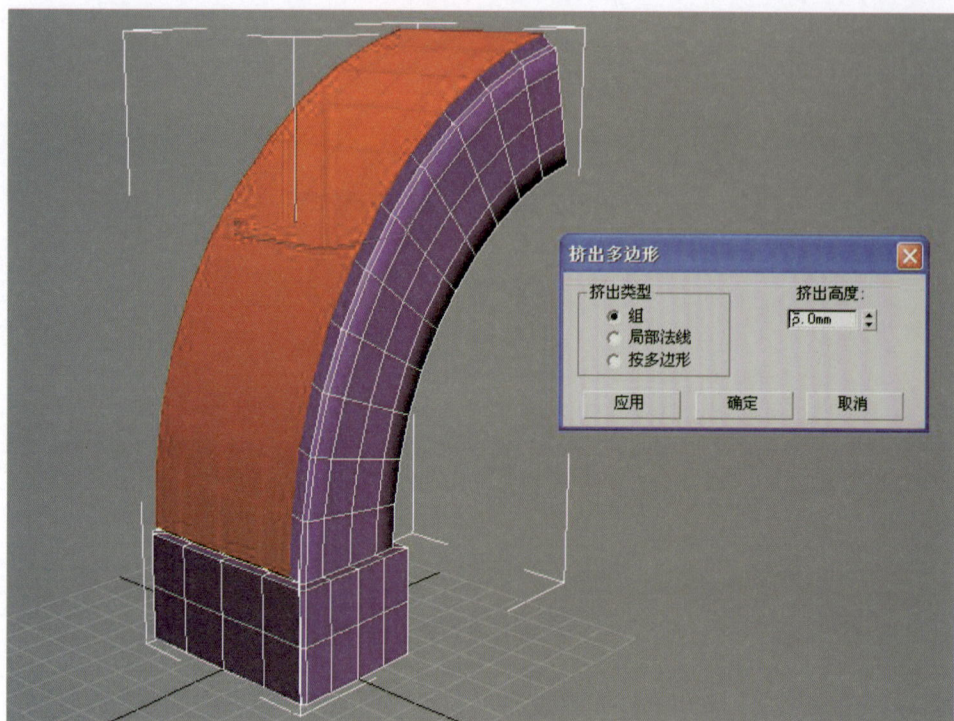

图 3-242 挤出参数设置

（10）再次选择如图 3-243 所示的边，点击"切角"后的小方块，在弹出的对话框中调节参数如图 3-243 所示。

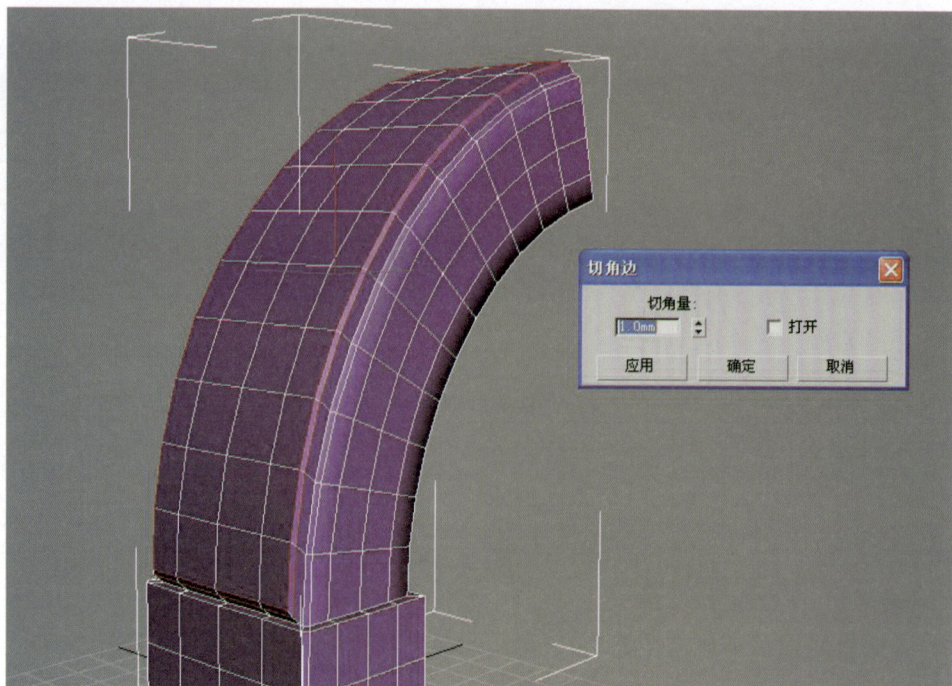

图 3-243 切角参数设置

（11）选择如图 3-244 所示的面。点击删除。

（12）选择如图 3-245 所示的四个顶点，使用缩放工具，激活三个轴朝外缩放。

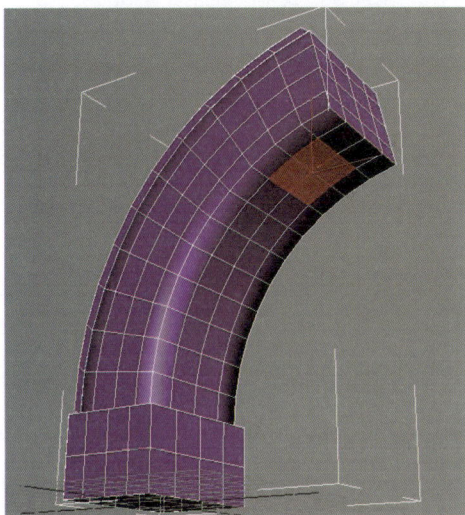

图 3-244　选择需要删除的面　　　　　　图 3-245　　选择四个顶点进行缩放

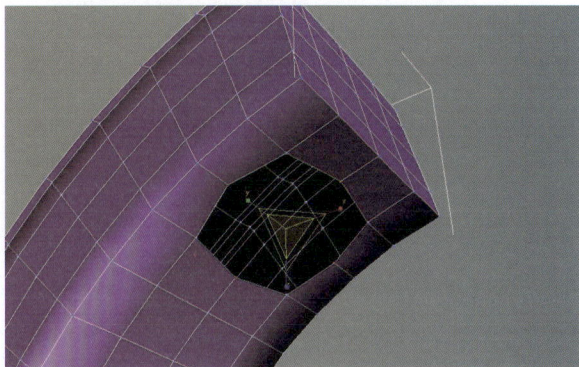

（13）选择边界命令 ，选择被删除面的边界，切换至前视图，按住 Shfit 键不放，使用移动工具沿 Y 轴向下移动，分两次进行，这样做的目的是使得复制的多边形分成长短不同的两段，最终效果如图 3-246 所示。

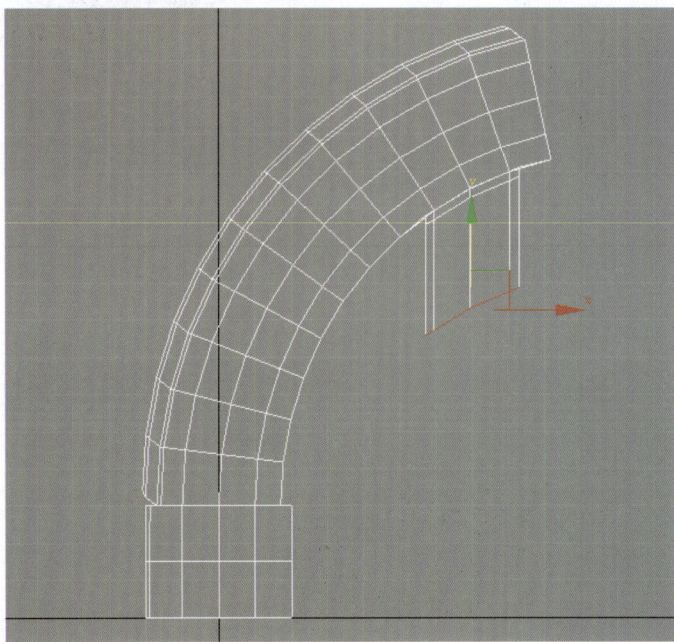

图 3-246　复制后图形效果

（14）选中移动出的面，使用 切片平面 工具，切分多边形如图 3-247 所示。

（15）把切分水平线下的面删除，最终效果如图 3-248 所示。

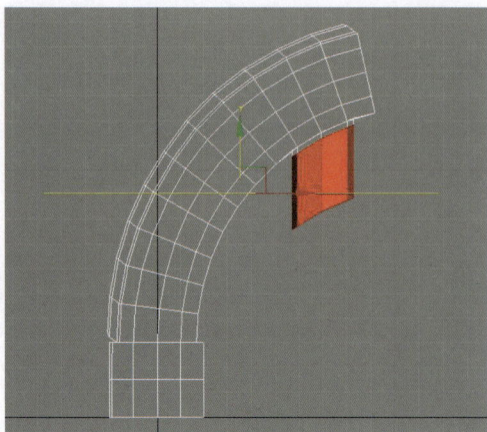

图 3-247　切片平面

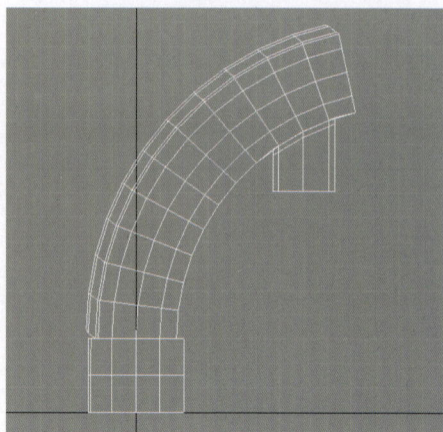

图 3-248　把切分水平线下的面删除

（16）选择边命令，选中如图 3-249 所示边，使用缩放工具，按住 Shift 键不放，沿着 X 轴、Y 轴等比缩放。

（17）再次按住 Shift 键不放，使用移动工具沿着 Z 轴上移，最终效果如图 3-250 所示。

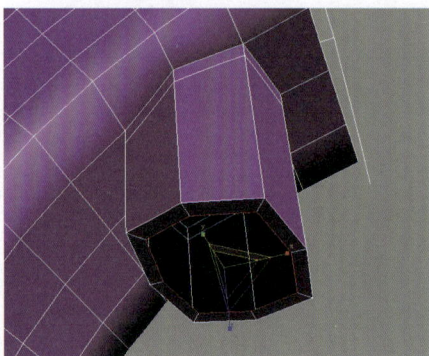

图 3-249　选择边进行缩放

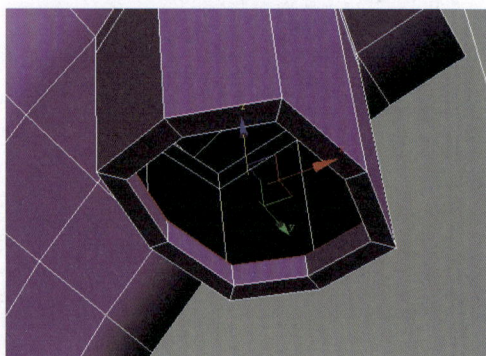

图 3-250　移动后效果

（18）选中如图 3-251 所示的边，点击 切角 工具后的小方块，在弹出对话框中设置如图 3-251 所示。

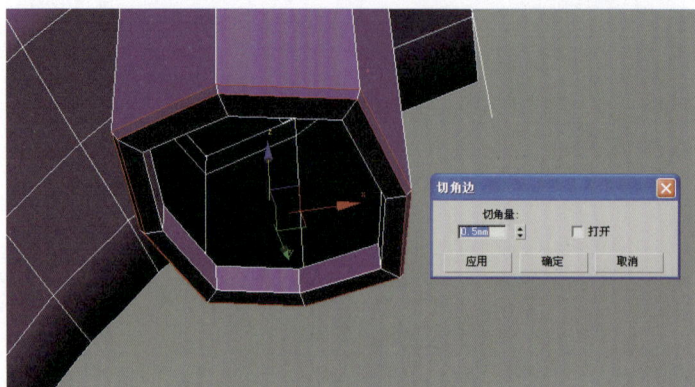

图 3-251　切角参数设置

（19）切换至顶视图，在顶视图中绘制一个长方体，在修改面板中调节其参数如图
3-252 所示。

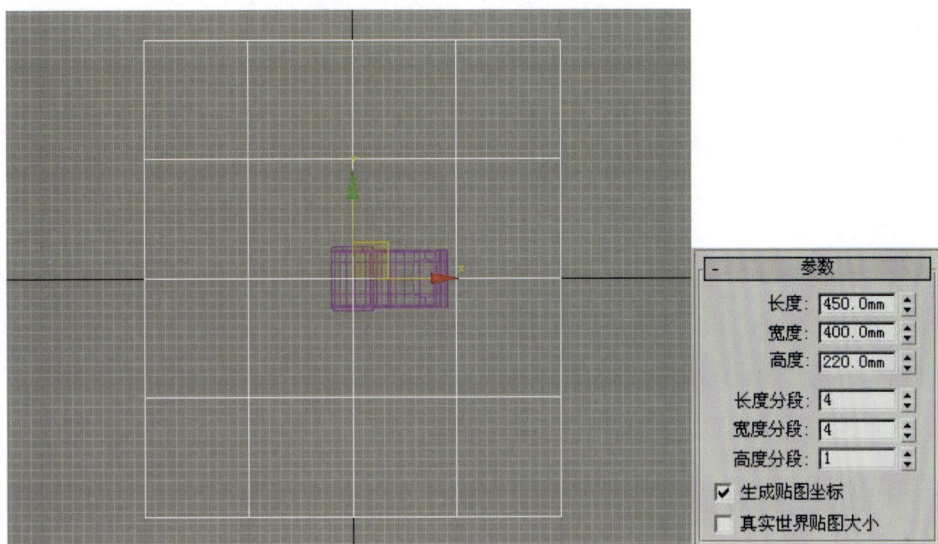

图 3-252　长方体参数设置

（20）选择移动工具，在世界坐标轴 X、Y、Z 中全部输入 0。之后切换至前视图，选中
长方体，按 Alt+A 键打开对齐命令，点击水龙头部分，在弹出的对齐对话框中设置参数如
图 3-253 所示。

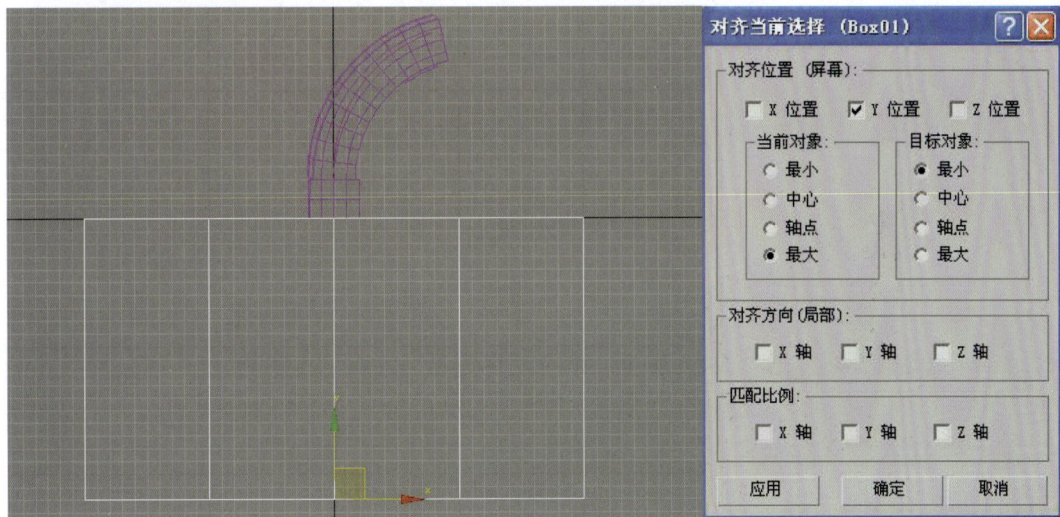

图 3-253　对齐参数设置

（21）切换至顶视图，使用移动工具，沿着 X 轴向前移动一定距离，如图 3-254 所示。

（22）单击鼠标右键将长方体转变成可编辑多边形。选择点工具，使用移动工具移动
各点，如图 3-255 所示。

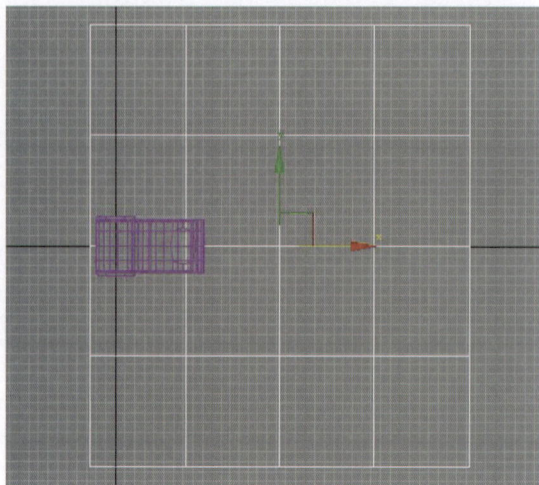

图 3-254　在顶视图移动长方体　　　　　　　　　图 3-255　移动节点位置

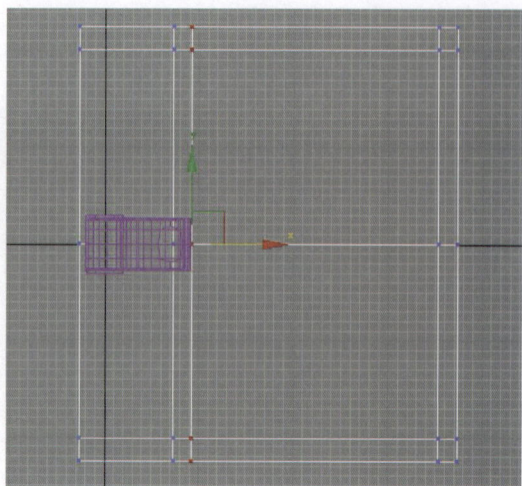

（23）切换至透视图，使用多边形面工具 ，选择如图 3-256 所示的面。点击修改面板中  工具后面的小方块，在弹出的对话框中设置如图 3-257 所示。

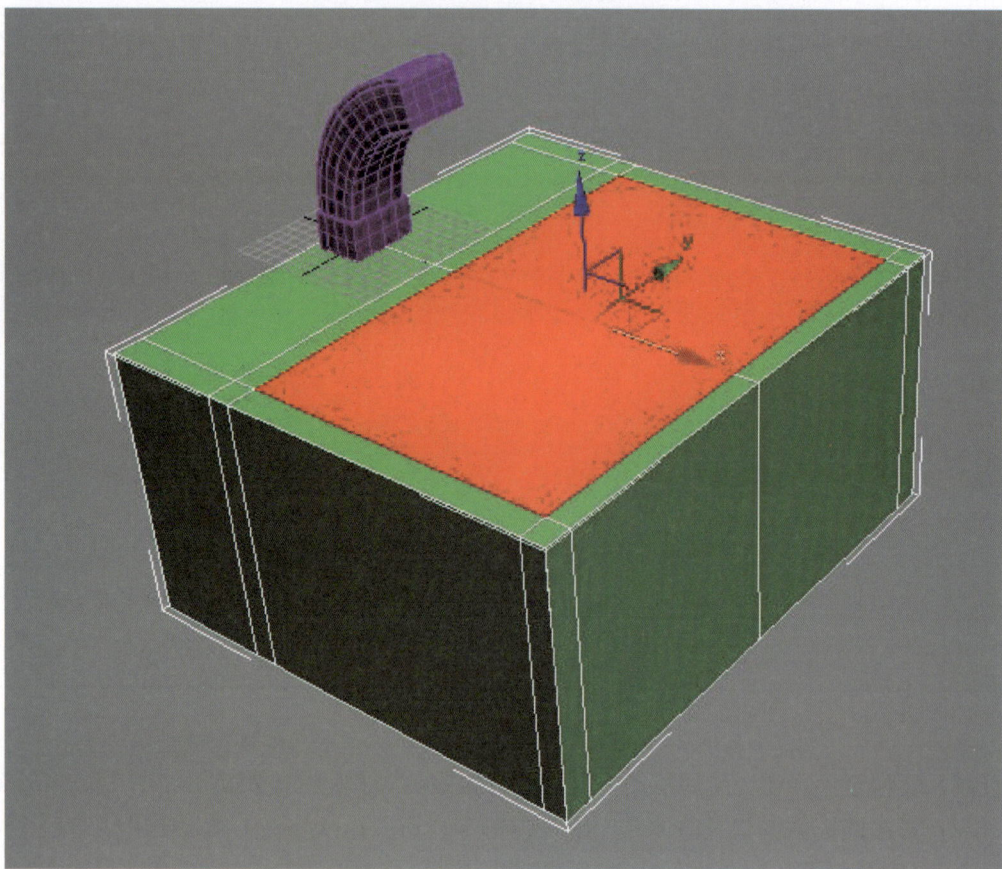

图 3-256　选择面

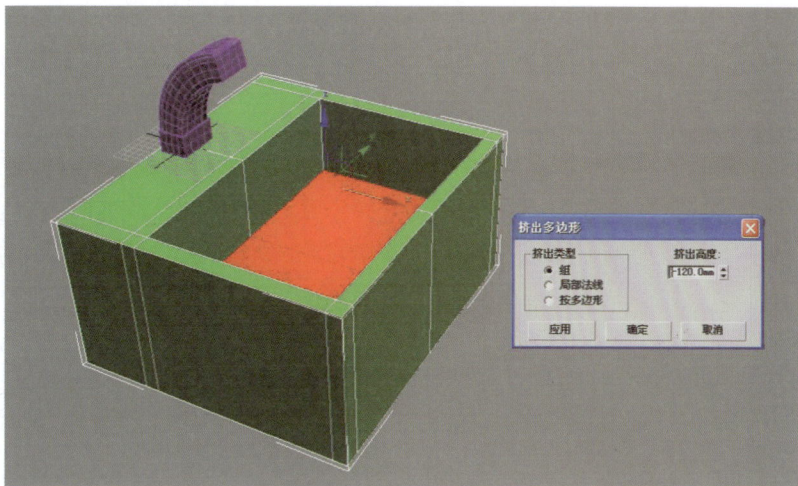

图 3-257   挤出参数设置

（24）在前视图中，框选中如图 3-258 所示的边。再在透视图中选择如图 3-259 所示的边。

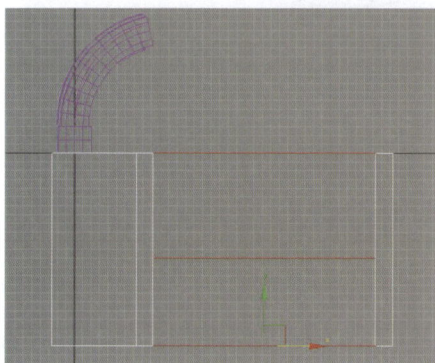

图 3-258   前视图中选中边

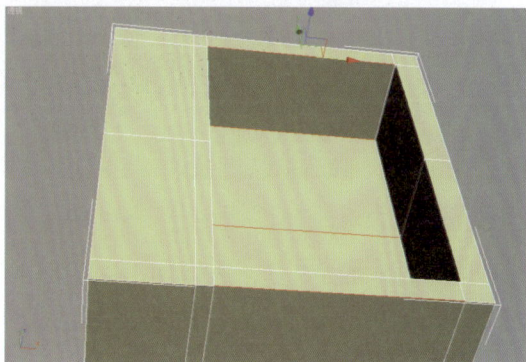

图 3-259   在透视图中选择边

（25）点击修改面板中的 连接 ▣ 工具后的小方块，在弹出的对话框中设置参数如图 3-260 所示。

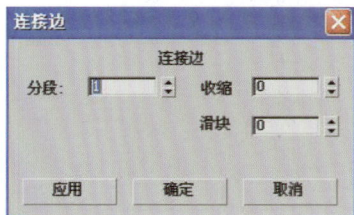

图 3-260   连接参数设置

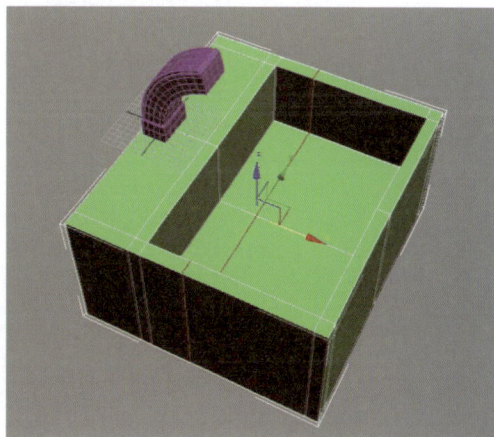

图 3-261   移动新生成出来的边

（26）移动新生成出来的边至如图 3-261 所示的位置。

（27）点选中间交点，点击修改面板中的切角工具后的小方块，设置参数如图 3-262 所示。

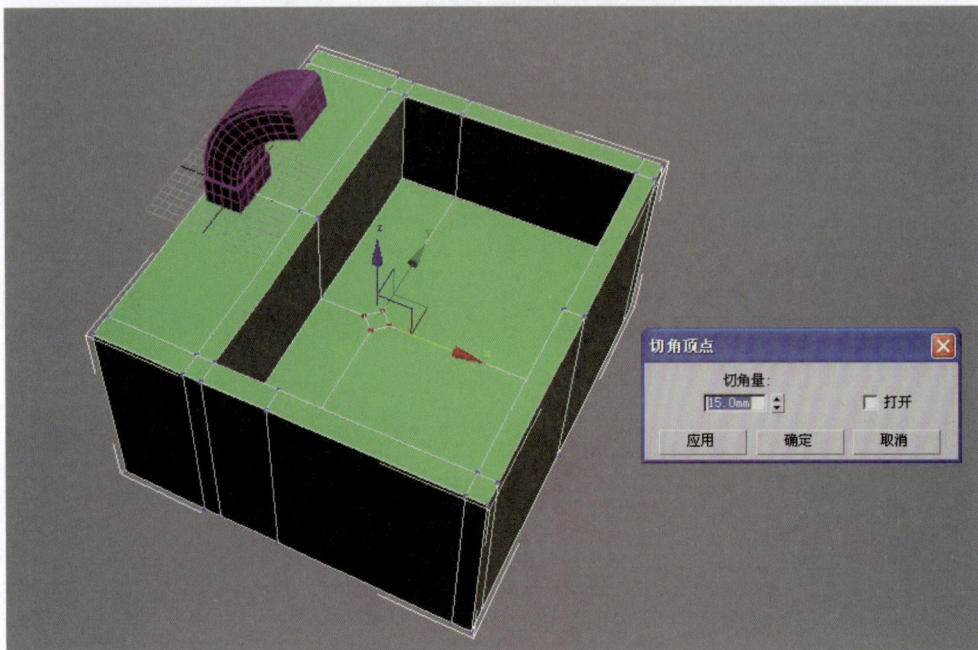

图 3-262　切角参数设置

（28）选择▣面工具，选择切出来的面并删除。选择◑边界工具，按住 Shift 键不放，沿着 Z 轴向下移动一段距离，最终效果如图 3-263 所示。

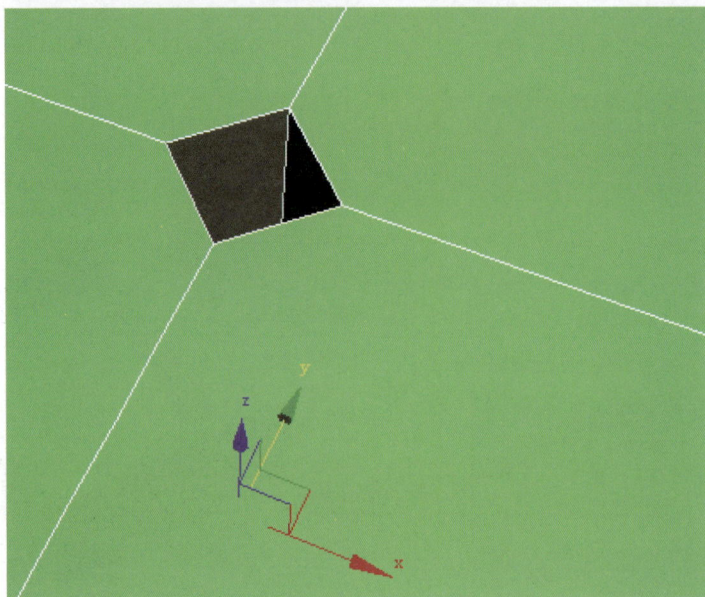

图 3-263　最终效果

（29）在透视图中，选中多边形所有底面，并将其删除，如图 3-264 所示。这样可以减少模型的面数。

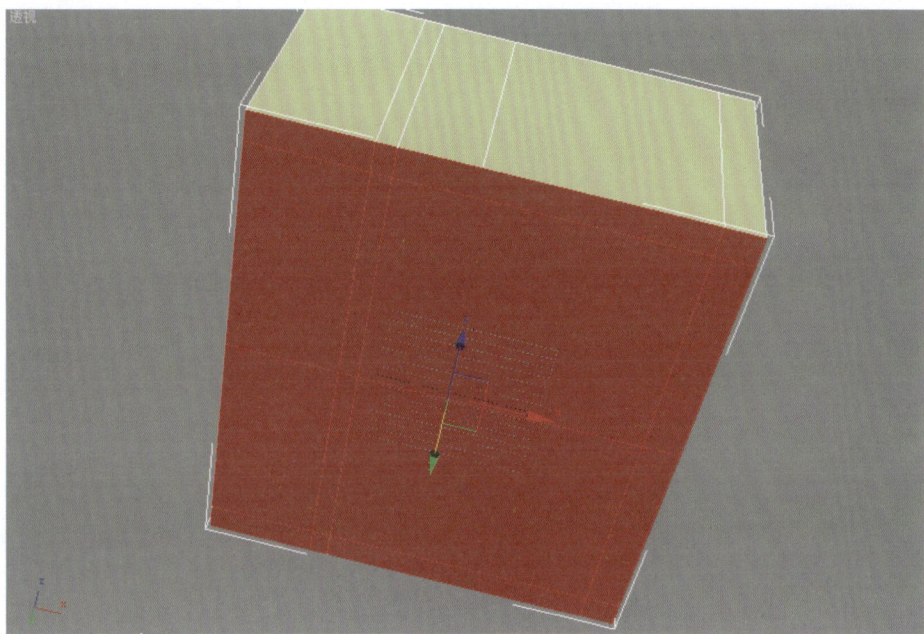

图 3-264　选择多边形所有底面删除

（30）使用◁工具，选中外框边如图 3-265 所示。接着旋转透视图选择洗脸盆竖边如图 3-266 所示。

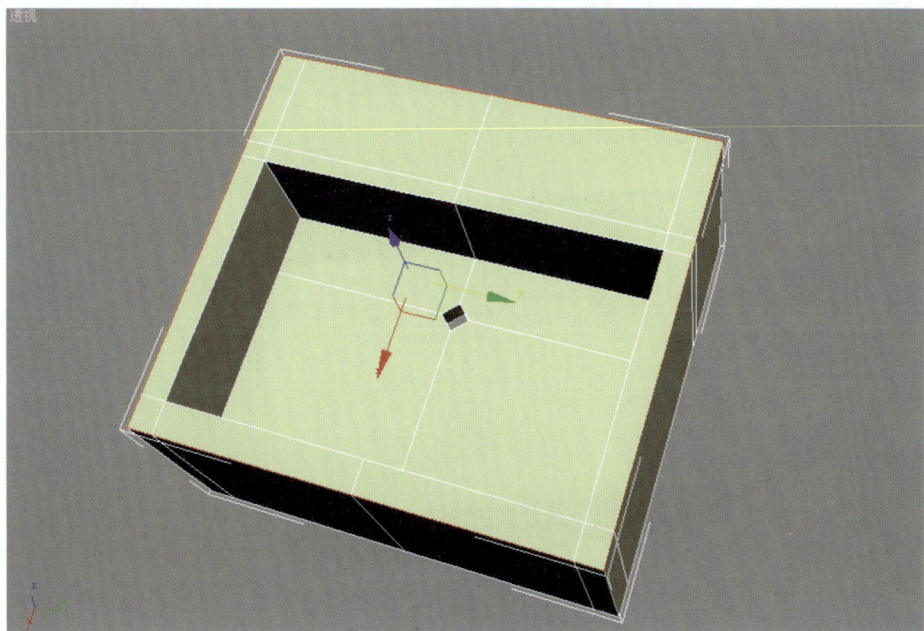

图 3-265　选中外框边

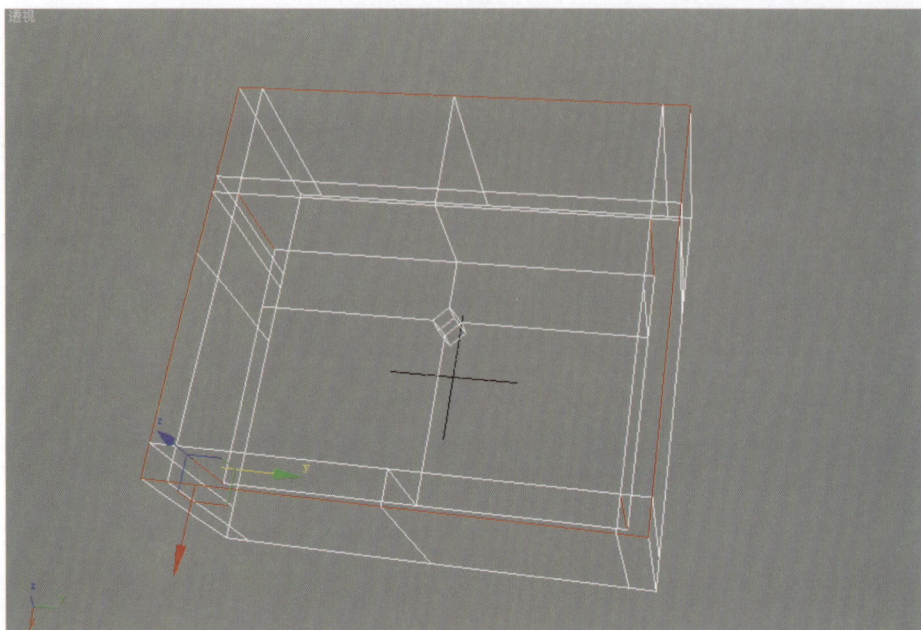

图 3-266　所有需要选择的边选中后透视图

（31）点击 切角 □旁边的小方块，进行切角设置，在弹出的对话框中设置参数如图 3-267 所示，切角后效果如图 3-268 所示。

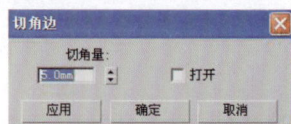

图 3-267　切角参数设置

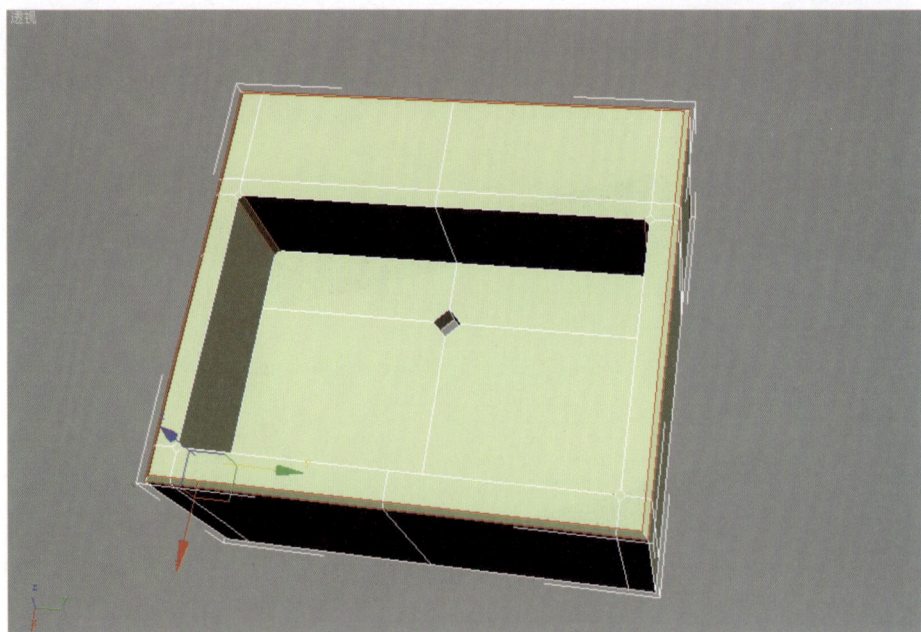

图 3-268　切角后效果

（32）选中小洞口的边，如图 3-269 所示。再次设置切角参数，切角量设置为 2，切角后效果如图 3-270 所示。

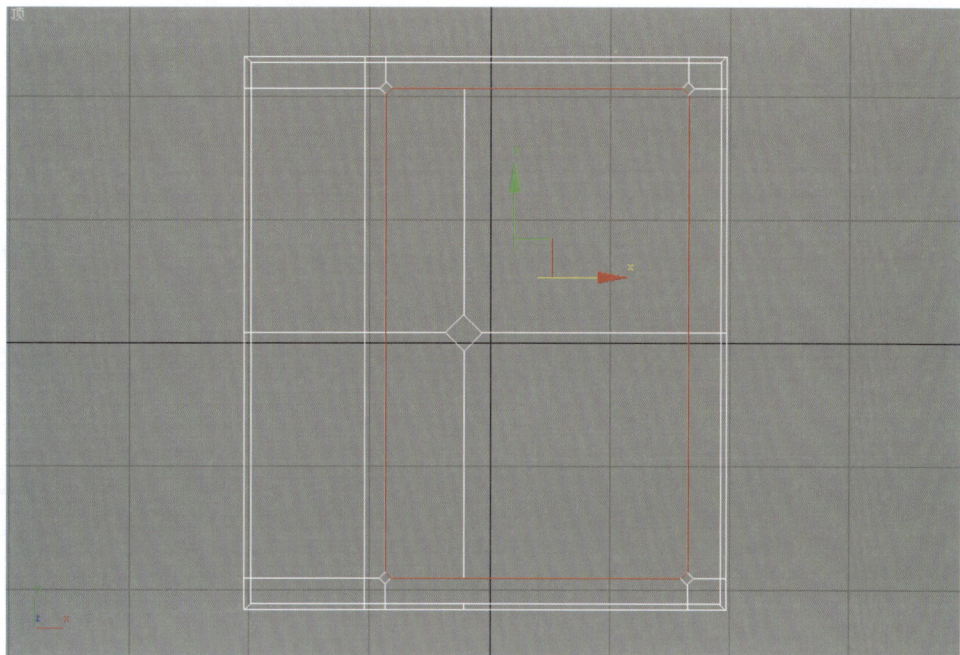

图 3-269　选中小洞口的边

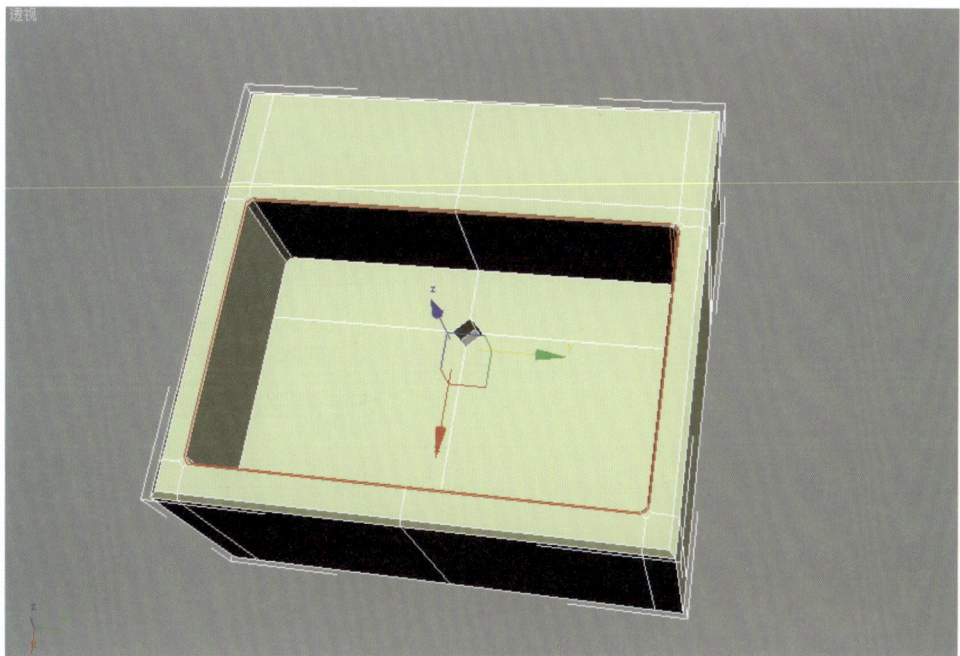

图 3-270　切角后效果

（33）单击  工具，选中如图 3-271 所示点，沿着 X 轴后移一段距离。

（34）取消节点选择，把整个面盆沿着 X 轴向后移动，使制作的水池洞口和水龙头靠近，如图 3-272 所示。

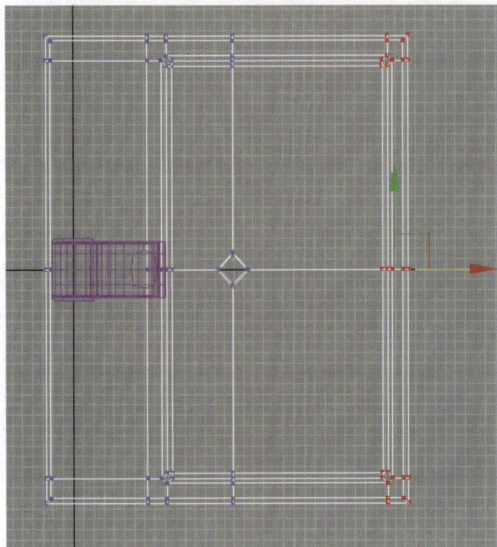

图 3-271　选中节点后移

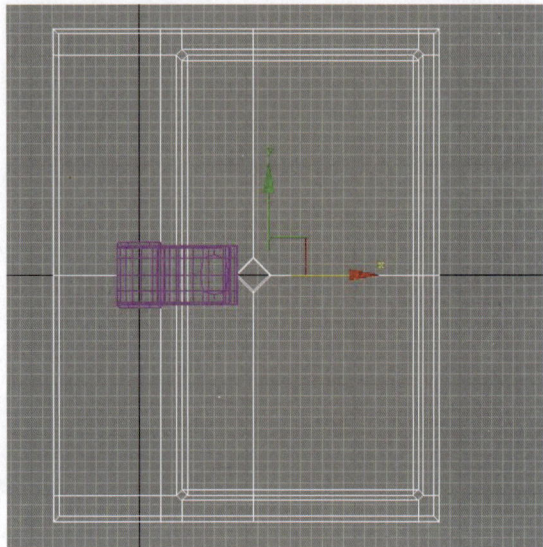

图 3-272　移动面盆

（35）分别选择水龙头和面盆，在修改器下拉列表中给它们一个网格光滑修改器，参数设置如图 3-273 所示。

（36）选择 V-Ray 平面，在顶视图中点击创建一个 V-Ray 平面，V-Ray 平面处于面盆底部即可，该 V-Ray 平面作为场景的背景，如图 3-274 所示。

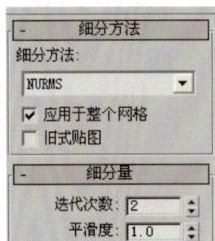

图 3-273　网格光滑参数设置

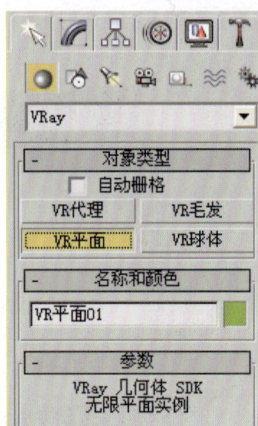

图 3-274　使用 V-Ray 平面制作场景的背景

（37）材质设置。本场景只需要制作如下三种材质。

1）不锈钢材质参数设置如图 3-275 所示。其中反射颜色设置为纯白色，漫射颜色保持默认即可。

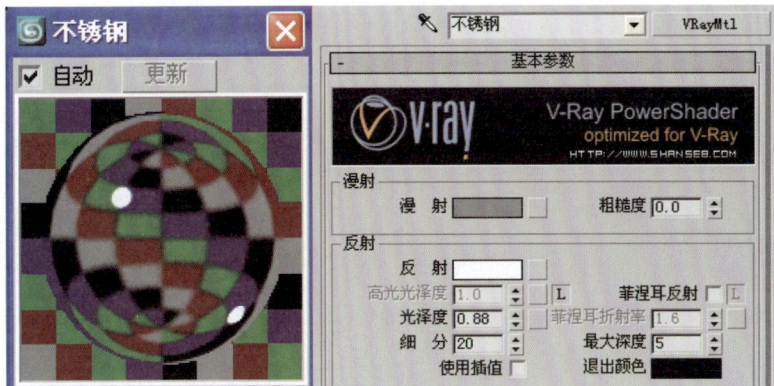

图 3-275　不锈钢材质参数设置

2）白色陶瓷材质参数设置如图 3-276 所示。其中漫射和反射颜色全部设置成纯白色即可。

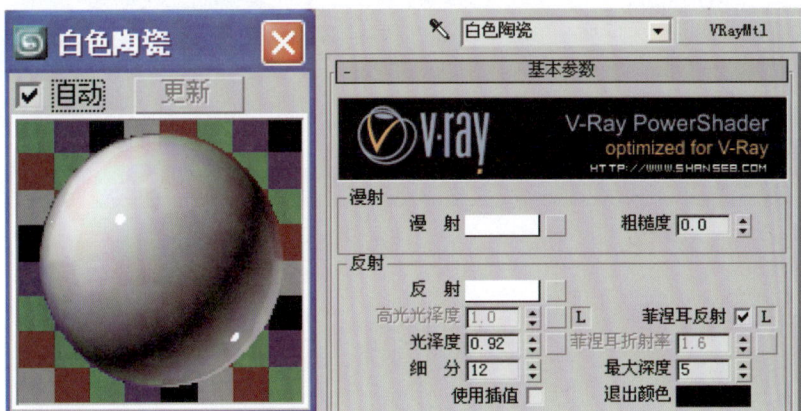

图 3-276　白色陶瓷材质参数设置

3）场景材质参数设置如图 3-277 所示。其中漫反射和环境光颜色设置为纯白色即可。

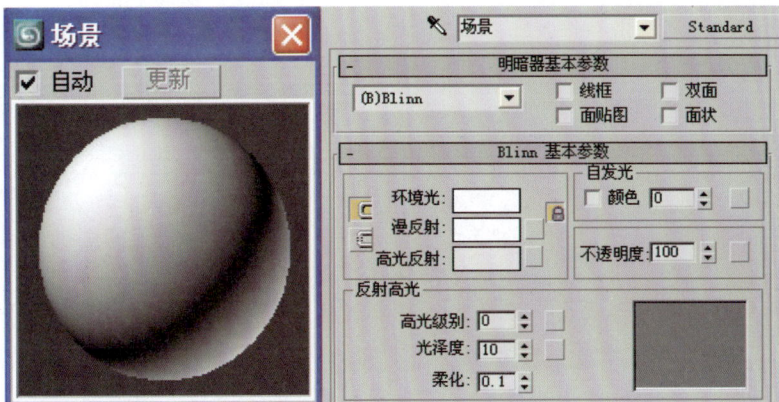

图 3-277　场景材质参数设置

（38）灯光设置：在顶视图打一盏泛光灯，在顶视图中调整位置如图3-278所示。在前视图中调整位置如图3-279所示。最后在修改面板设置灯光参数如图3-280所示。

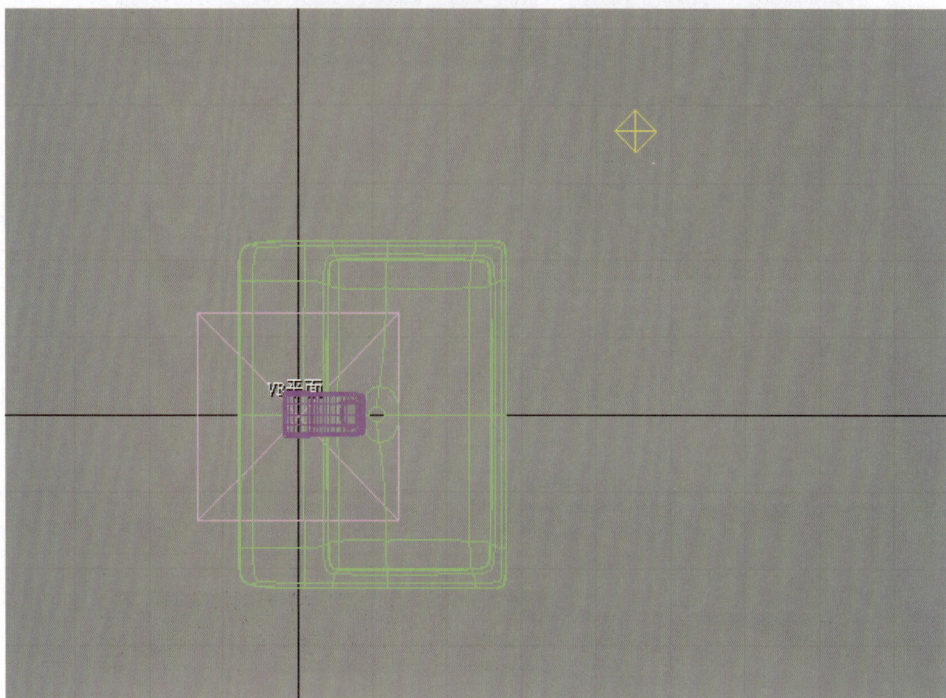

图 3-278　在顶视图中调整位置

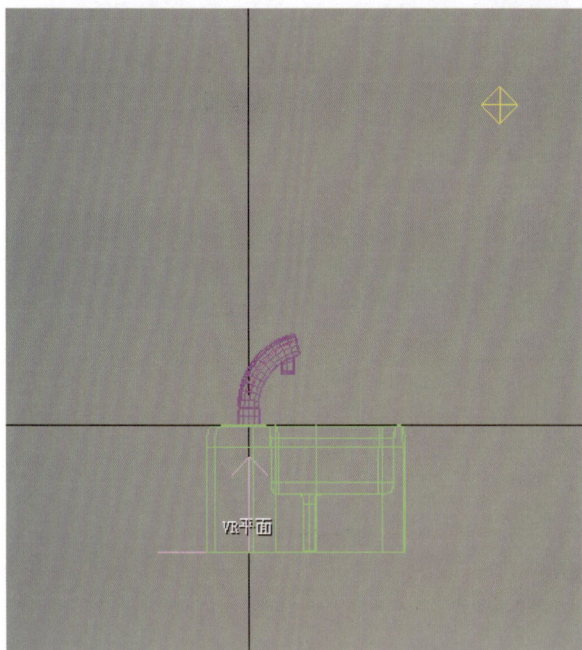

图 3-279　在前视图调整灯光位置

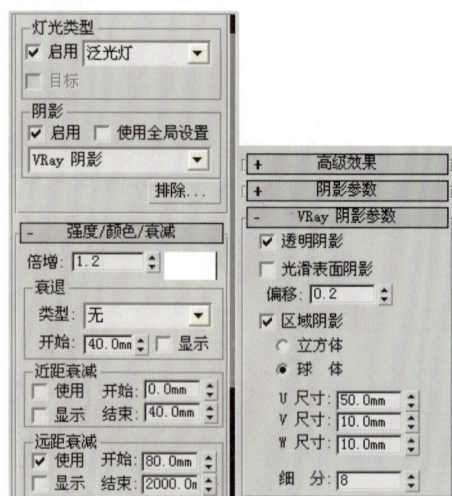

图 3-280　灯光参数设置

（39）在透视图调整模型角度如图 3-281 所示。然后按 Ctrl+C 快速添加一个摄像机。

图 3-281　在透视图调整模型角度

（40）渲染面板设置。

1）全局开关参数设置如图 3-282 所示。

2）图像采样参数设置如图 3-283 所示。

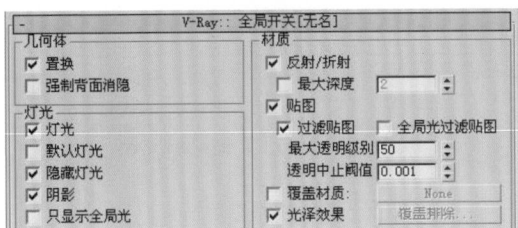

图 3-282　全局开关参数设置

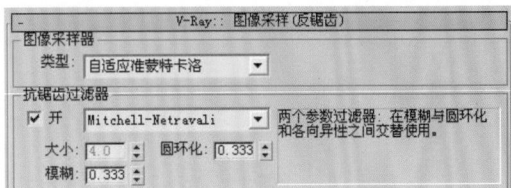

图 3-283　图像采样参数设置

3）间接照明参数设置如图 3-284 所示。

4）发光贴图参数设置如图 3-285 所示。

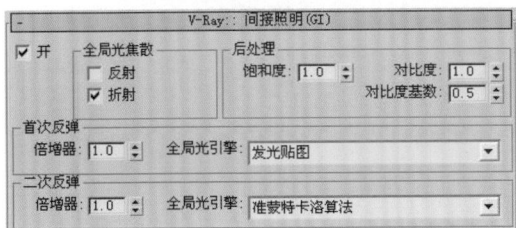

图 3-284　间接照明参数设置

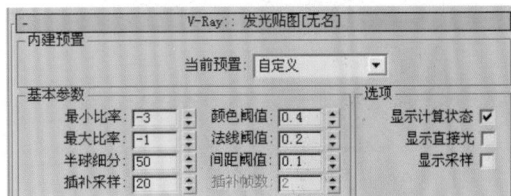

图 3-285　发光贴图参数设置

5）环境参数设置如图 3-286 所示。在倍增器后的长条按钮中选中 V-RayHDRI 程序贴图。同时打开材质面板，把鼠标移动到环境参数小长条上，按住鼠标左键不放拖动到一个材质球上，并在弹出的对话框中选择"实例"，在材质球面板中选择"浏览"，在配套光盘"第 3 章\洁具\HDR"文件包中找到一张准备好的 HDRI 贴图载入进来，并调节其参数如图 3-287所示。

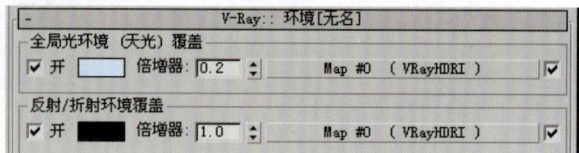

图 3-286　环境参数设置

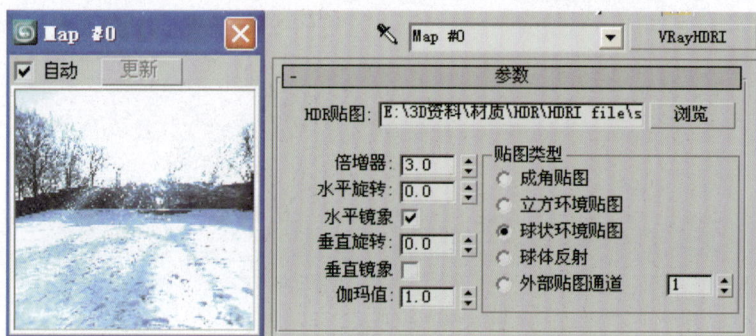

图 3-287　材质参数设置

6）按快捷键 8，在弹出的环境面板中，再次把"反射／折射环境覆盖"面板通道中的 HDRI 关联复制到环境面板通道中，如图 3-288 所示。

7）颜色映射参数设置如图 3-289 所示。

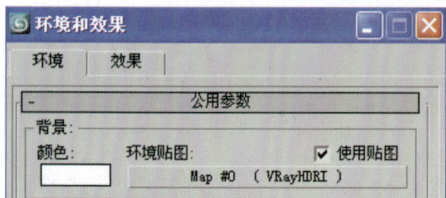

图 3-288　将 HDRI 关联复制到环境面板通道

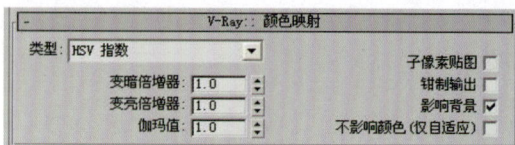

图 3-289　颜色映射参数设置

8）最后点击渲染，最终渲染效果如图 3-290 和图 3-291 所示。

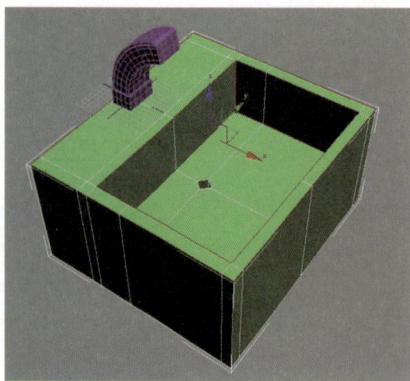

图 3-290

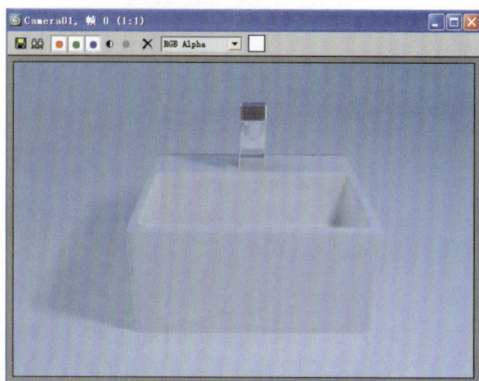

图 3-291　最终渲染效果

第 4 章

# 实例 V-Ray——制作天光走廊

## 4.1 走 廊 模 型 创 建

（1）打开 3ds Max 软件，在"自定义"面板中找到加载自定义 UI 方案，在 3ds Max 安装目录下找到 UI 文件夹，在 UI 文件夹中双击打开 ame-dark 文件，如图 4-1 所示。

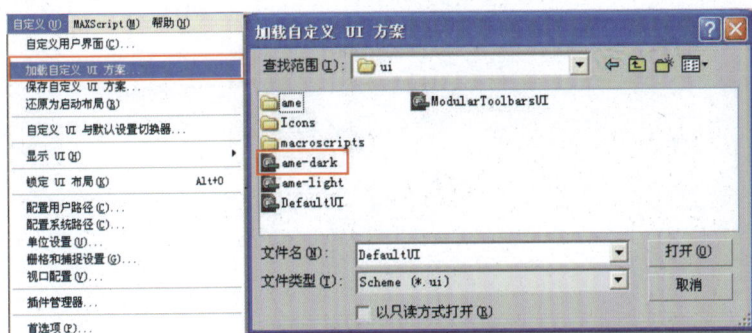

图 4-1 打开 ame-dark 文件

这样做的目的是将 3ds Max 默认的灰色界面换成黑色界面，长时间使用 3ds Max 采用黑色界面有利于缓解视觉疲劳。

（2）在文件菜单中单击导入命令，在弹出的对话框中将文件类型选择为 AUTOCAD 文件类型，即：<u>文件类型(T)：AutoCAD 图形 (*.DWG,*.DXF)</u>。将配套光盘中的"第 4 章\CAD 框架图\导入文件"导入进 3ds Max 顶视图，最终效果如图 4-2 所示。

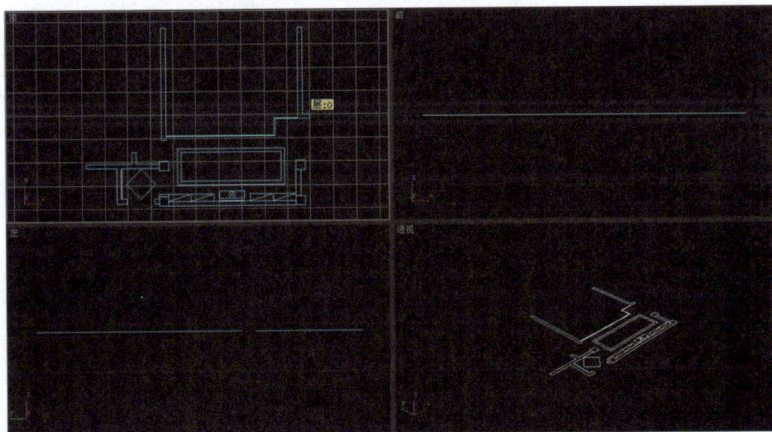

图 4-2 导入 CAD 框架图后效果

（3）选中导入的所有 CAD 文件，单击鼠标右键，在弹出的快捷菜单中选中冻结当前选择，如图 4-3 所示。

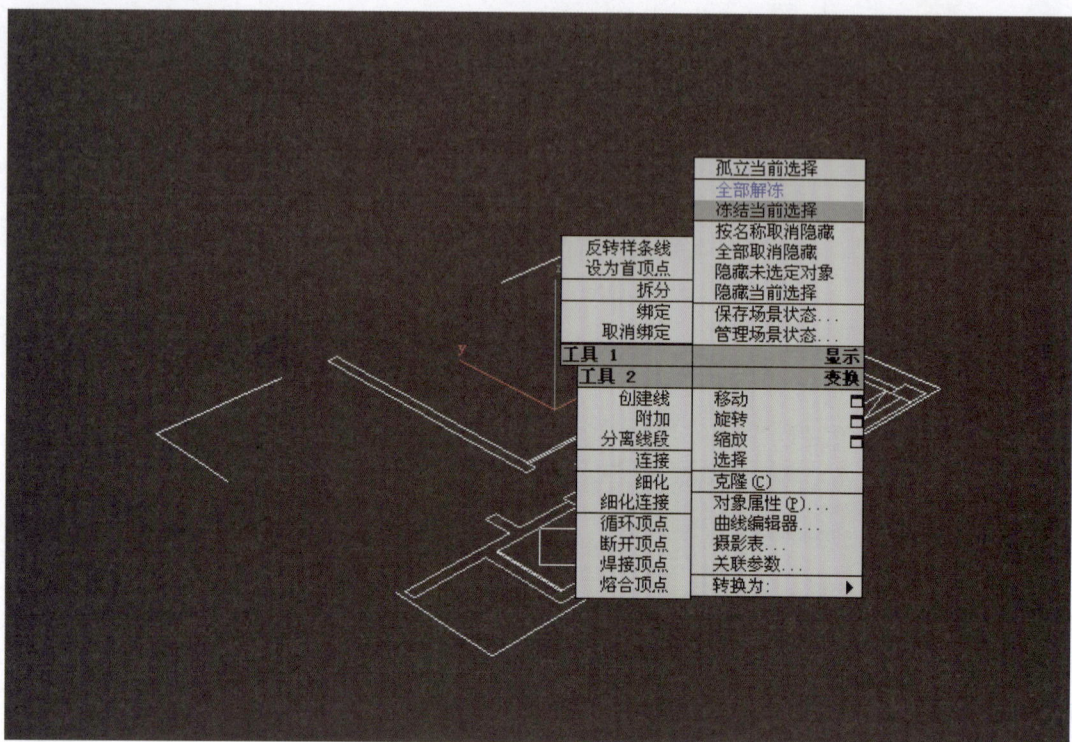

图 4-3　冻结所选物体

（4）在捕捉下拉框中选择 2.5 维捕捉，在 上单击鼠标右键，在弹出的栅格和捕捉设置对话框中进行如图 4-4 所示的设置。

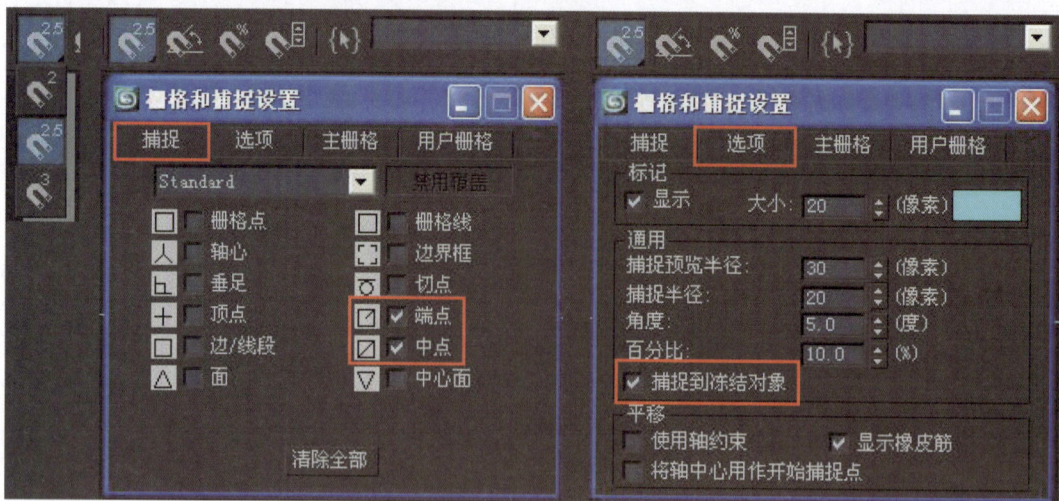

图 4-4　设置捕捉参数

在制作效果图时，最好是通过自定义菜单下的单位设置命令将单位设置为常见的毫米，

如 ▨▨▨▨▨▨。因本书只是范例讲解，因而没有设置具体的单位。

（5）保持 2.5 维捕捉激活状态，在创建面板中选中线工具，在顶视图中沿参考的 CAD 线绘制如图 4-5 所示的墙体线。

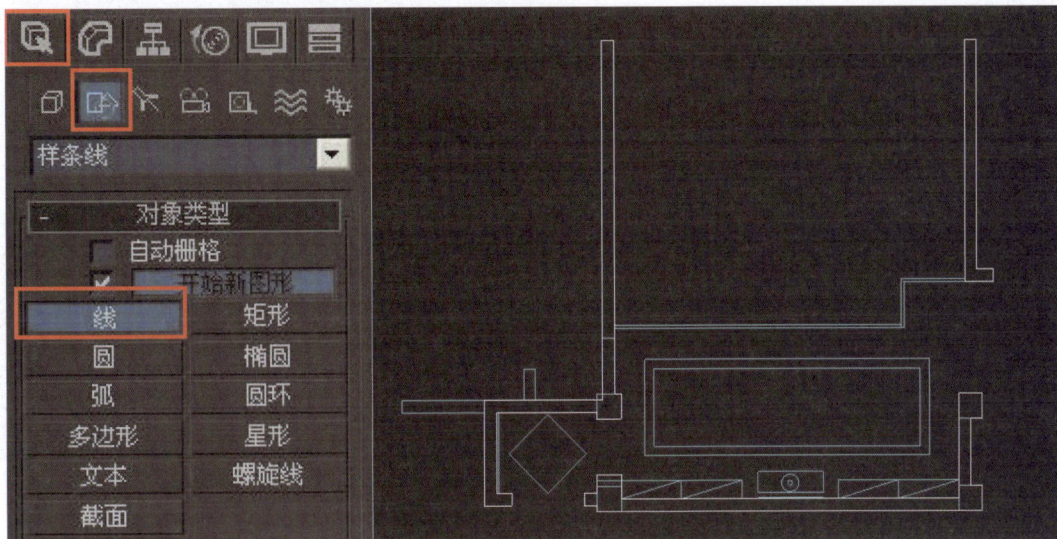

图 4-5　绘制墙体线

（6）选中刚才绘制的全部墙体线，切换到透视图中，在修改命令面板里添加一个挤出修改器，参数设置为 3500mm，如图 4-6 所示。

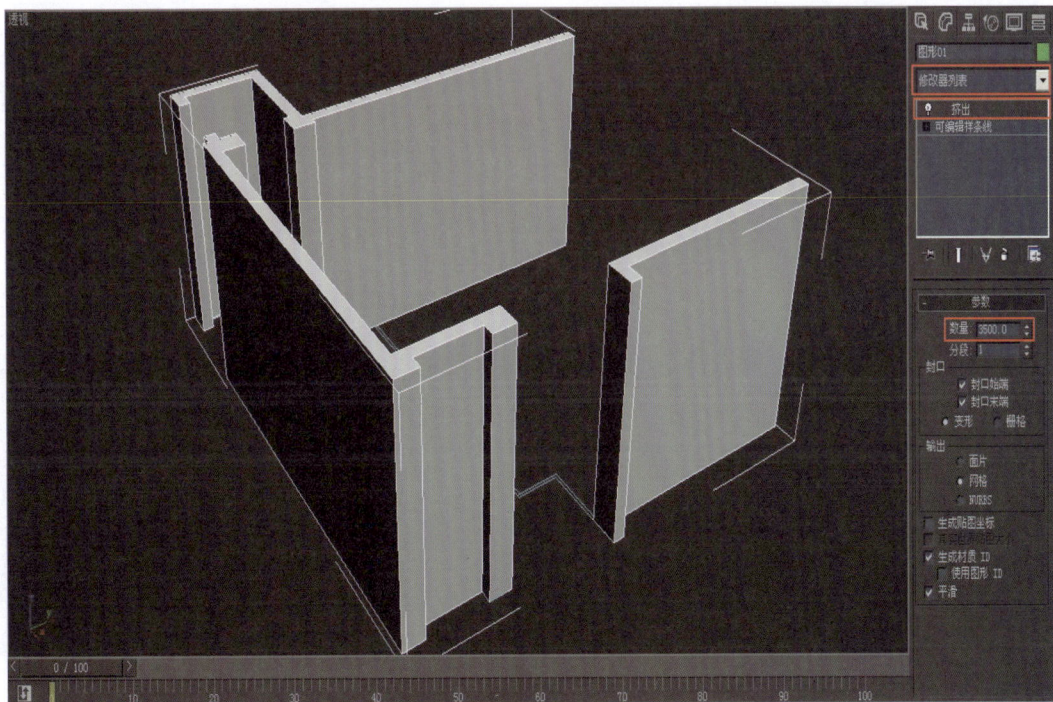

图 4-6　挤出墙体

（7）制作一个BOX，长1000mm，宽400mm，高900mm。利用捕捉工具放置到门洞位置，最终效果如图4-7所示。

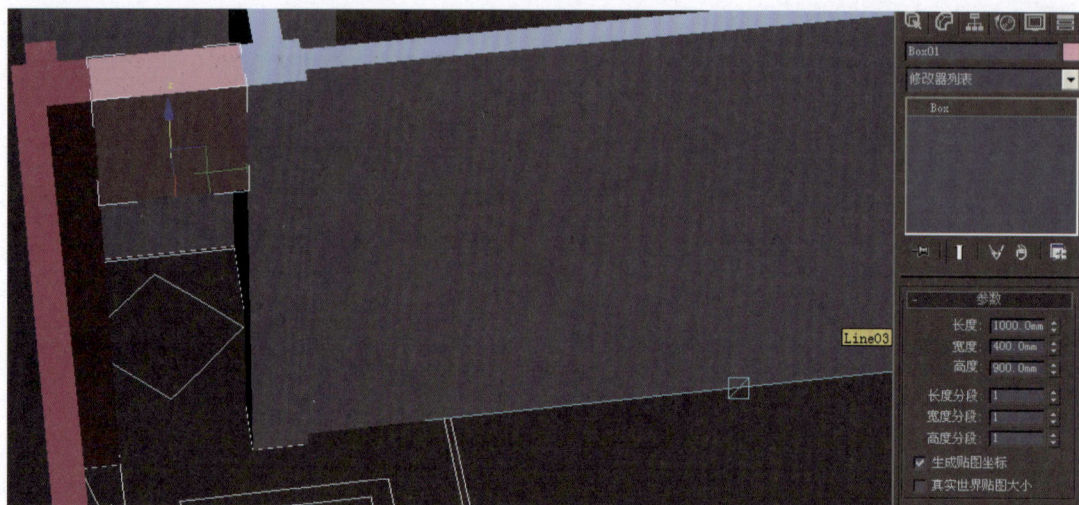

图4-7　BOX制作

（8）在左视图绘制一个长2000mm、宽300mm的矩形，按住Shift键进行实例复制，最终复制组成如图4-8所示的形状和位置。

需要注意的是由于设计上该板材并没有构成一个整体，在板与板之间留有一些间隙，具体在哪里留空隙可以参见图4-9所示。

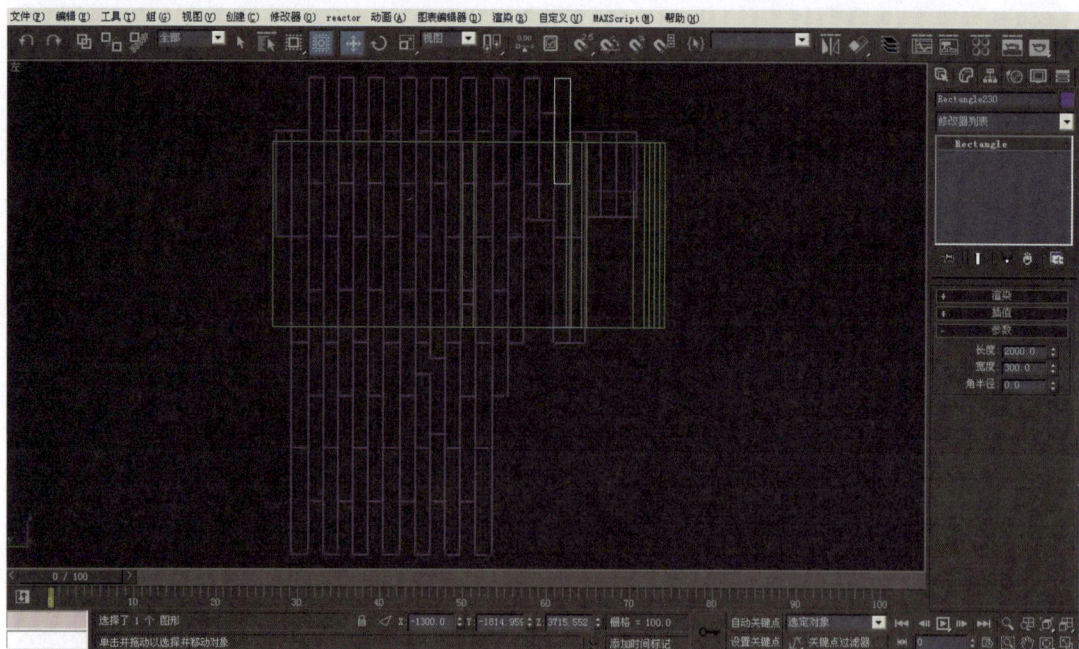

图4-8　矩形的复制

（9）在顶视图中选择全部矩形，单击 ▶◀ 进行镜像处理，在弹出的镜像对话框中选择轴向为 X 轴 ![图标]，克隆方式为 ![图标]。这样做的目的是使得倒角部分的矩形朝向了客厅的一面。最后对每个矩形添加一个倒角命令，具体设置如图 4-9 所示。

图 4-9　倒角设置

（10）在木板空隙处绘制同样大小的矩形，单击鼠标右键，在弹出的对话框中将其直接转变成"可编辑多边形"，如图 4-10 所示。

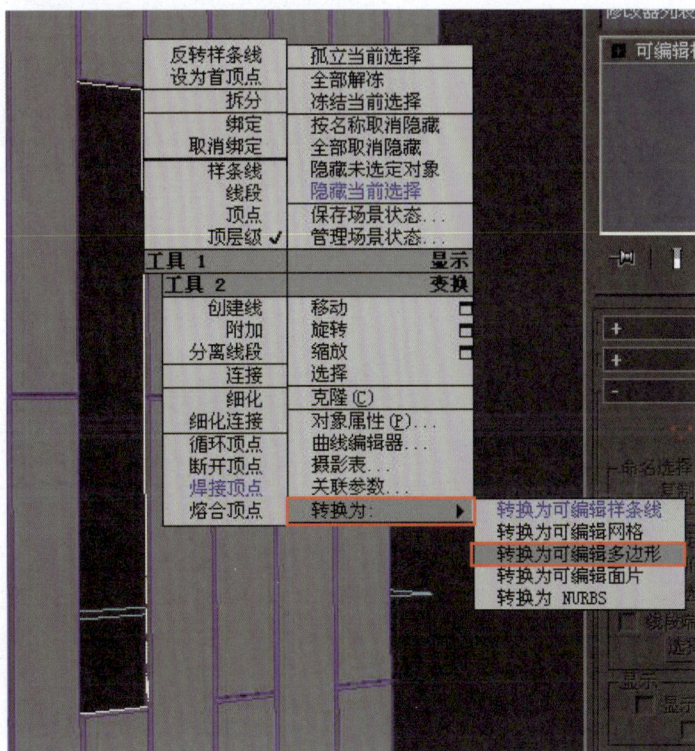

图 4-10　转变成"可编辑多边形"

（11）选中面层级，在修改菜单中单击倒角命令旁边的 🔲 设置命令，进行如图4-11所示的设置。在其他空隙处进行同样的制作。

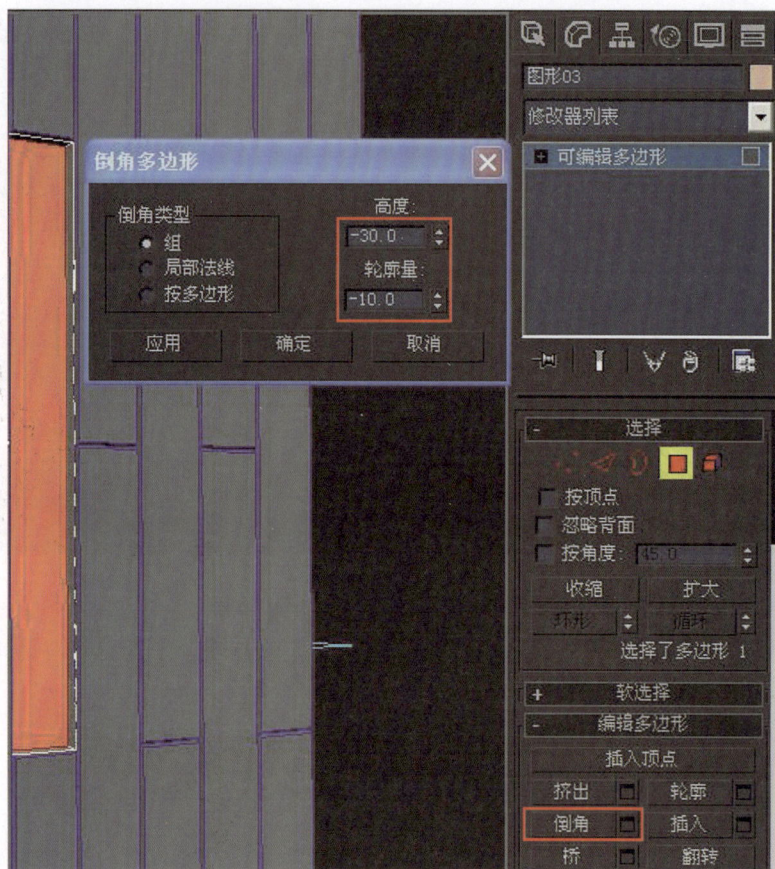

图4-11　倒角设置

（12）在顶视图中采用中线命令绘制门套截面形状，如图4-12所示。

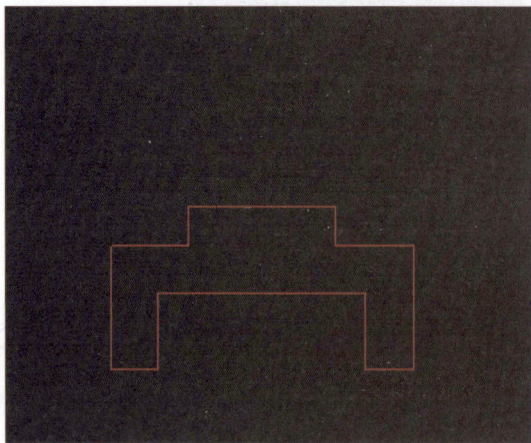

图4-12　门套截面形状

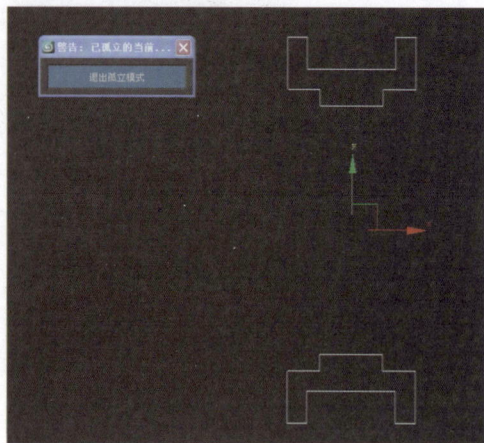

图4-13　镜像并复制一个

120

（13）将门套截面镜像并复制一个，利用移动和捕捉工具放置在如图 4-13 所示的位置上，两个截面之间距离在 800mm 左右即可。

在操作时，可以将其他的物体隐藏起来，这样可以更方便观察模型。也可以选择需要进行修改的模型，按 Alt+Q 快捷键进入视图孤立模式，这样在视图中只有选定的物体出现，其他物体都被自动隐藏，如图 4-13 所示。

（14）选中其中一条门套截面线，单击修改面板中的　附加　命令，单击另一条截面，使它们附加在一起，成为一条可编辑样条线。选择截面图形后，单击鼠标右键，选择隐藏未选定对象 隐藏其他物体。

（15）给门套截面线添加一个挤出修改器，设置如图 4-14 所示。门套线制作不一定要和本书一样，也可以自己制作一个相对较为复杂的门套截面图形，同样使用挤出命令制作出门套的模型。

在 3ds Max 软件的学习中，最重要的是理解制作的方法，所有的既定参数都只是参考，掌握方法后，能够做到举一反三才算是真正掌握了软件的应用。而且 3ds Max 软件制作同一模型可以采用多种方法，所以在学习的过程中重点是掌握和理解各种参数命令的具体功能和使用方法，而不是去死记硬背一个个固定的参数。

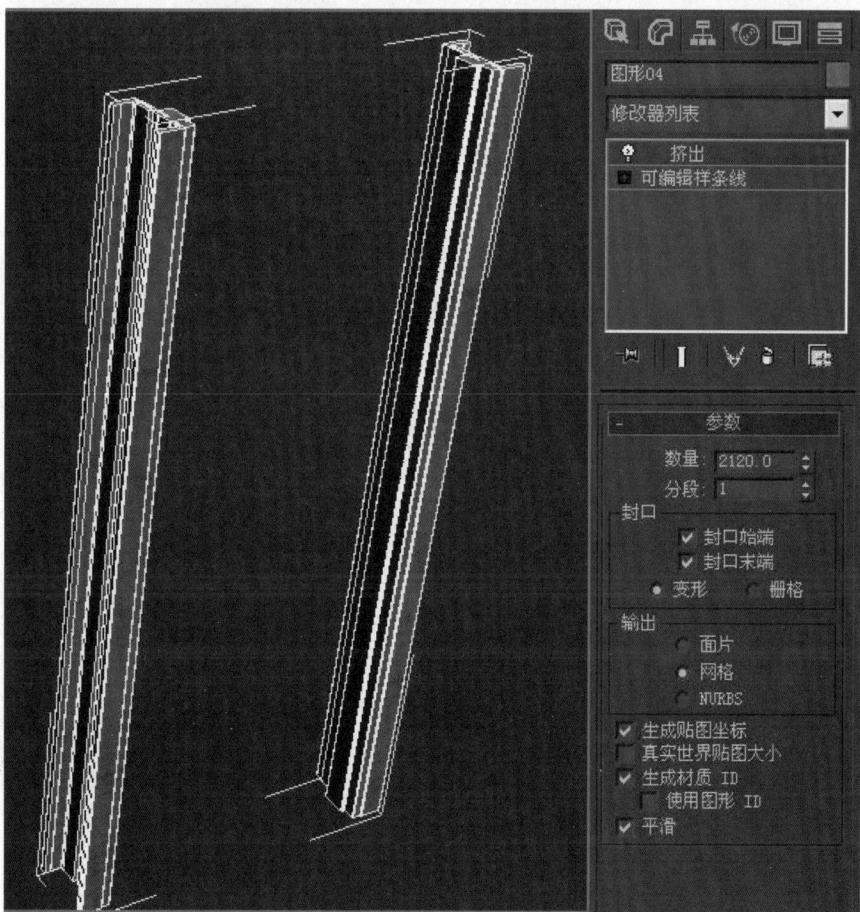

图 4-14　挤出门套

（16）点击面层级 ，选中所有的面，在修改面板中使用切片平面工具，打开角度捕捉命令，利用捕捉命令旋转45°，点击 切片 按钮把门套切割成如图 4-15 所示形状。另外一个门套也采用同样方法进行切割。

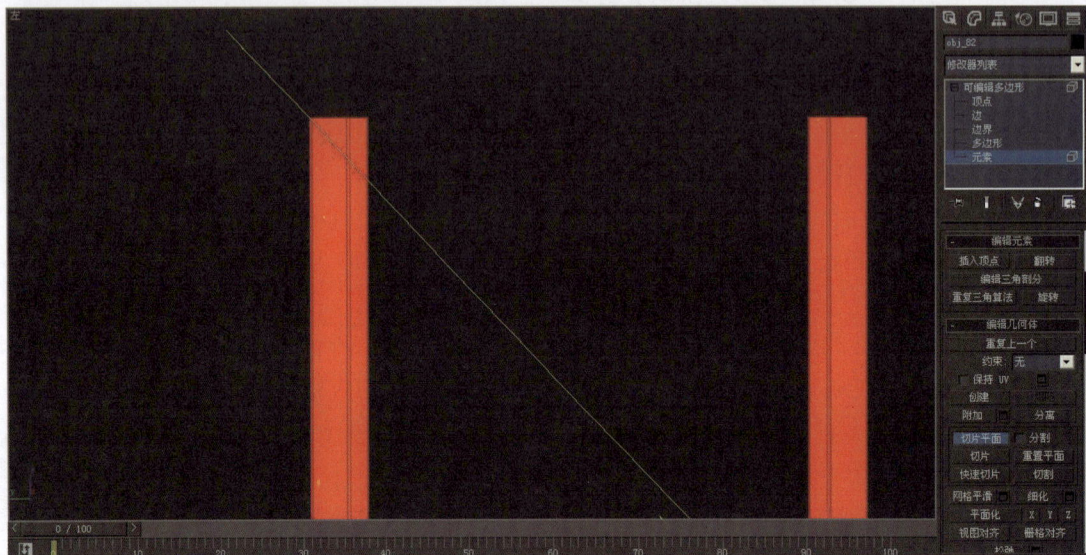

图 4-15　切割门套

（17）再次选择面层级 ，选择多余的面，按键盘 Delete 键删除，最终图形效果如图 4-16 所示。

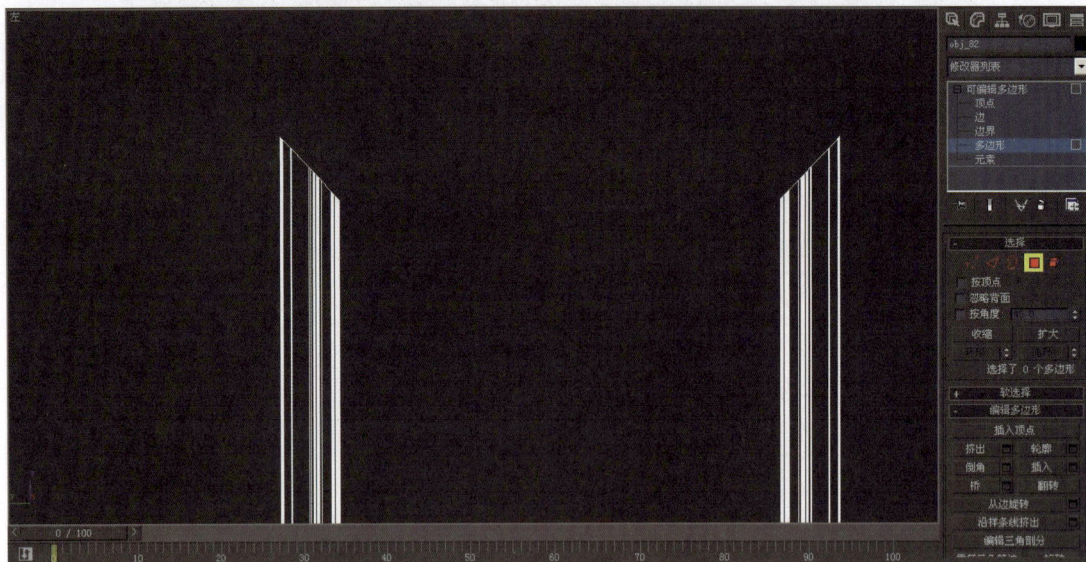

图 4-16　删除多余的面

（18）在左视图中，单击 边界，选中一边门套中的"边界"线，按住 Shift 键不放，沿 X 轴移动一定距离，如图 4-17 所示。

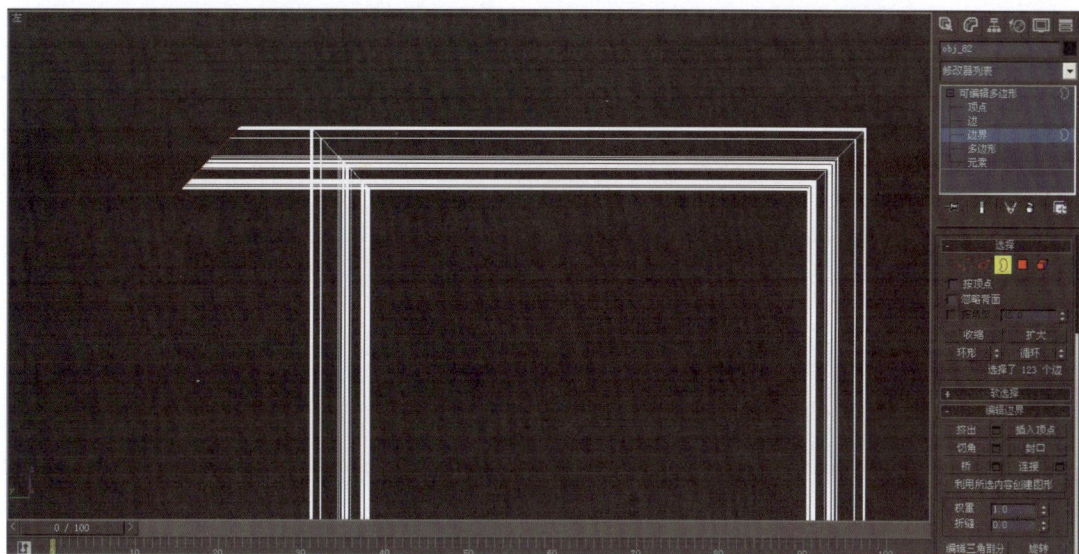

图 4-17　移动边界线

（19）再次利用切片平面和切片命令，把多出的部分切除，并删除被切除的多余的面。点击 ，把删除部分一边的点全部选中，点击"焊接"，如图 4-18 所示。焊接的目的是为了使得模型的节点成为一个整体，可以在一定程度上避免模型出错。最后再利用同样的方法制作出另一个门套，这样门套即制作完成。

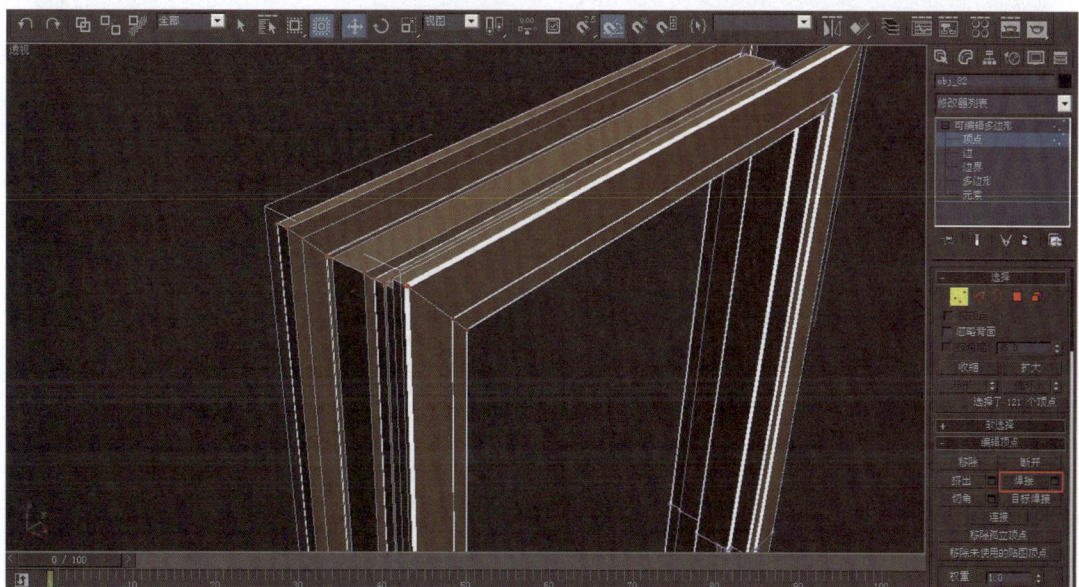

图 4-18　焊接点

（20）利用矩形挤压制作一个平板门，如图 4-19 所示。在制作过程中，当完成一个物体时，可以选择该物体，点击 按钮，在参数面板中单击 隐藏选定对象 按钮，将所选物体隐藏，以便于后面模型的制作和观察。

图 4-19　制作门板

（21）在顶视图中，借助 CAD 辅助线，采用捕捉命令绘制一条地面线，如图 4-20 所示。

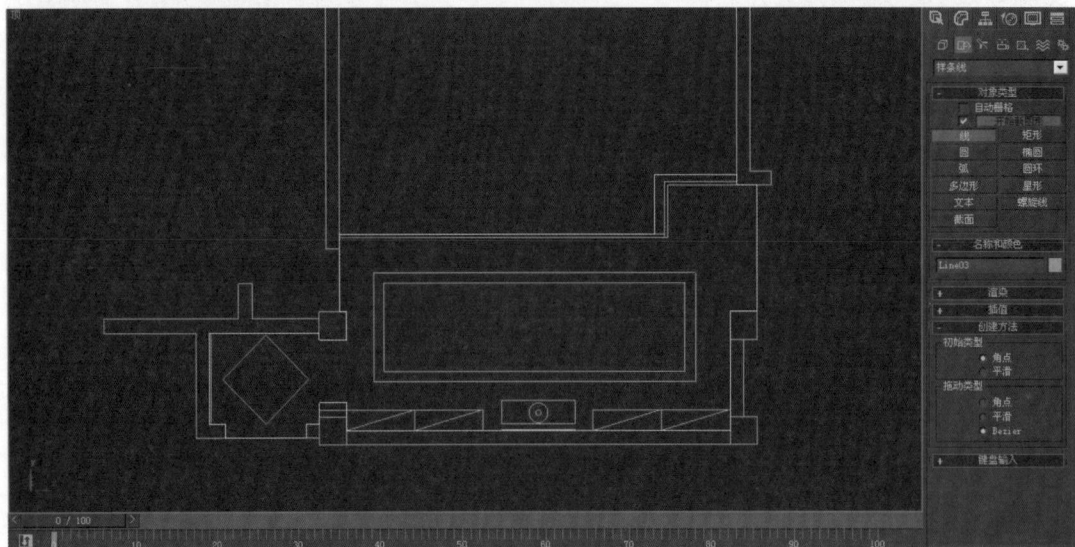

图 4-20　绘制地面线

（22）选择刚才绘制的地面线，在修改面板中添加一个挤出修改器，数量设置为200mm。挤出地面模型。选择地面模型单击鼠标右键，把挤出的地板转变成"可编辑多边形"，地面最终效果如图 4-21 所示。

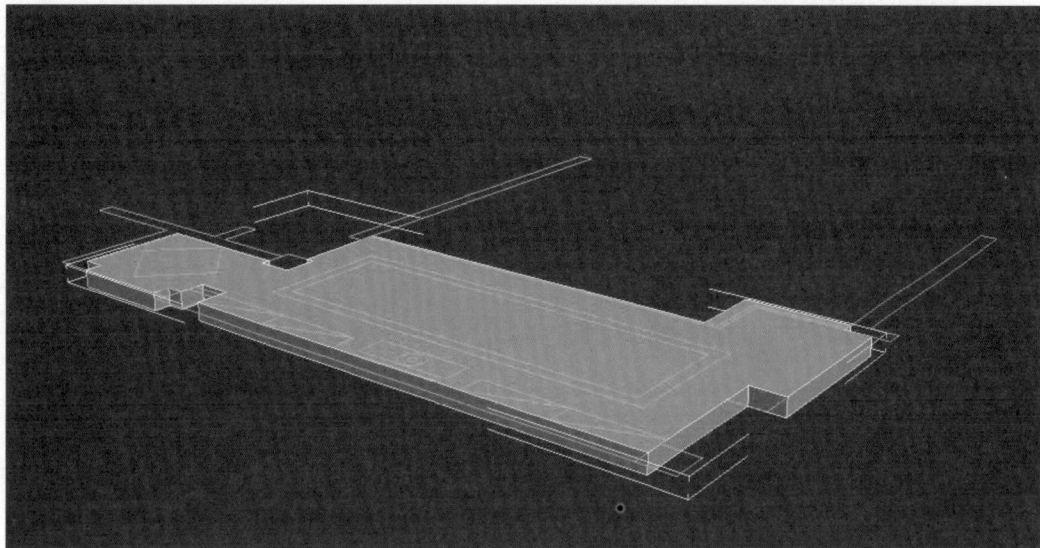

图 4-21 地面最终效果

（23）点击 按钮，在参数面板中单击 全部取消隐藏 按钮显示全部物体。

（24）按住 Shift 键单击地面再复制一个地面，在 Z 轴输入 3700mm，将复制的地面上移3700mm 高度作为天花模型，如图 4-22 所示。

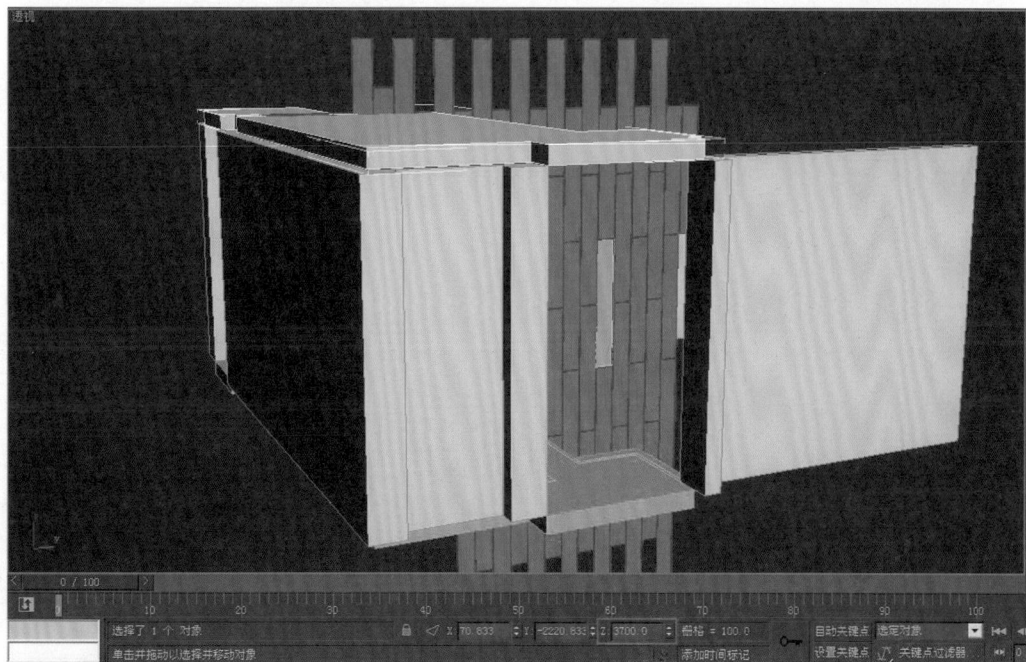

图 4-22 复制出天花

（25）结合门套和地面的制作方法，制作出吊顶样式和石膏线。

利用捕捉命令在顶视图中绘制一条和地面形状相同的吊顶平面线段，如图4-23所示。

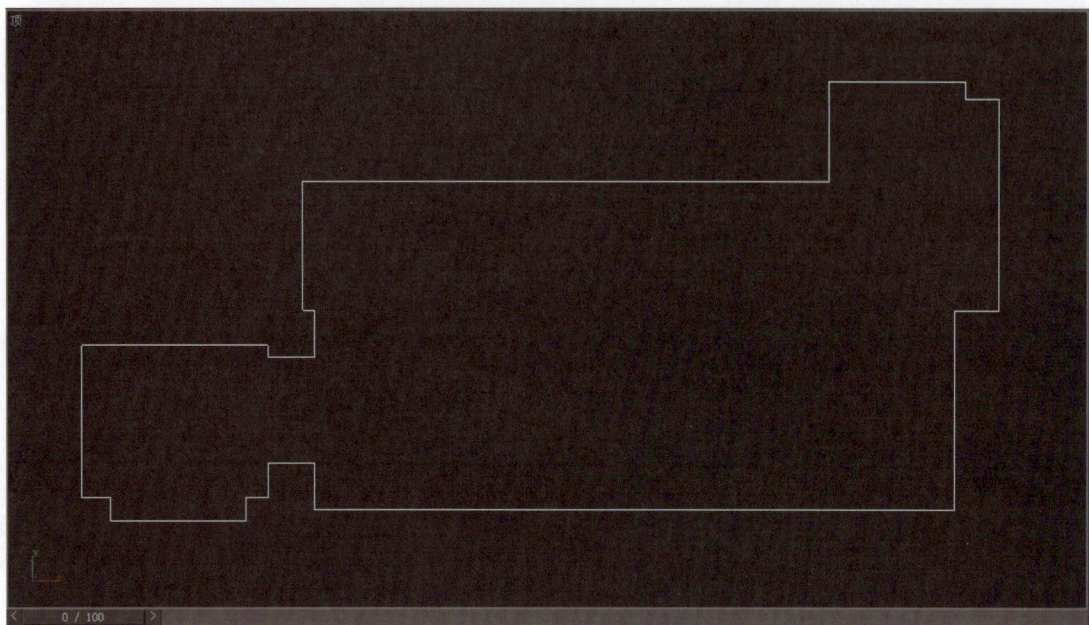

图4-23　绘制吊顶平面线段

然后在该吊顶平面线段中间再绘制一矩形线框，参数设置和位置如图4-24所示。选择该矩形，单击鼠标右键将其转变成"可编辑样条线"，使用附加命令加入吊顶线框。然后在修改面板中加入挤出修改器，挤出天花模型。再选中移动键 ✛，并在世界坐标轴Z轴中输入3200mm，具体设置如图4-25所示。

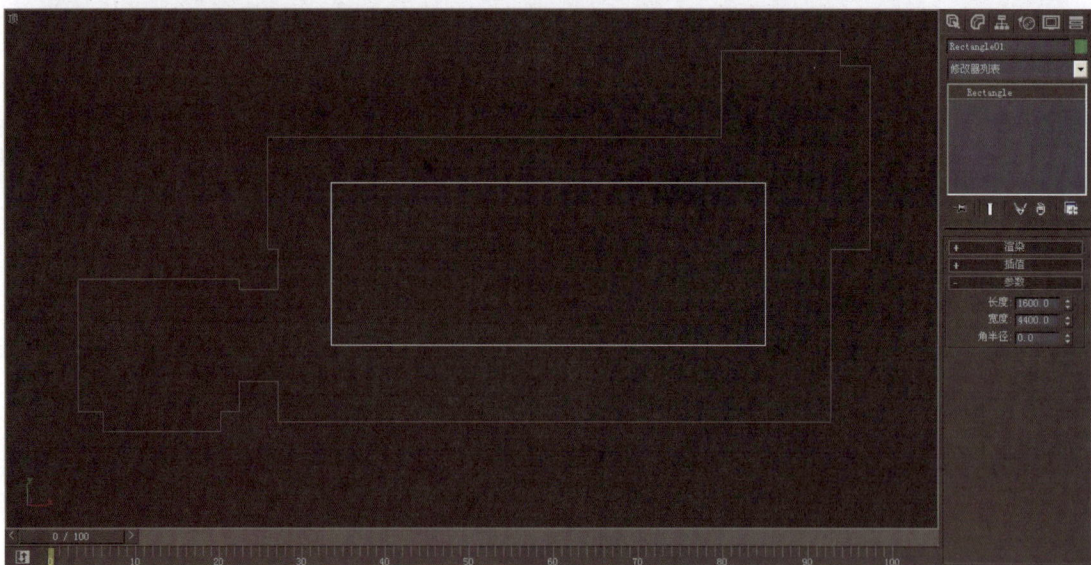

图4-24　绘制矩形线框

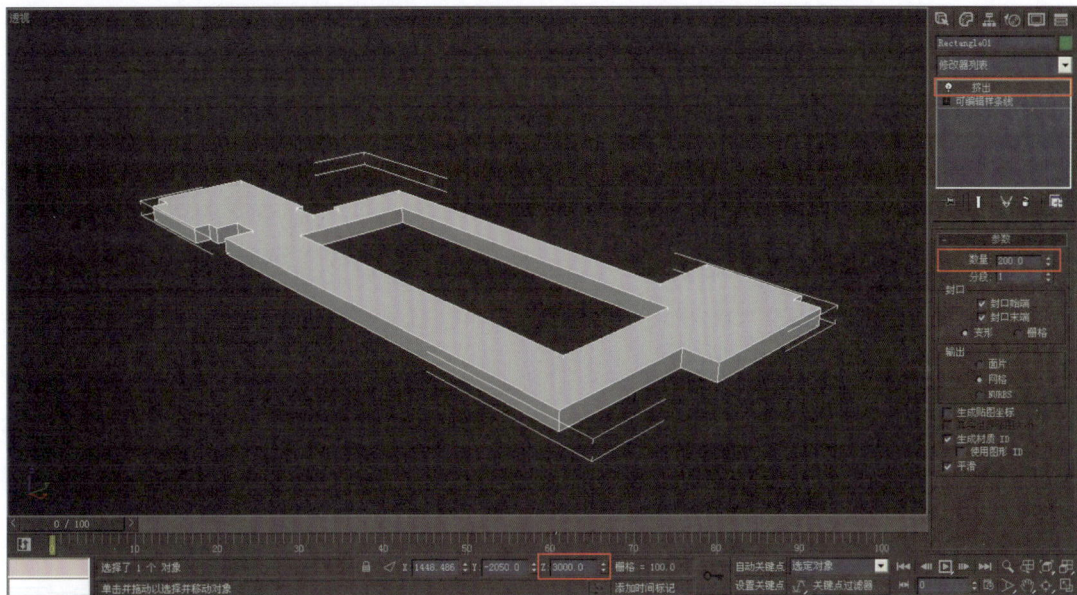

图 4-25　挤出并移动模型

选择天花模型，单击鼠标右键，将模型转变成"可编辑多边形"，选择面层级 ▣，选中吊顶底面和侧面，利用切片平面、切片和捕捉、移动工具，进行切片处理。切出中间宽度为 750mm 的宽度灯槽，切片的目的是为了切出一块暗藏灯槽大小的面，然后可以利用挤压命令挤压出灯槽的形状。切片操作如图 4-26 所示。

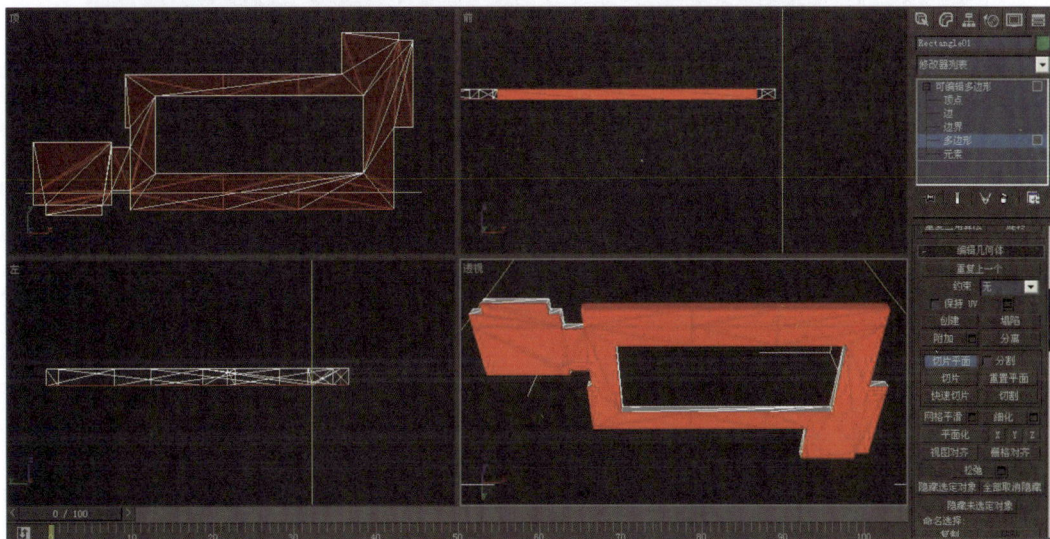

图 4-26　灯槽切片处理

切片完成后再对灯槽进行挤出处理，侧面挤出为 10mm，底面灯槽部分挤出 150mm，如图 4-27、图 4-28 所示。

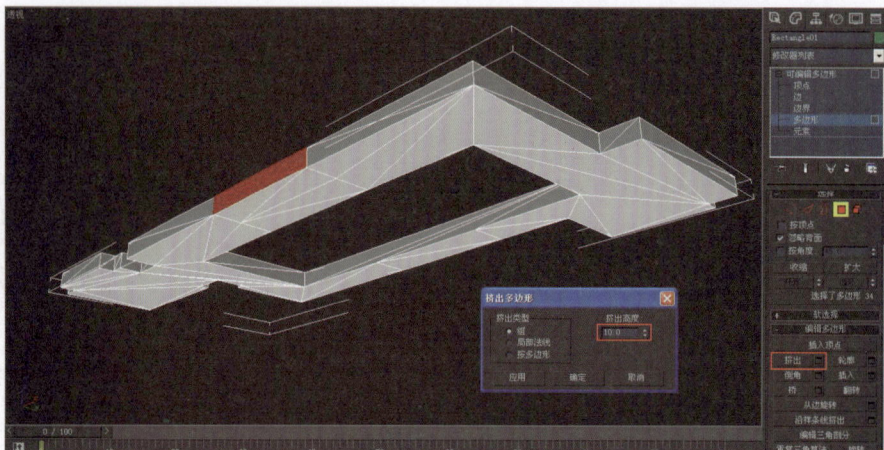

图 4-27  侧面挤出

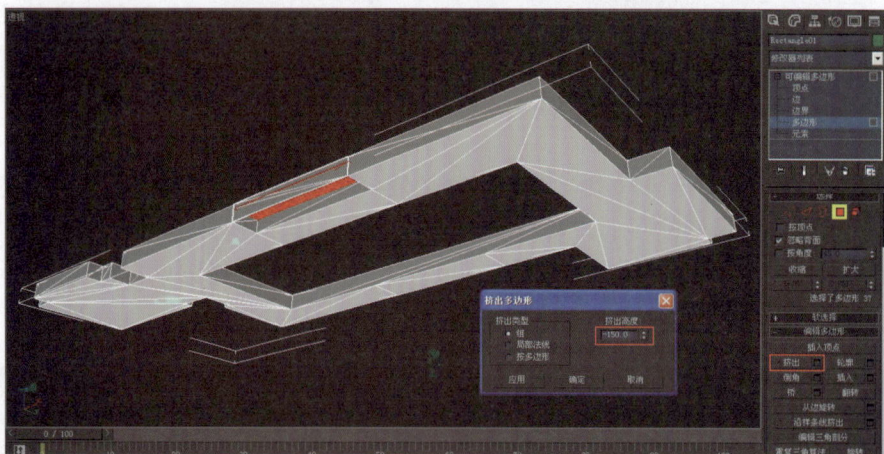

图 4-28  底面挤出

最终效果如图 4-29 所示。

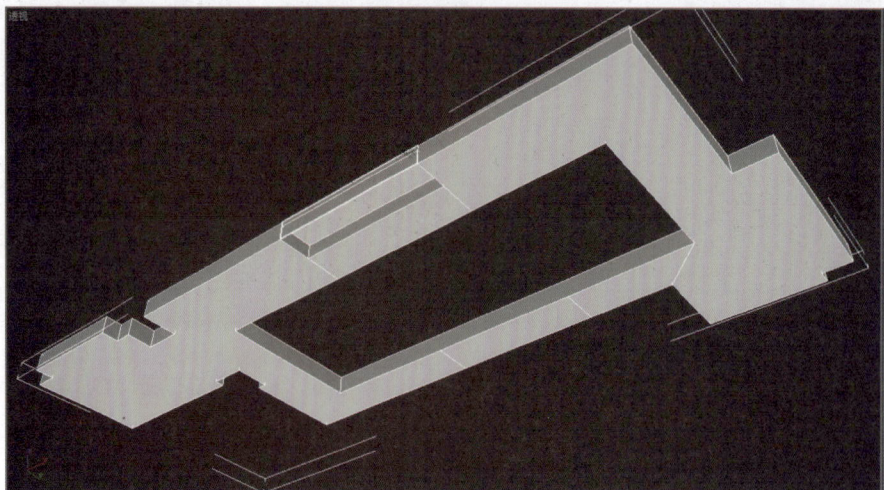

图 4-29  最终效果

在顶视图中，绘制一条和吊顶内框一样大小的矩形线框，再在左视图中绘制吊顶石膏角线截面线框，并调整至合适的位置，如图 4-30 所示。

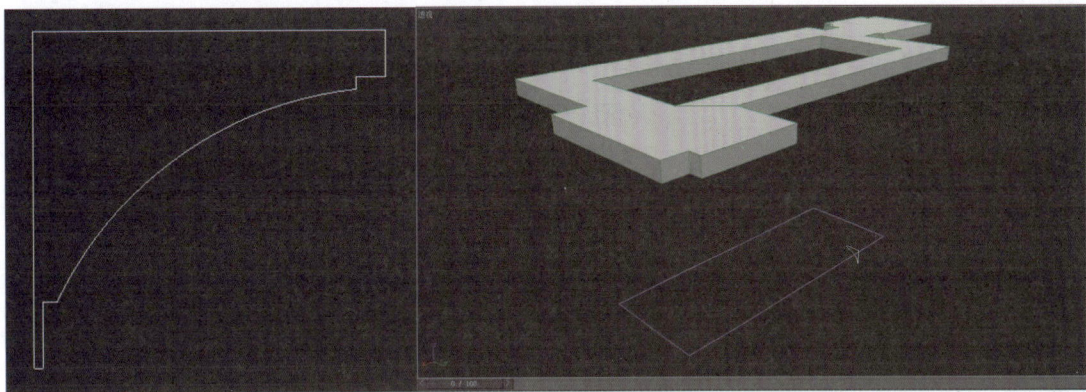

图 4-30　矩形线框及石膏角线截面线框绘制

选中矩形线框，在创建命令面板的几何物体下拉框中选择"复合对象"，弹出对象类型参数面板，如图 4-31 所示。

点击放样按钮，在放样参数栏中点击获取图形按钮，然后在视图中点击截面图形，如图 4-32 所示。

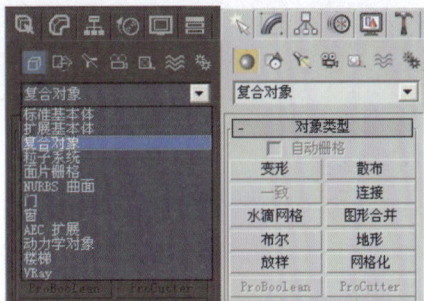

图 4-31　复合对象参数面板

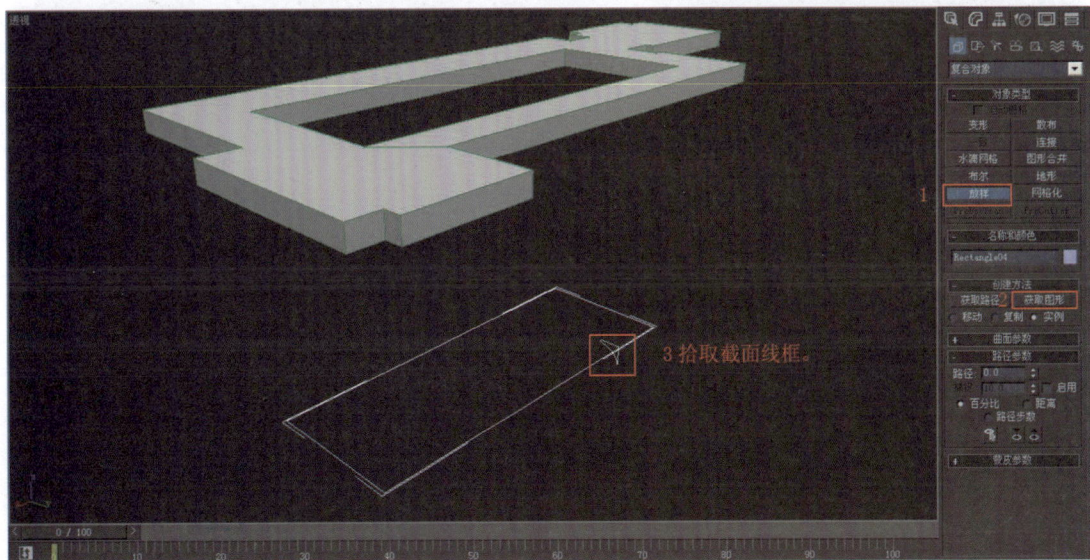

图 4-32　放样操作

点击修改面板，打开 loft 前面的加号"+"，选中"图形"，在视图中拖动鼠标，完全选中被放样出来的物体，以便选中图形的截面，最后点击修改面板中的"左"按钮，如图4-33 所示。

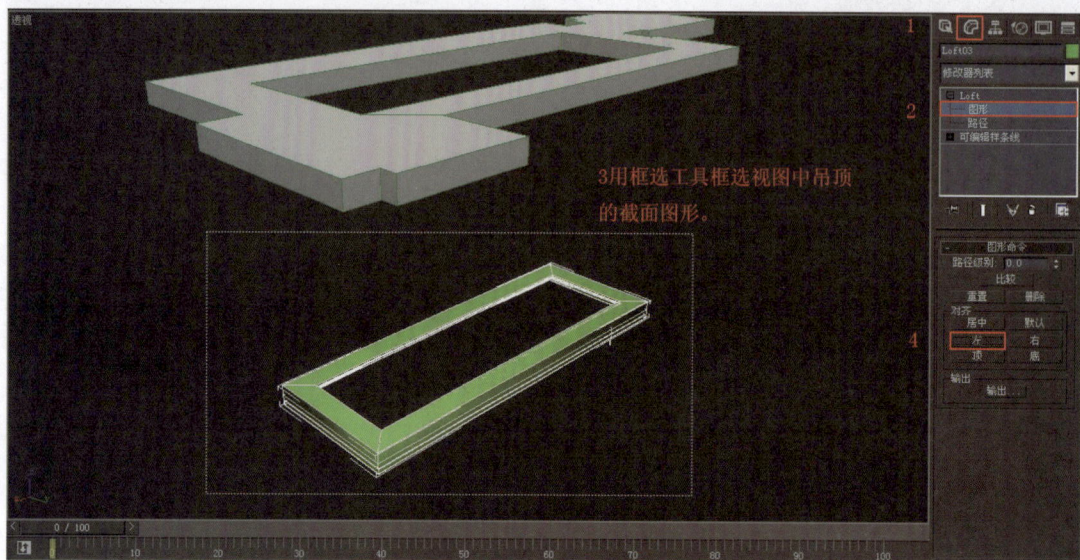

图 4-33　修改截面

选择放样物体，按快捷键 Alt+A 后单击天花，打开对齐工具对话框，在透视图中将放样物体对齐至吊顶内框所在处，如图4-34 所示。

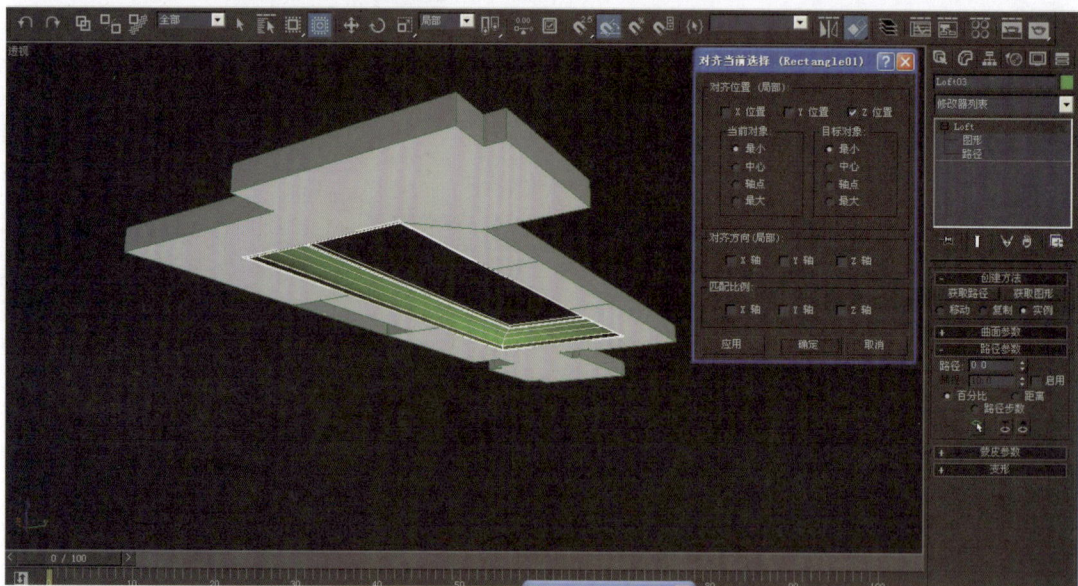

图 4-34　对齐天花内框

把制作出的石膏线转变成"可编辑多边形"，再把多余的路径和截面线段删除，如图4-35 所示。

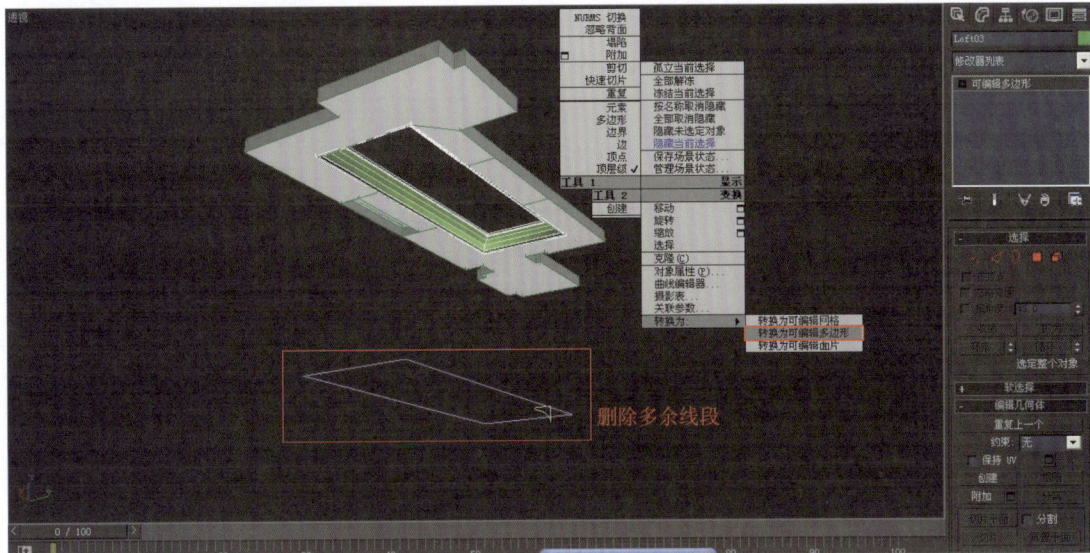

删除多余线段

图 4-35 转换石膏线为可编辑多边形

　　用同样的方法制作出另外的吊顶，使用旋转、移动、捕捉等命令放置在合适位置，最终效果如图 4-36 所示。

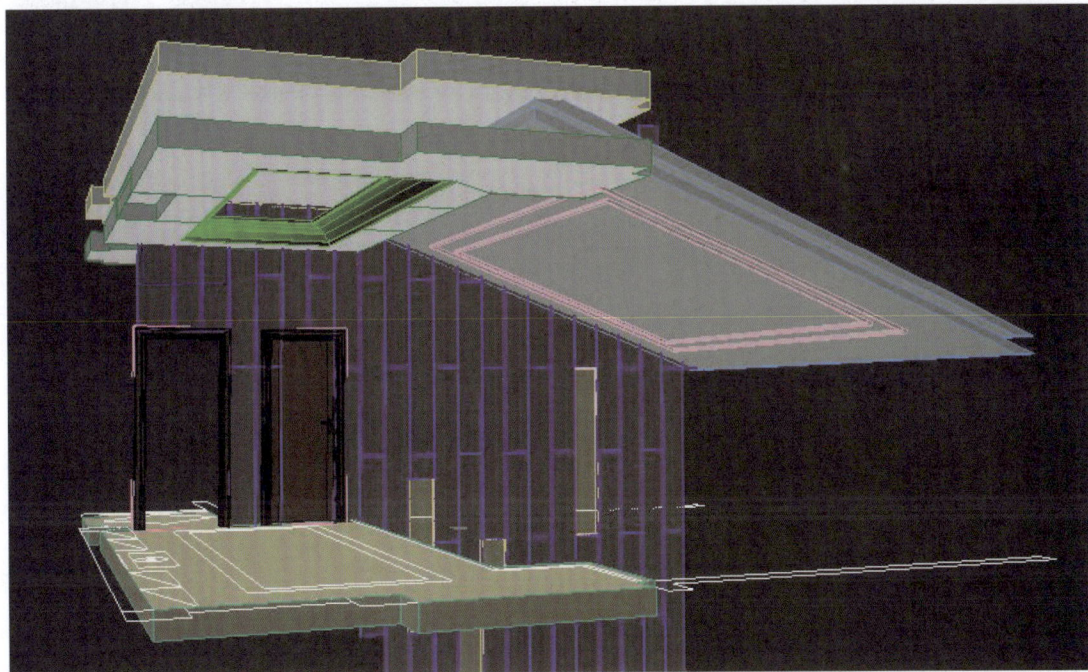

图 4-36 最终天花完成效果

　　（26）在前视图中，分别绘制长 3000mm、宽 2000mm 的矩形线框和长 2400mm、宽 1800mm 的矩形线框。

（27）选择小的矩形线框，按 Alt+A 快捷键打开对齐命令，分两次对齐大的线框，如图 4-37 所示。然后选择小矩形，单击鼠标右键，在弹出的快捷菜单中点击移动工具后的小方块，设置 Y 轴数值为 500mm，如图 4-38 所示。最后将对齐和移动完成的两个矩形选框同时选中，进行关联复制。

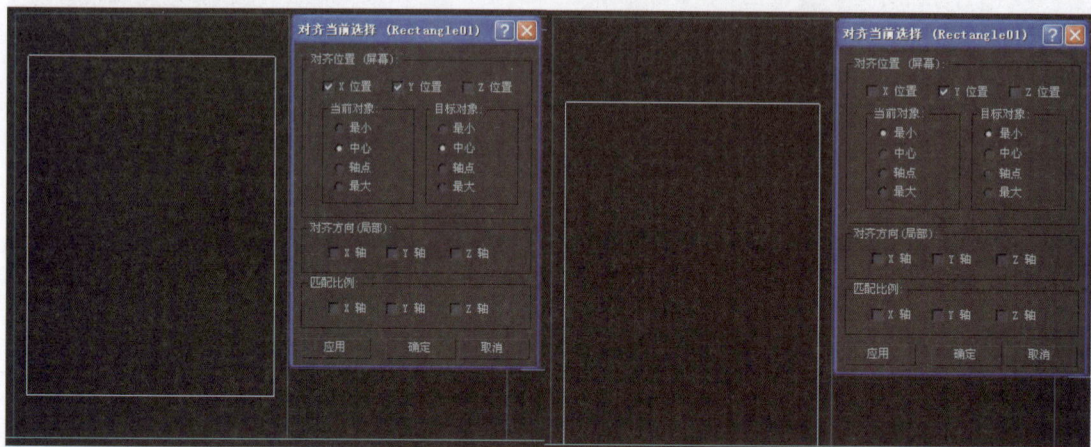

图 4-37　分别对齐四个线框

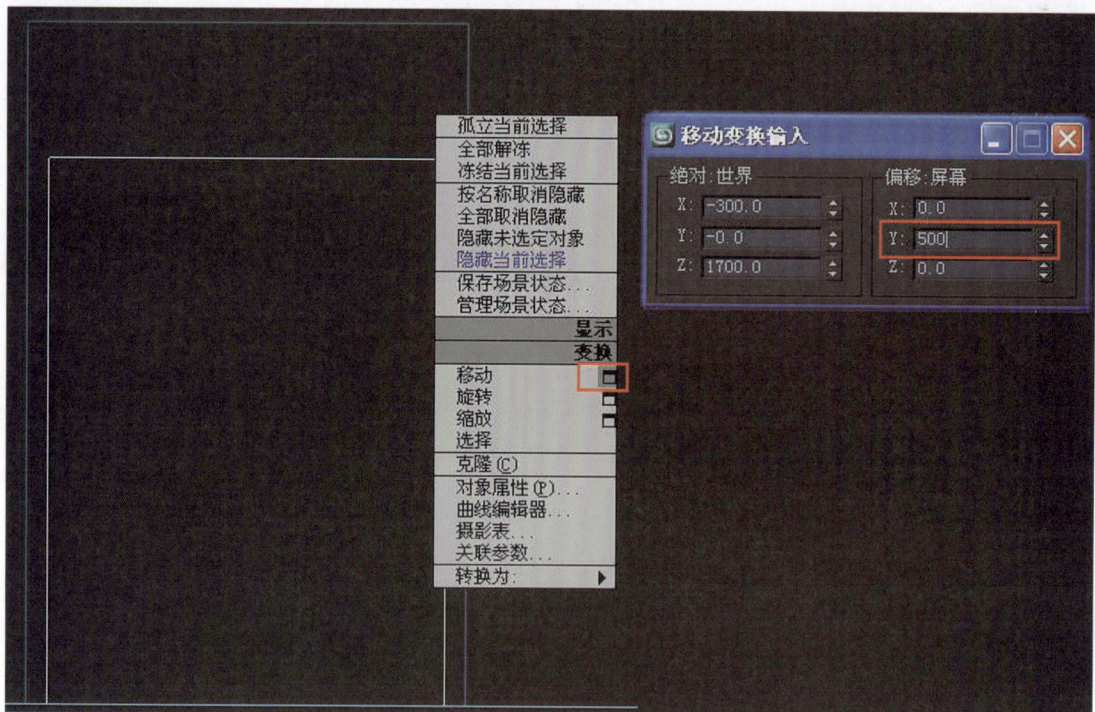

图 4-38　移动小矩形框

（28）任意选择一个小矩形线框，单击鼠标右键将其转变成"可编辑样条线"，如图 4-39 所示。

（29）在修改命令面板中选中附加命令，点击另外 3 条矩形线，使其成为一条"可编辑样条线"，如图 4-40 所示。

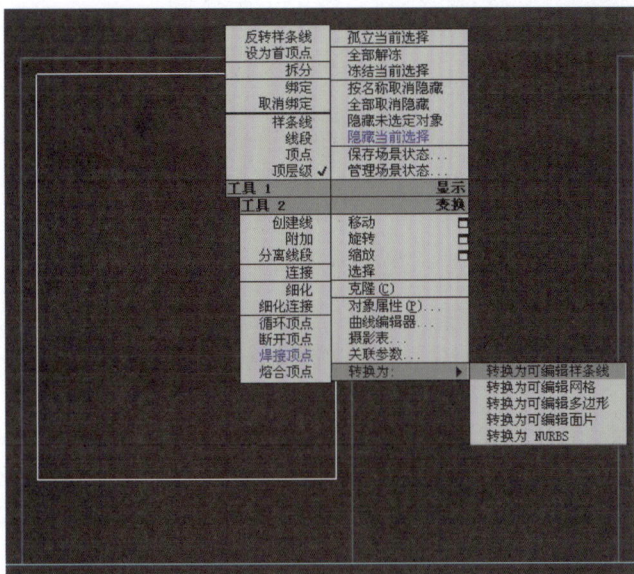

图 4-39　转换为可编辑样条线

图 4-40　附加操作

（30）在修改面板中，给绘制的样条线添加一个挤出修改器。数量设置为 320mm，如图 4-41 所示。随后单击鼠标右键将其转变成"可编辑多边形"，如图 4-42 所示。

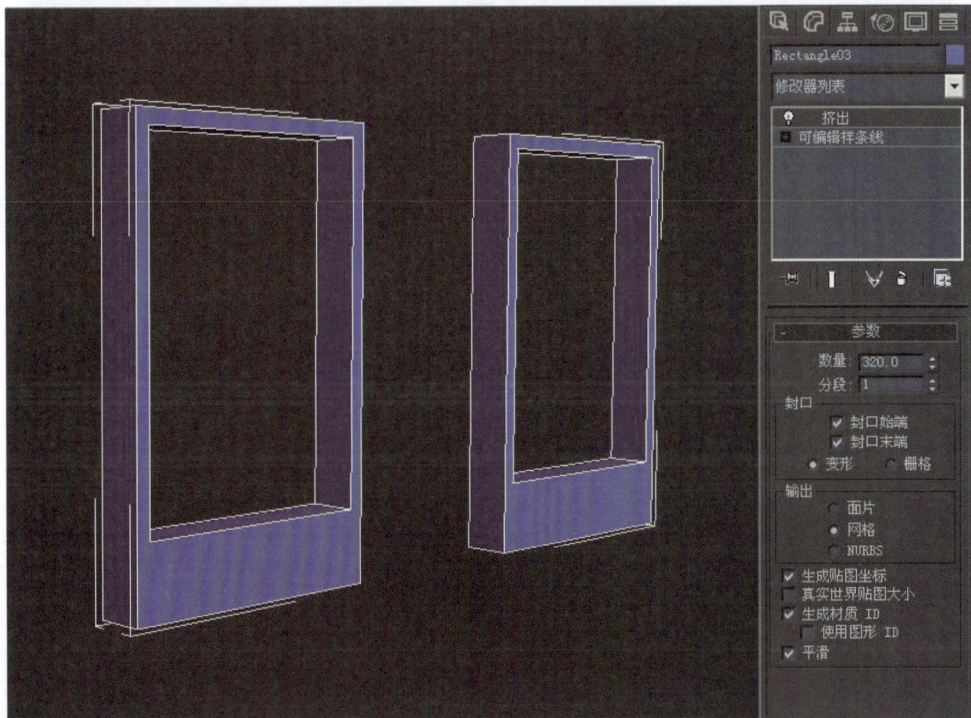

图 4-41　挤出操作

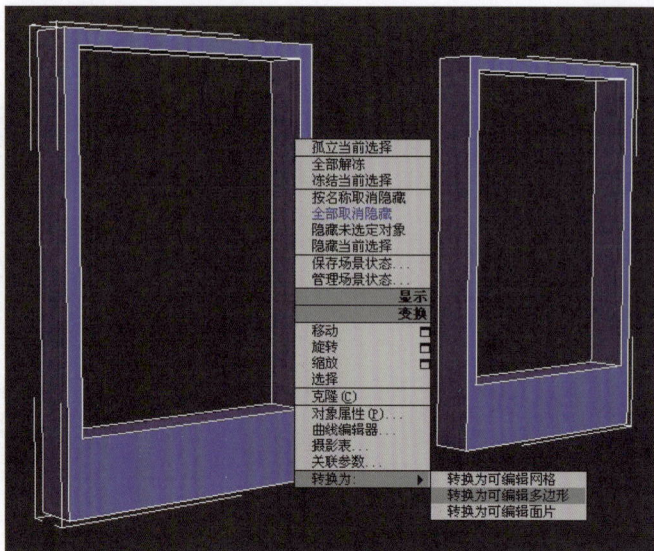

图 4-42　转变成可编辑多边形

（31）选中多边形背面，在修改命令里点击挤出命令，设置如图 4-43 所示。

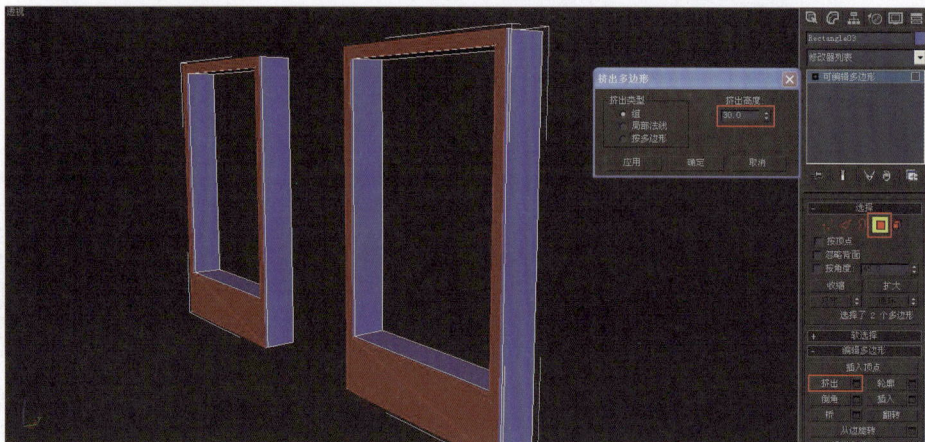

图 4-43　挤出操作

（32）选中如图 4-44 所示的面并删除。

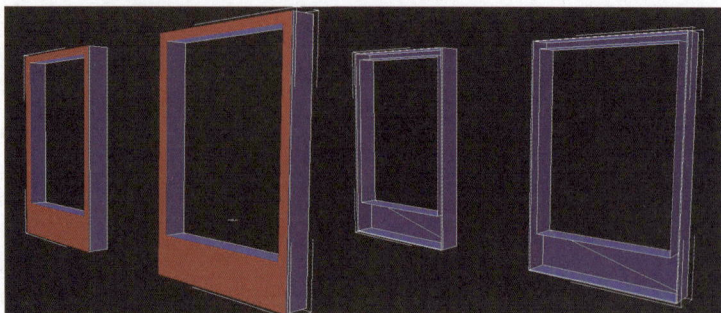

图 4-44　选中不需要的面并删除

（33）切换至透视图，在多边形中点击"边界"层级，选中多边形里面的两条边界，在修改面板中点击封口按钮，如图 4-45 所示。采用同样方法对背框边界封口，如图 4-46 所示。

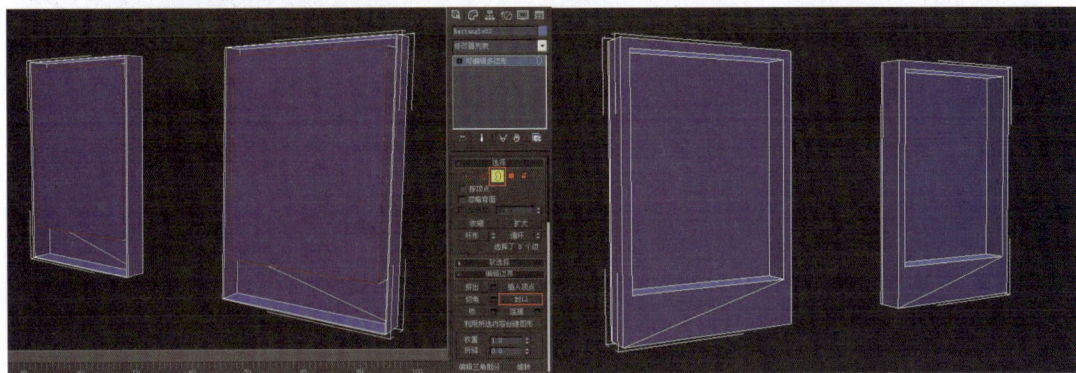

图 4-45　封口内框及封口效果

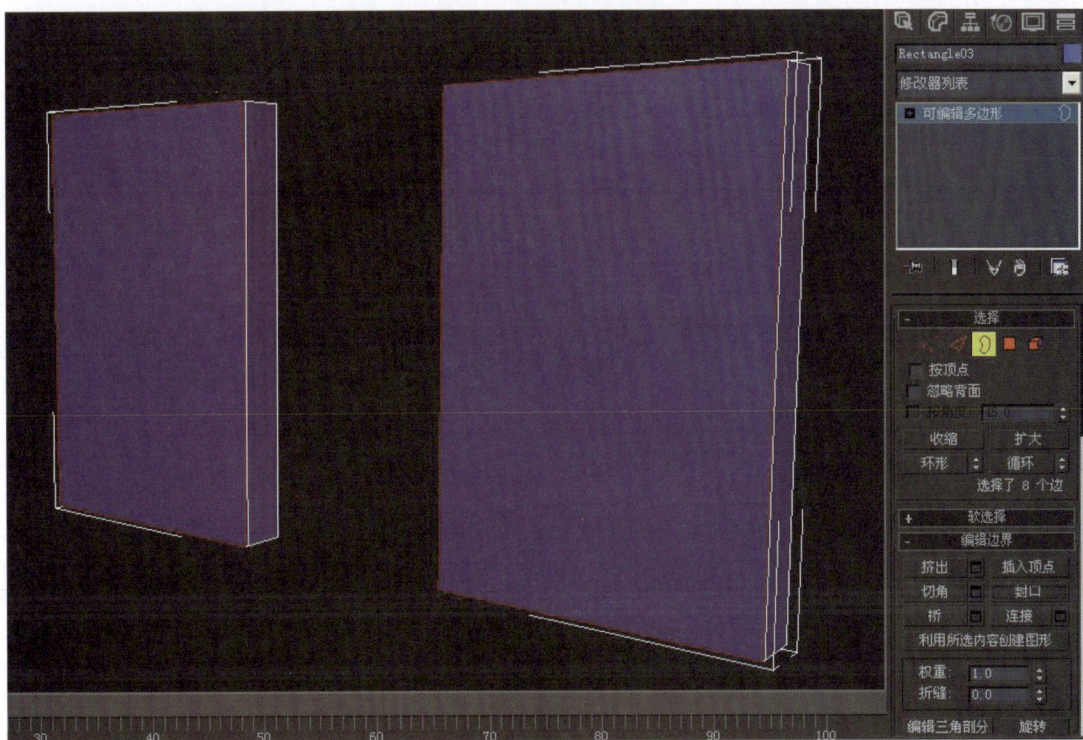

图 4-46　封口背框

（34）选择柜体后在前视图按 Alt+Q 键，独立显示柜子框架作为参考，导入配套光盘中的"第 4 章 \CAD 框架图 \ 柜子框架"，将该线框转变成"可编辑样条线"，并附加到一起，如图 4-47 所示。

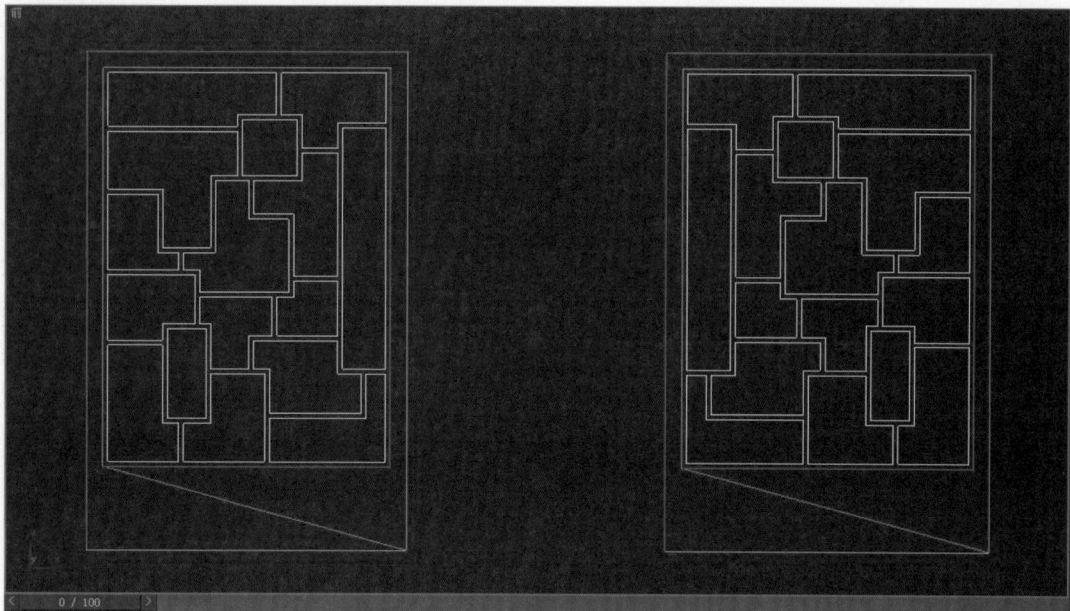

图 4-47　绘制柜子样式

（35）切换到透视图中，给柜子样式添加挤出修改器，数量设置为 320，如图 4-48 所示。

（36）在左视图中绘制踢脚线截面图形，如图 4-49 所示。在顶视图中利用捕捉工具，参考 CAD 平面，绘制踢脚线路径，如图 4-50 所示。

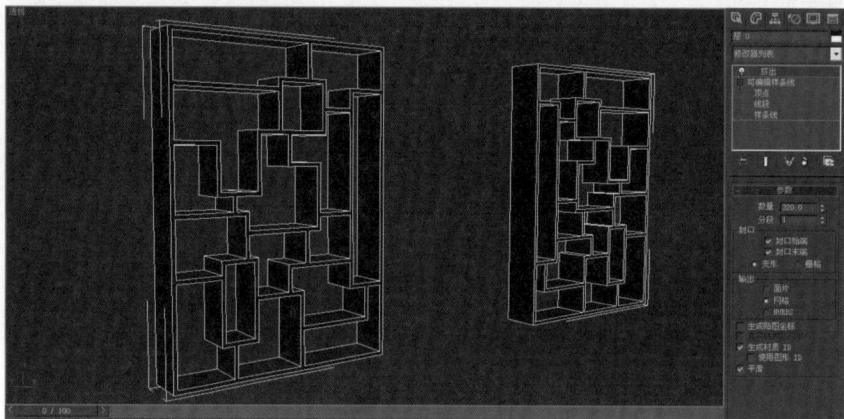

图 4-48　挤出柜子样式

图 4-49　踢脚线截面

图 4-50　踢脚线路径

切换到透视图中，选中路径，在创建面板下几何体下拉菜单中选择"复合对象"，选中放样工具，点击获取图形按钮，点击踢脚线截面，如图 4-51 所示。然后将放样得出的踢脚线转变成可编辑多边形。

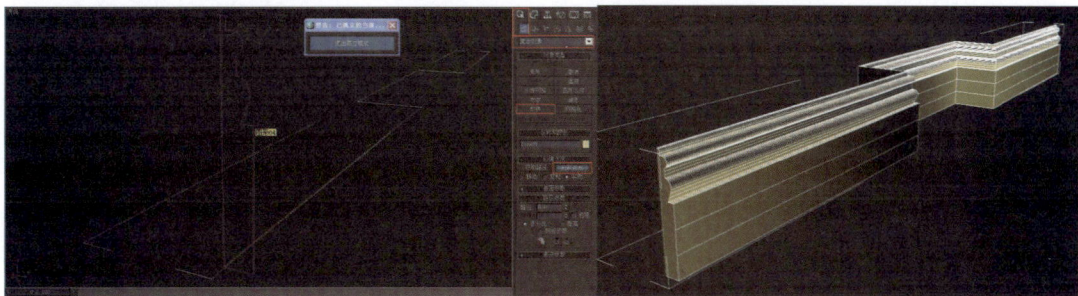

图 4-51　放样得出踢脚线效果

（37）把其他物体隐藏，只显示地面和 CAD 辅助图纸，如图 4-52 所示。

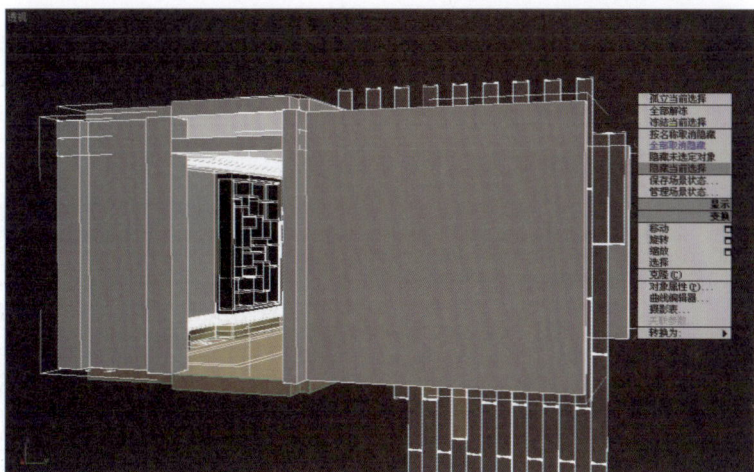

图 4-52　隐藏物体

（38）分别绘制四个长方体，在修改面板中分别设置四个长方体参数，如图 4-53 所示。通过复制、移动、捕捉等命令，分别把四个长方体对齐到地面右侧拐角处，制作出隔断墙的造型，如图 4-54 所示。

图 4-53　长方体制作

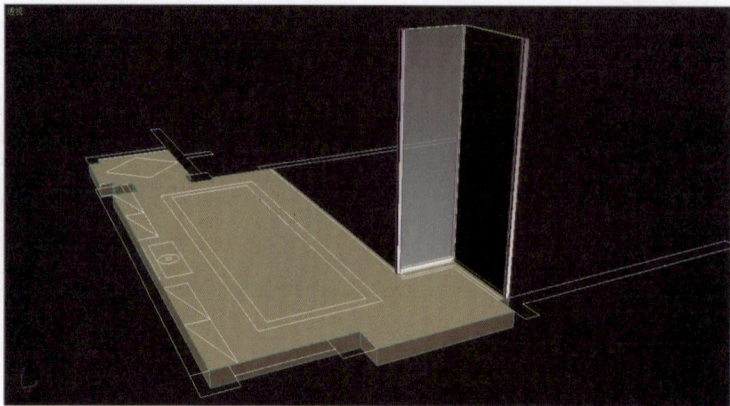

图 4-54　调整长方体位置

（39）合并相应的装饰柜、装饰品、筒灯、栏杆等场景模型，如图 4-55 所示。场景中调入的模型在配套光盘"第 4 章\场景导入模型"文件包中。把合并进来的模型移动至相应的位置，如图 4-56 所示。最后单击鼠标右键，全部取消隐藏。

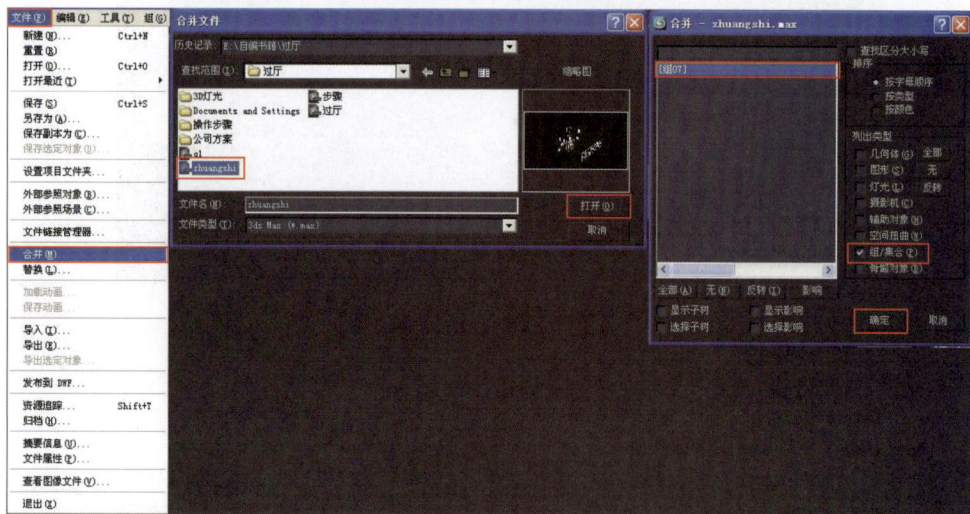

图 4-55　合并模型

图 4-56　将合并模型放置在合适位置上并全部取消隐藏

（40）制作几个长方体拼装成落地窗，如图 4-57 所示。

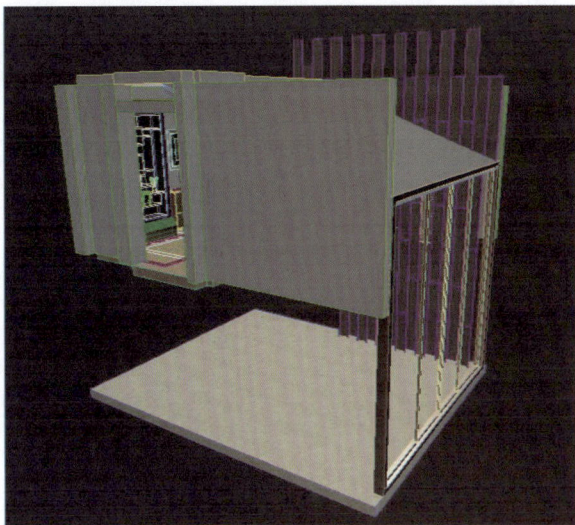

图 4-57　落地窗制作

（41）考虑到这是个较为狭长的过道空间，为了不遮挡摄像机视角，选中墙体物体，按 Alt+Q 独立出来，并将墙体转变成可编辑多边形，选中需要打摄像机的一边将所有面删除，如图 4-58 所示。

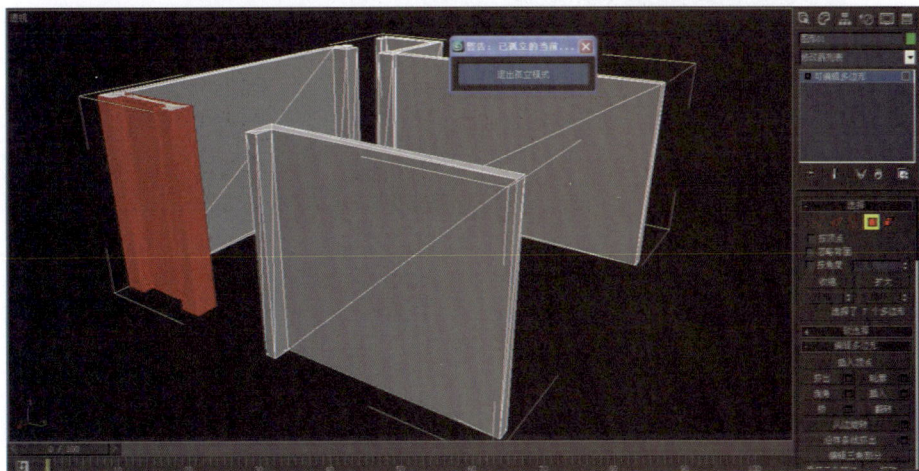

图 4-58　删除摄像机一面的墙体

## 4.2　走廊场景材质设定

### 4.2.1　指定 V-Ray Adv1.5 RC5 渲染器

因为本场景使用 V-Ray 渲染器进行渲染，会使用到 V-Ray 材质，而使用 V-Ray 材质时需要先设定渲染器为 V-Ray 渲染器，这样材质面板的 V-Ray 材质才会显示。按 F10 打开渲染面板，在公用面板下找到指定的渲染器，点击产品级后面的 ... 小方块，选择 V-Ray

Adv1.5 RC5，如图 4-59 所示。然后按快捷键 M 打开材质面板，单击 Standard 按钮，从下拉列表中选择 V-RayMtl 材质。如图 4-60 所示。

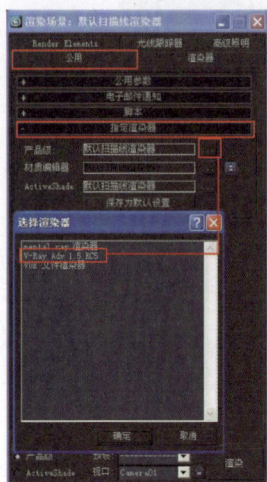

图 4-59　指定 V-Ray 渲染器

图 4-60　选择 V-Ray 材质

## 4.2.2　乳胶漆材质设置

乳胶漆材质设置，其中漫射颜色设置为纯白色，如图 4-61 所示。

图 4-61　乳胶漆材质设定

### 4.2.3　壁纸材质设置

壁纸材质设置如图 4-62 所示。其中环境光和高光反射全部设置为纯白色。壁纸贴图以及后面所有贴图都可在配套光盘"第 4 章 \ 贴图"中找到。

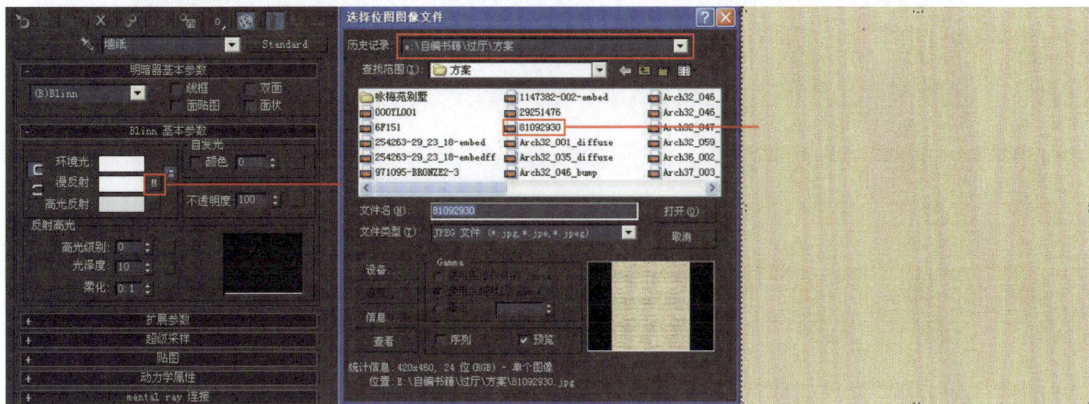

图 4-62　壁纸材质设置

### 4.2.4　地面瓷砖材质设置

地面瓷砖材质设置，如图 4-63 所示。

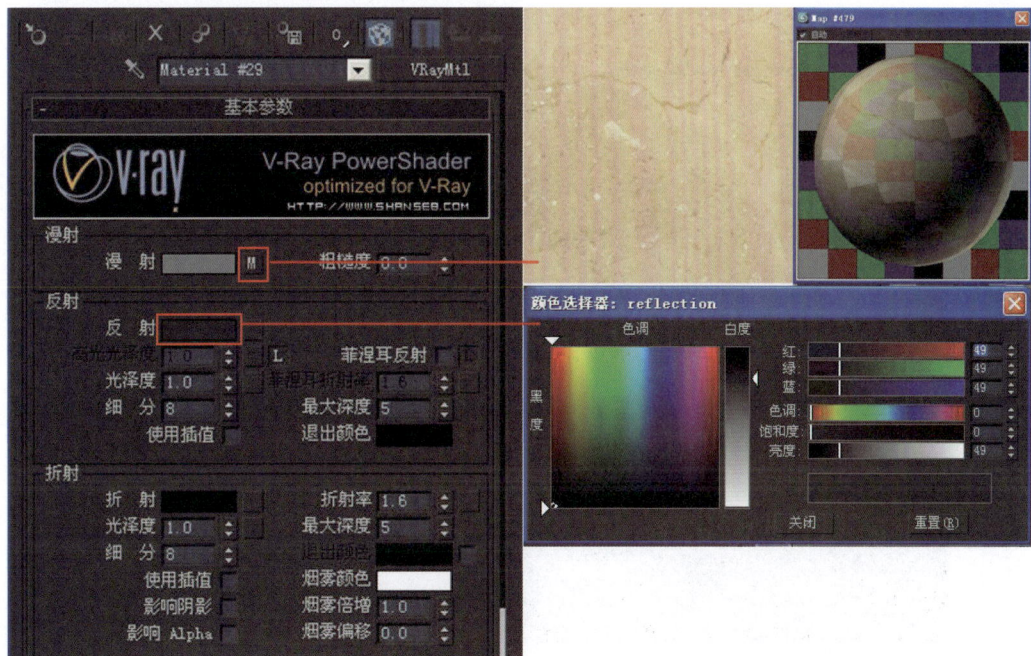

图 4-63　地砖材质设置

### 4.2.5　刷清漆深色木纹材质设置

展柜刷清漆深色木纹材质设置，如图 4-64 所示。

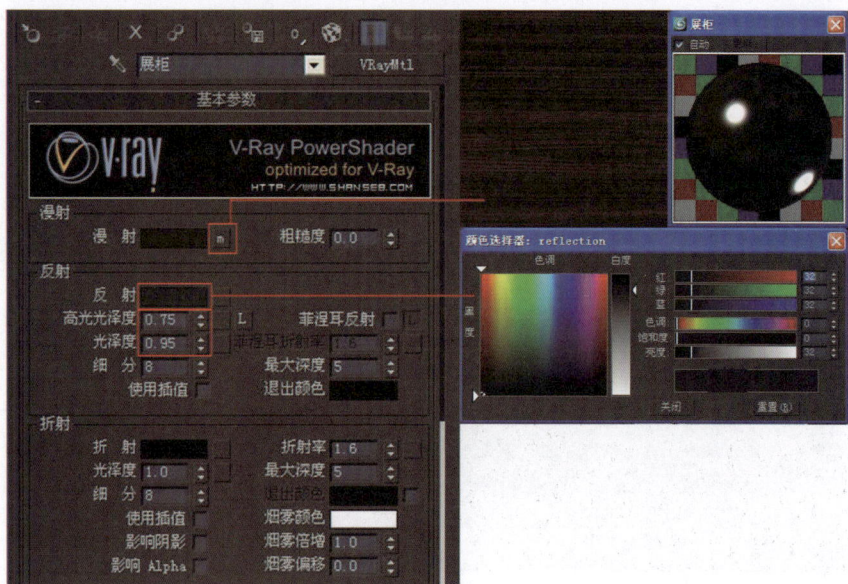

图 4-64　刷清漆深色木纹材质设置

### 4.2.6　刷浅色木纹材质设置

门及门套和木纹墙面刷清漆浅色木纹材质设置，如图 4-65 所示。其中反射的亮度值设置为 23，使得其材质带有一定程度的反射效果，以模拟真实清漆木饰面的反射感觉。

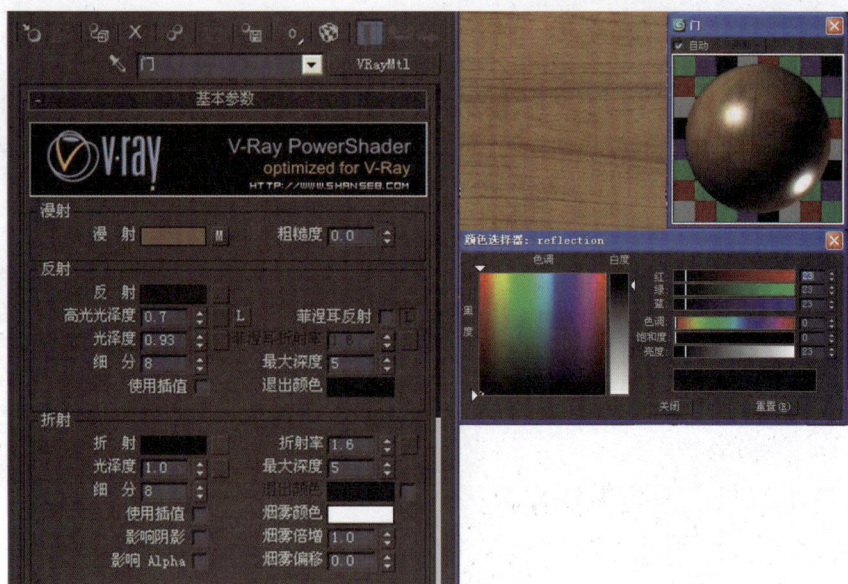

图 4-65　刷清漆浅色木纹材质设置

### 4.2.7　带图案装饰陶瓷材质设置

带图案装饰陶瓷材质设置，如图 4-66 所示。

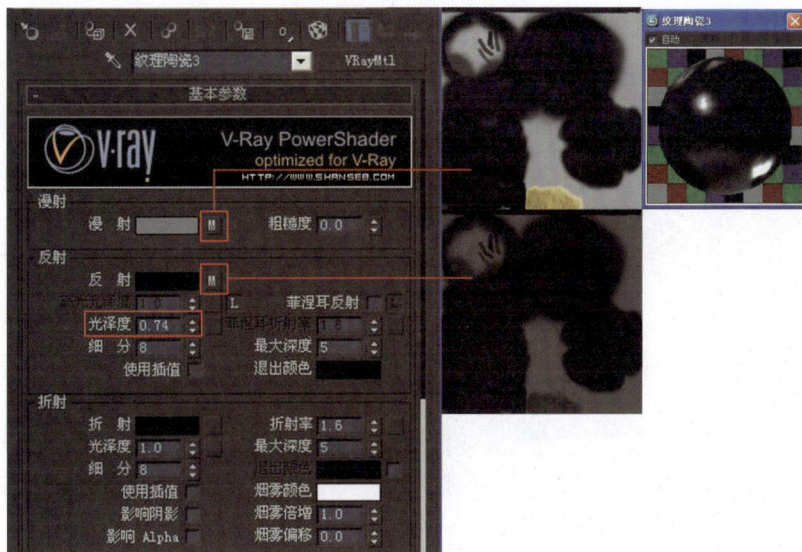

图 4-66　带图案装饰陶瓷材质设置

## 4.2.8　装饰画材质设置

（1）装饰挂画因为涉及的材质类型较多，因而在这里采用多维 / 子对象材质类型，这样可以采用一个材质球设置多种材质，本范例中挂画共需要设置三种材质，分别是黑边、画银边和画，如图 4-67 所示。将装饰画模型转变为可编辑的多边形，选择相对应的模型面，即分别将黑边、画银边、画模型的面设置为 ID1、ID2、ID3，赋予材质。

（2）黑边材质设置，如图 4-68 所示。其中环境光和漫反射颜色都是纯黑色。

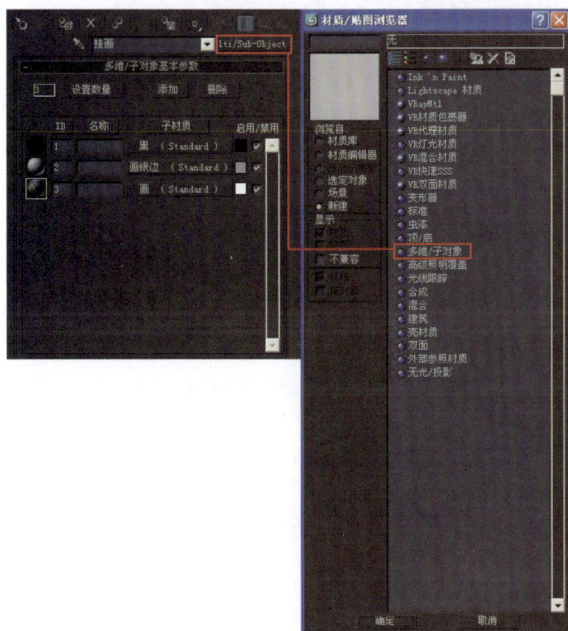

图 4-67　多维 / 子对象材质类型设置

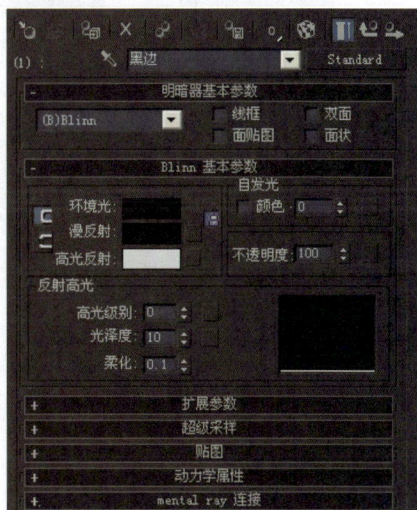

图 4-68　黑边材质设置

（3）画银边材质设置，如图4-69所示。

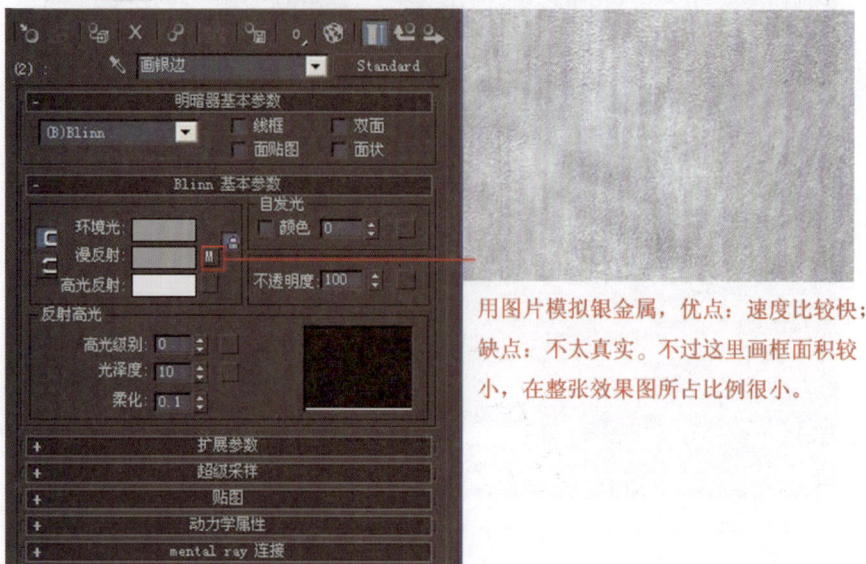

用图片模拟银金属，优点：速度比较快；缺点：不太真实。不过这里画框面积较小，在整张效果图所占比例很小。

图4-69　画银边材质设置

（4）画材质设置，如图4-70所示。

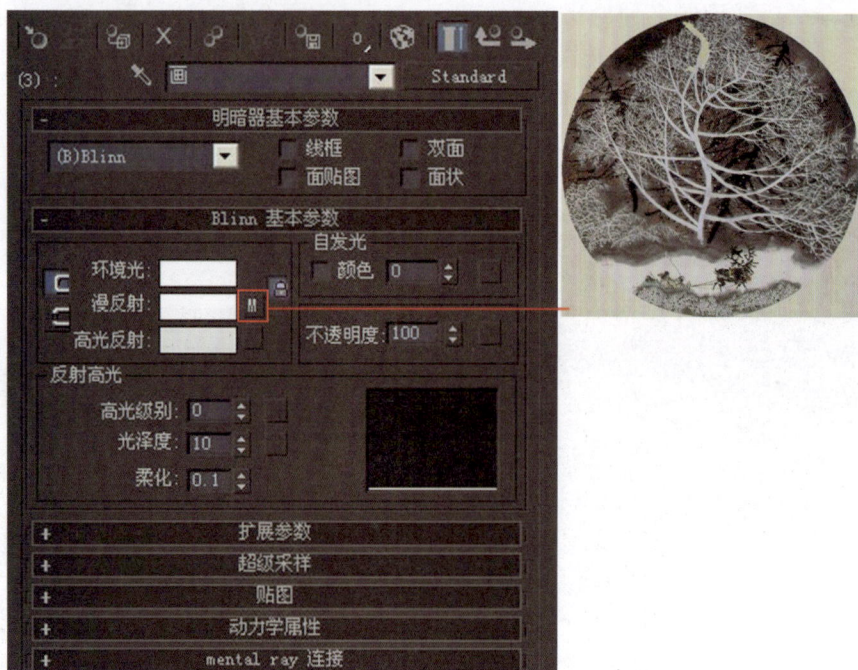

图4-70　画材质设置

## 4.2.9　铁艺栏杆材质设置

铁艺栏杆材质设置，如图4-71所示。其中漫射颜色的亮度值设置为15。

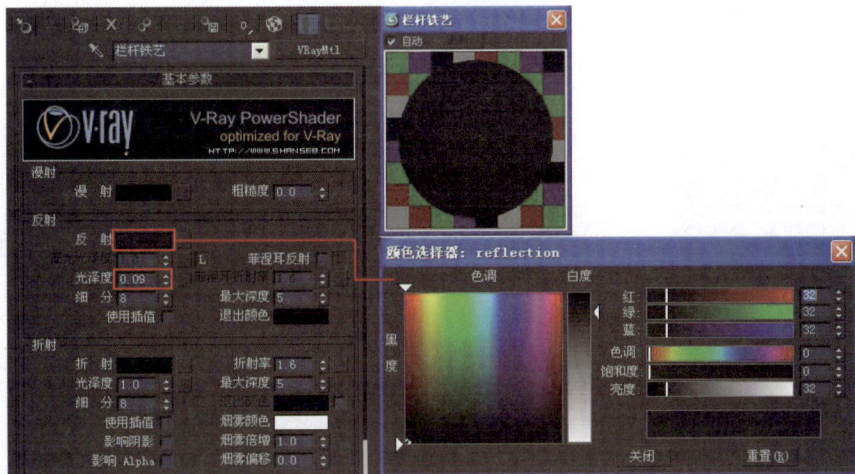

图 4-71　栏杆铁艺材质设置

## 4.2.10　地毯材质设置

地毯材质设置，如图 4-72 所示。首先在材质面板设置如图 4-72（b）所示，再到物体修改面板中设置如图 4-72（a）所示。

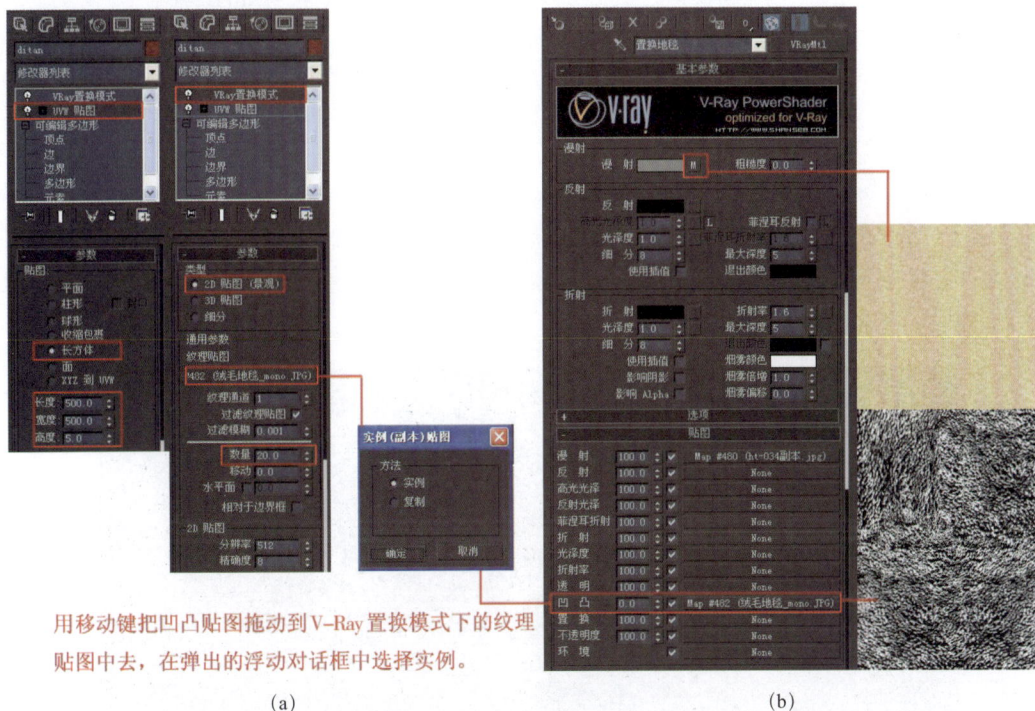

用移动键把凹凸贴图拖动到 V-Ray 置换模式下的纹理贴图中去，在弹出的浮动对话框中选择实例。

（a）　　　　　　　　　　　　　　　　（b）

图 4-72　地毯材质设置

## 4.2.11　肌理石材材质设置

装饰肌理石材材质设置，如图 4-73 所示。

### 4.2.12 灯泡材质的设置

灯泡材质的设置，如图 4-74 所示。其中环境光、漫反射和自发光颜色全部设置为纯白色。

图 4-73 肌理石材材质设置

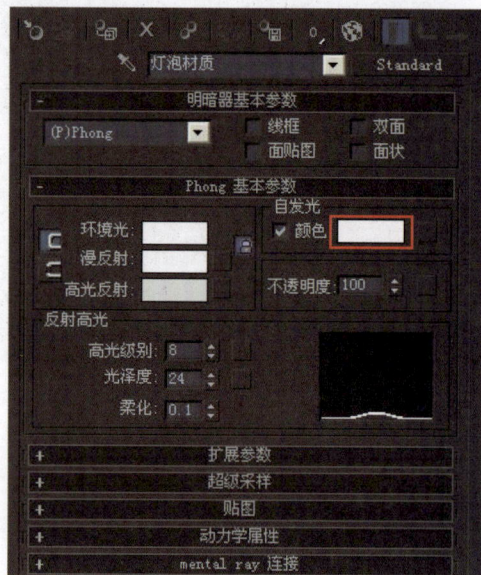

图 4-74 灯泡材质的设置

## 4.3 V-Ray 天光走廊灯光设置

### 4.3.1 灯光的布光思路

布置灯光，首先应理清布光的思路，考虑好哪里需要布置灯光和布置什么类型的灯光。本场景的主要照明由室外的天光和室内灯光组成，同时含有少数的装饰性灯光加强效果，灯光布置思路如图 4-75 所示。

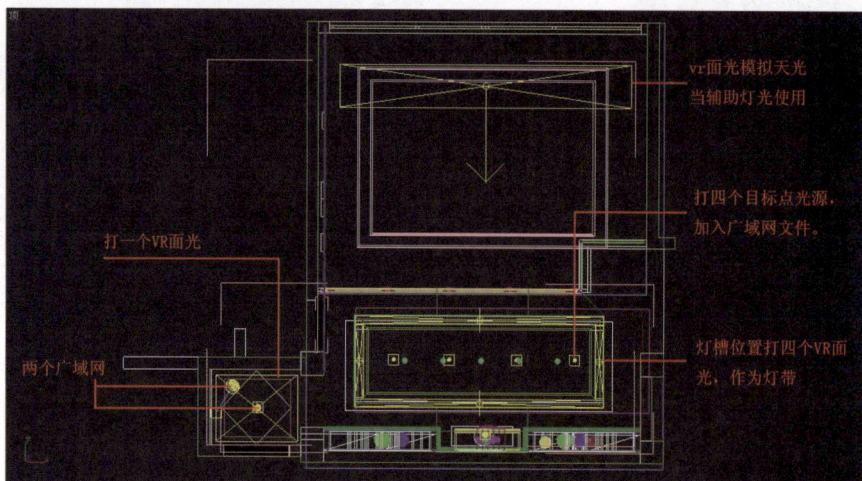

图 4-75 灯光布置思路

### 4.3.2　室外天光设置

（1）在前视图中设置一个 V-Ray 面光，面光大小和窗户大小基本一致即可，如图 4-76 所示。

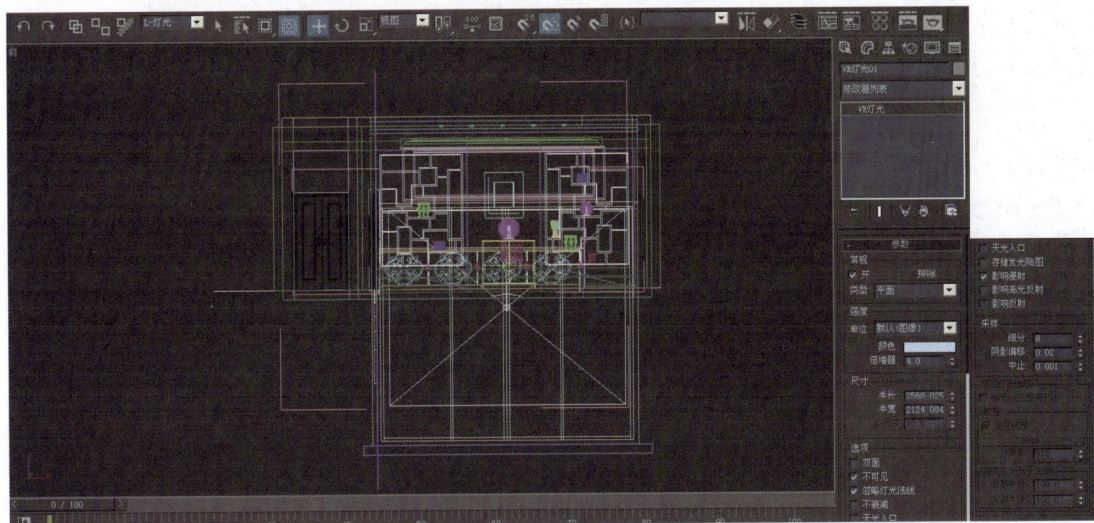

图 4-76　V-Ray 面光设置

（2）切换到左视图进行调整，把灯光移动到客厅位置，利用旋转工具使灯光向上照射走廊部分，如图 4-77 所示。

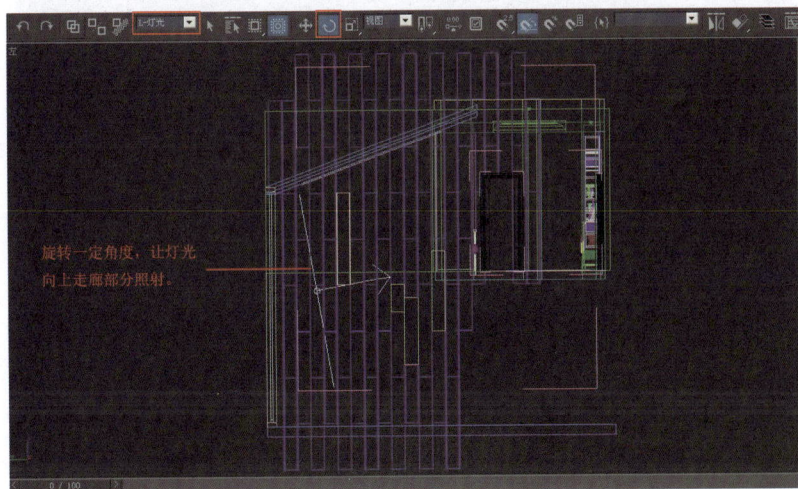

图 4-77　V-Ray 面光角度调整

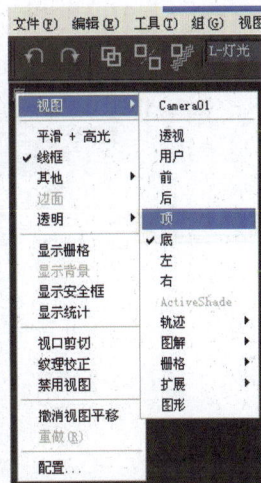

图 4-78　切换到底视图

### 4.3.3　暗藏灯槽灯光设置

（1）在视图左上角单击鼠标右键，切换到底视图，如图 4-78 所示。

（2）点击创建面板中的 V-Ray 灯光，在灯槽的位置拖动创建出 V-Ray 面光，再进入修改面板调节 V-Ray 灯光参数，如图 4-79 所示。

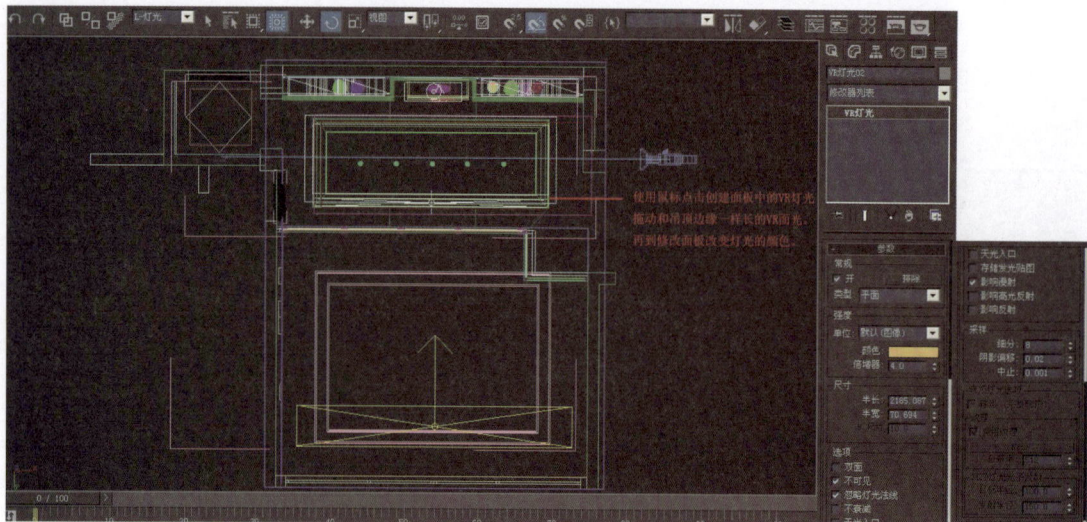

图 4-79 创建 V-Ray 面光

（3）使用移动键，按住 Shift 键不放，复制出另一边的灯光，在弹出的浮动对话框中选择"实例"，如图 4-80 所示。

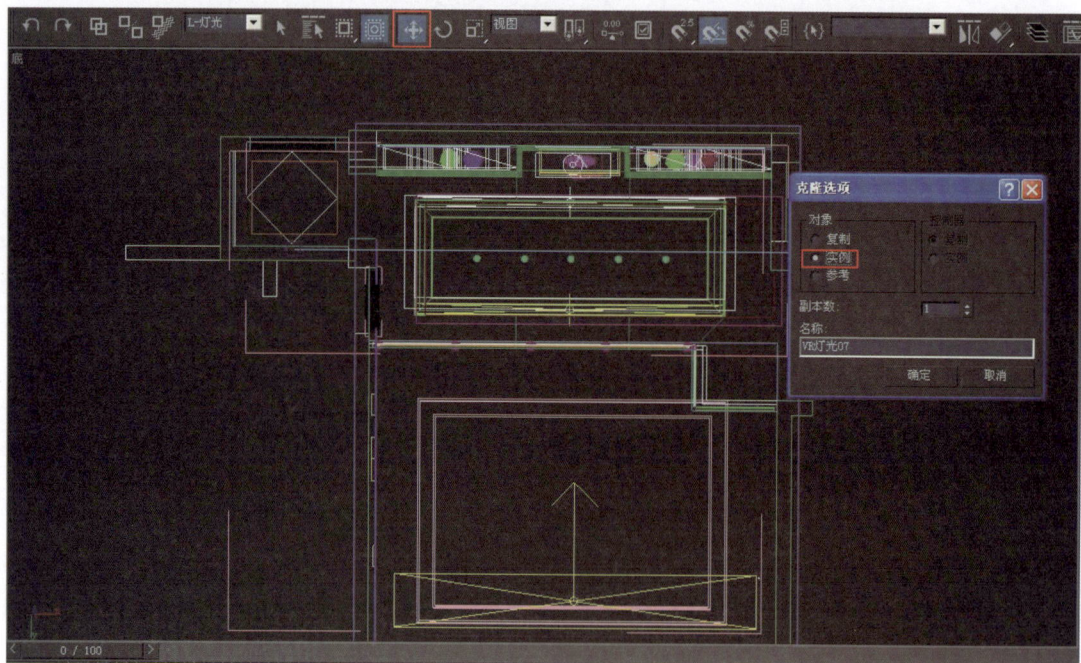

图 4-80 复制灯槽灯光

（4）用同样的方法制作出另外两侧的两个灯槽 V-Ray 灯，灯光参数一样，最终灯槽灯光平面布置效果如图 4-81 所示。

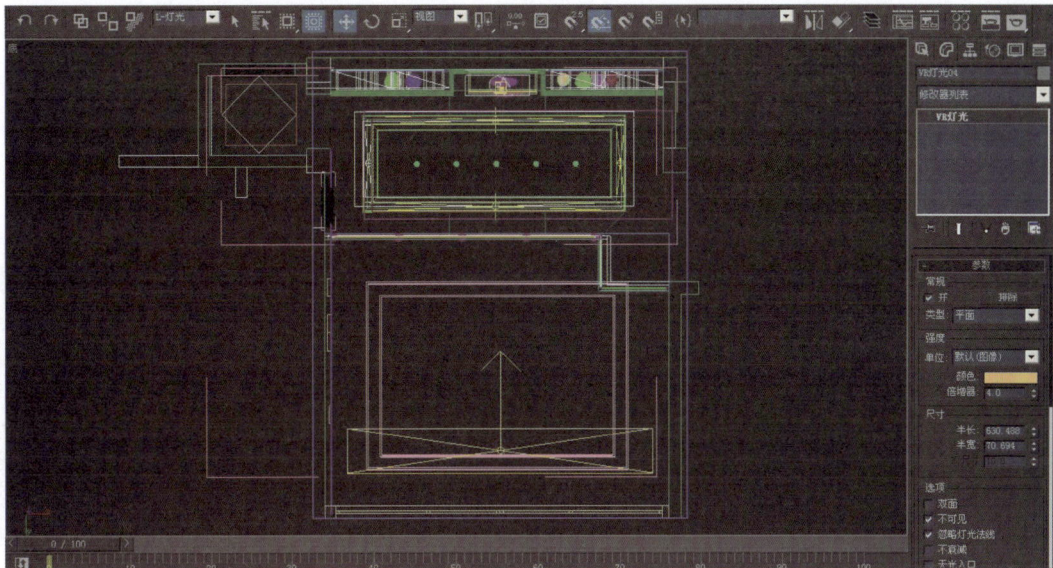

图 4-81　灯槽灯光平面最终布置效果

（5）选中这四个灯槽的 V-Ray 面光，切换到前视图，移动至灯槽内部位置，如图 4-82 所示。

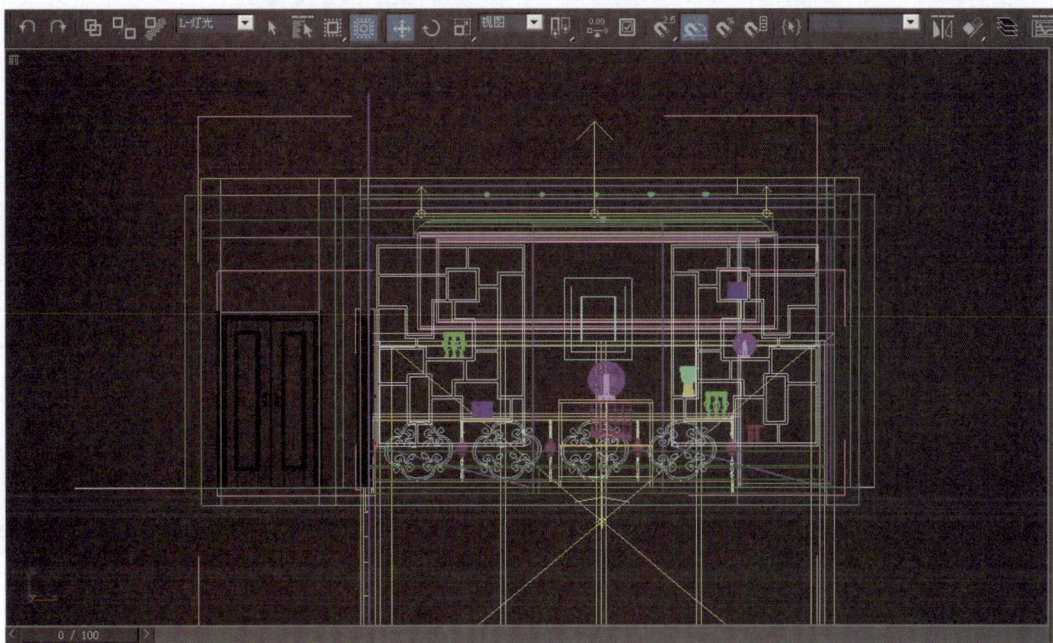

图 4-82　将 V-Ray 面光移动至灯槽内部位置

### 4.3.4　空间补光设置

该空间为走廊空间，走廊拐角处缺少灯光照明，因而需要在此位置人为地进行补光设置。

（1）回到底视图，在走廊拐角处打一个 V-Ray 面光，参数如图 4-83 所示。

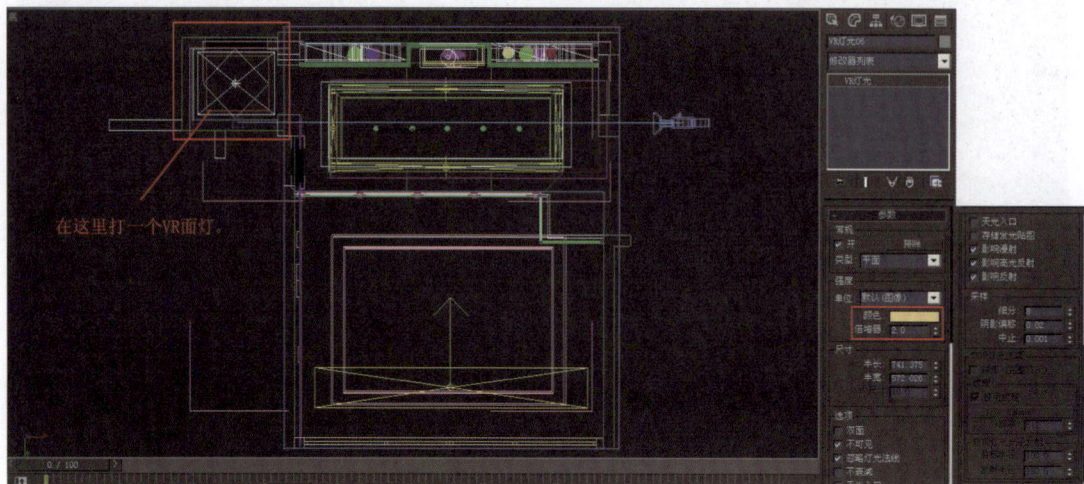

图 4-83　走廊拐角处补光

（2）切换到前视图，提高 V-Ray 面光的高度，如图 4-84 所示。

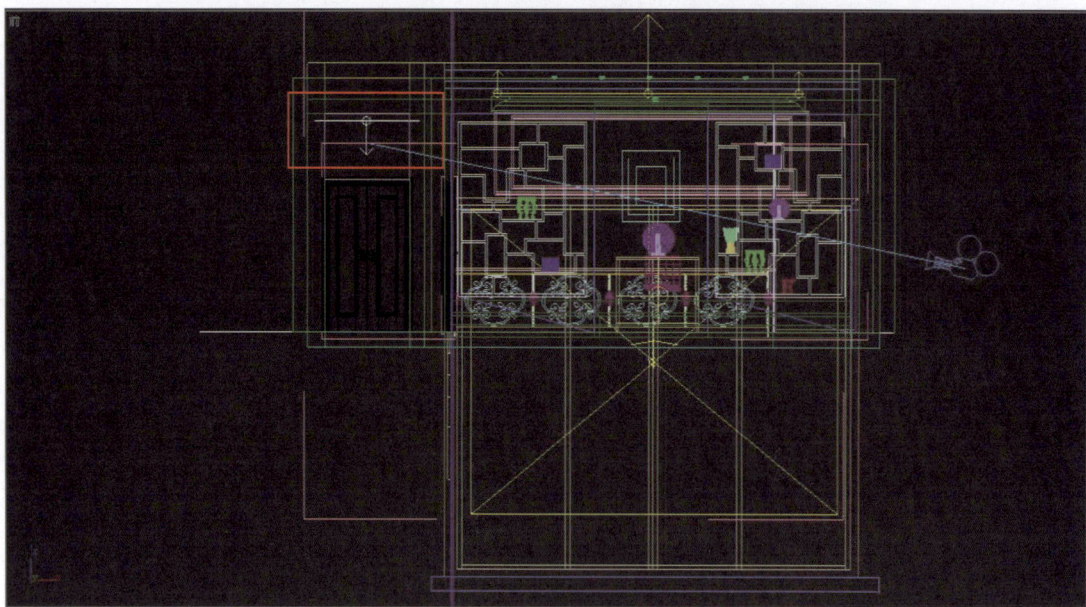

图 4-84　移动提高灯光的位置

### 4.3.5　筒灯灯光设置

筒灯是室内最为常见的灯具类型，模拟筒灯效果也有多种方法，本范例采用的是 3ds Max 默认灯光中的目标聚光灯进行模拟。

（1）点击创建面板中的灯光图标，选择目标聚光灯按钮，在前视图中按住鼠标左键从上往下垂直拖动创建出一个目标聚光灯，移动至走廊吊顶底部，设置如图 4-85 所示。

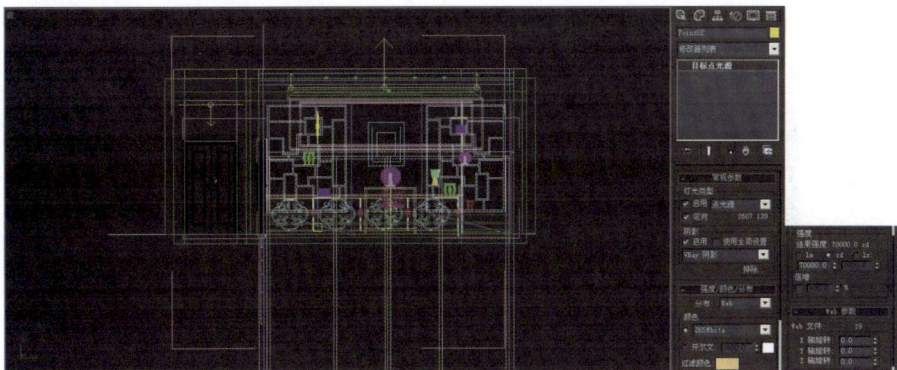

图 4-85　创建目标聚光灯

（2）在 Web 参数面板中设置光域网，点击 Web 文件后面的方块，在配套光盘"第 4 章 \ 光域网"中找到相应的光域网文件，如图 4-86 所示。

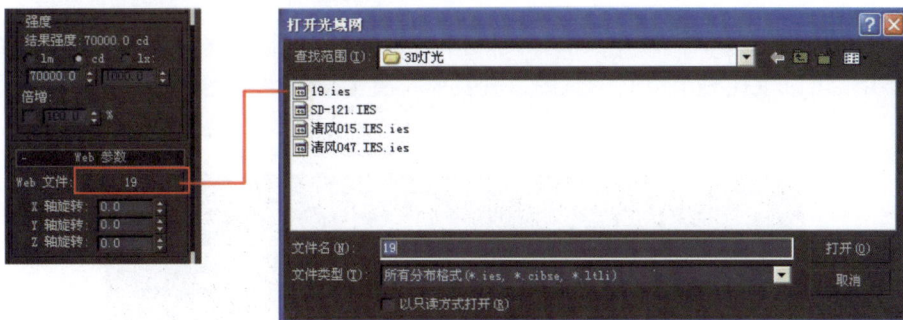

图 4-86　设置光域网文件

（3）选择该目标聚光灯，按住移动键并按住 Shfit 键沿 X 轴水平移动，在弹出的对话框中选择"实例"复制，副本数为 4，最终筒灯位置如图 4-87 所示。

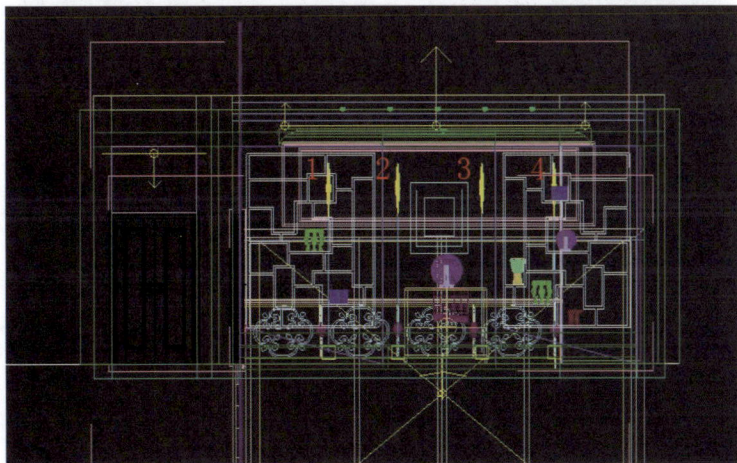

图 4-87　最终筒灯位置

（4）切换至顶视图，用移动命令移动四个目标聚光灯到走廊吊顶中间实际筒灯的位置，需要注意的是不能把灯光放置在场景模型里面，灯光一旦陷入模型中，光照效果就出不来了。筒灯灯光位置如图 4-88 所示。

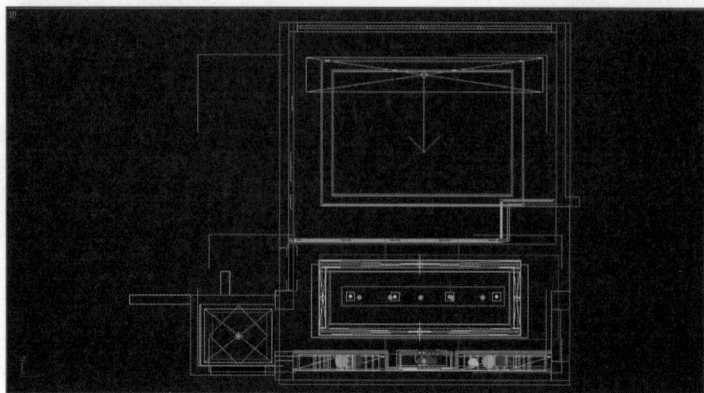

图 4-88　筒灯灯光位置

（5）用同样的方式布置另外三个光域网灯光的位置，这三盏灯光在场景中主要起到装饰性的作用，可以烘托整个空间的氛围。其具体位置如图 4-89 和图 4-90 所示。参数设置如图 4-91 所示。

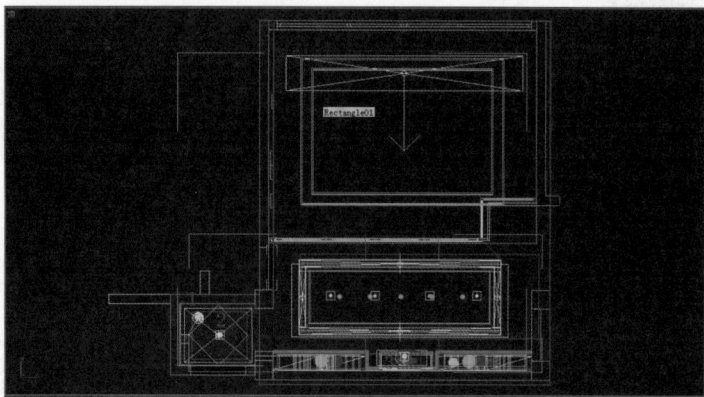

图 4-89　装饰灯光的平面布置

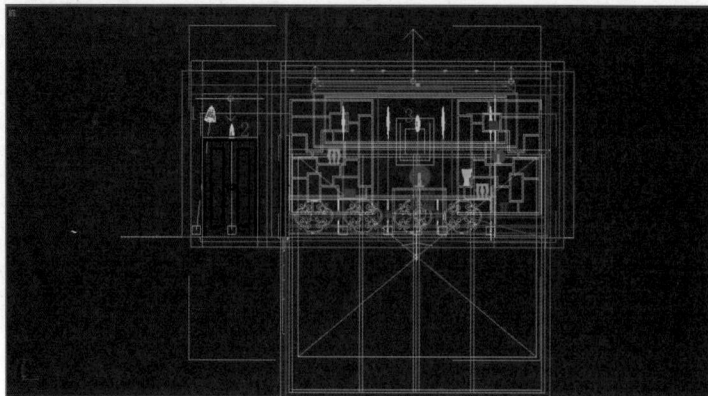

图 4-90　装饰灯光的立面布置

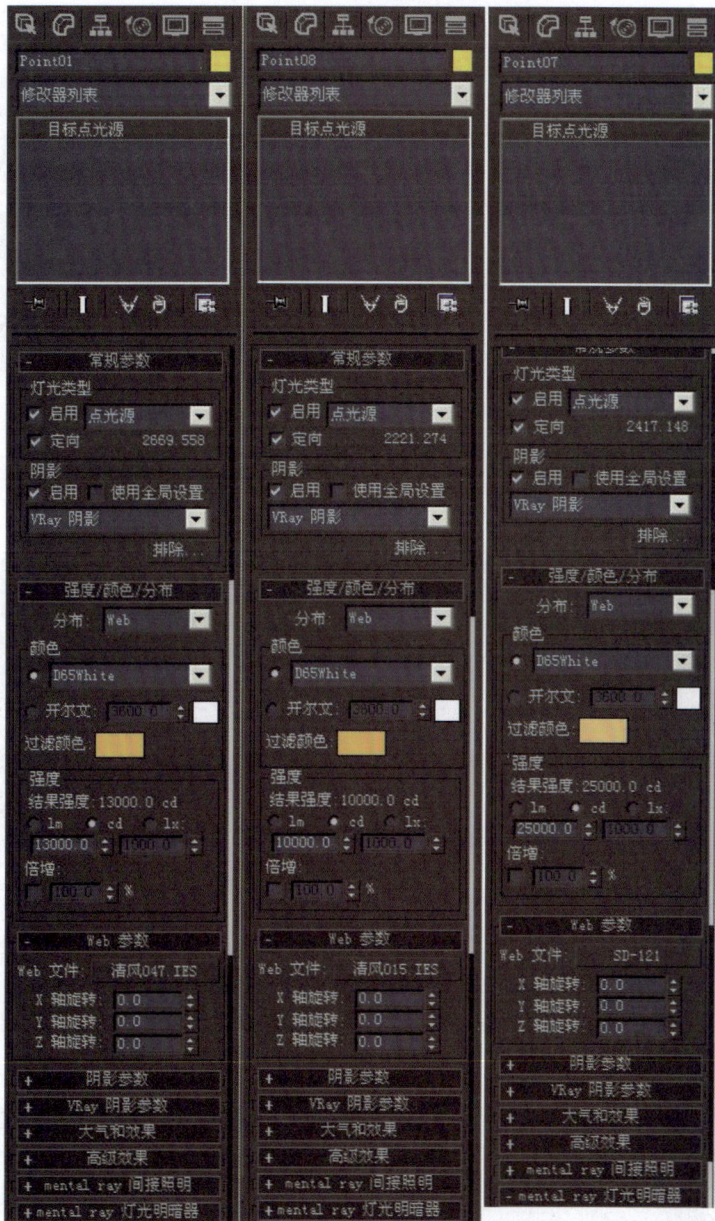

图 4-91  装饰灯光的参数设置

## 4.4 创建摄像机

V-Ray 渲染既可以采用 3ds Max 自带的摄像机，也可以采用 V-Ray 物理相机，使用哪种相机对于参数的影响较大，在本范例中将使用 3ds Max 自带摄像机中的目标摄像机，这也是摄像机中较为常用的一种。

（1）切换至顶视图，在创建面板中点击摄影机下的目标摄像机，在视图中拖动创建出一个目标摄像机，参数设置如图 4-92 所示。

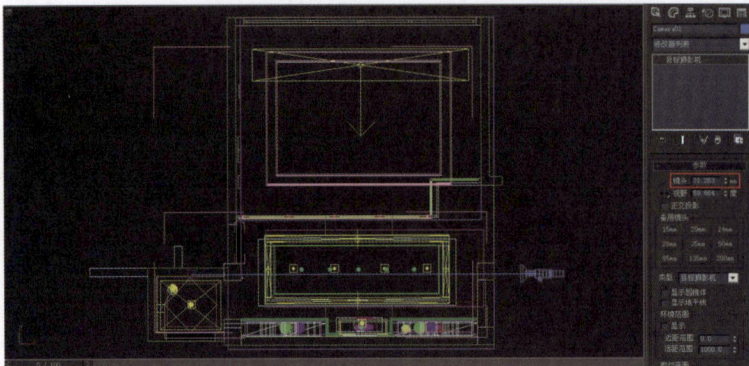

图 4-92　创建目标摄影机

（2）使用移动工具选中摄影机，在世界坐标轴中的 Z 轴输入 900mm，再选中目标点，再在世界坐标轴中的 Z 轴输入 2600mm，如图 4-93 和图 4-94 所示。

图 4-93　调整摄像机位置

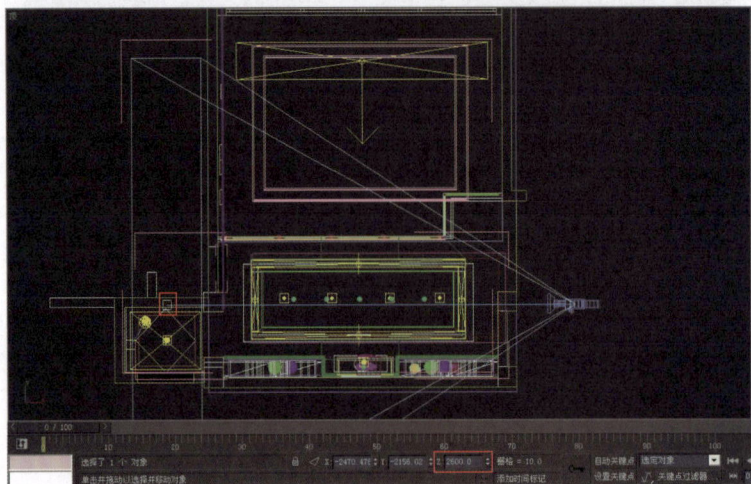

图 4-94　调整摄像机目标点位置

（3）按 C 键切换至摄影机视图，此时视图感觉倾斜向上，选中摄影机，单击鼠标右键，选中"应用摄影机校正修改器"命令，此命令可以自动校正摄像机视图，使得摄像机视图横平竖直，如图 4-95 所示。

图 4-95 校正摄影机角度

## 4.5 场景渲染参数设置

通常在效果图创作时，需要对场景的灯光和材质效果进行测试。测试时会将渲染面板中的各种参数设置得比较小以加快渲染速度，测试有不理想的地方在经过多次调整后，达到满意的效果，再进行最终大图的渲染。

（1）按 F10 键打开渲染面板后即可进行渲染器设置，在公用参数面板中设置渲染尺寸为 400×500。如图 4-96 所示。

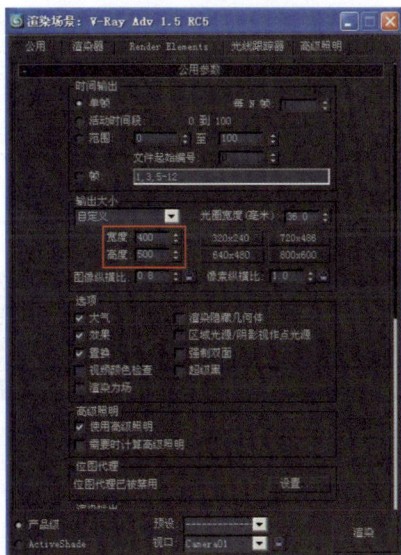

图 4-96 设置渲染尺寸

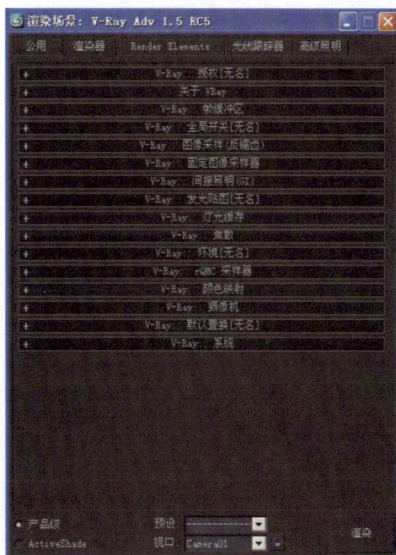

图 4-97 渲染器参数栏

（2）点击渲染器一栏，如图4-97所示。渲染参数非常多，但不是所有的都需要调整，需要重点调整的主要有七项，即全局开关面板、图像采样面板、间接照明（GI）面板、发光贴图面板、灯光缓冲面板、环境面板、颜色映射面板。

1）全局开关面板参数调整如图4-98所示。

2）图像采样面板参数调整如图4-99所示。

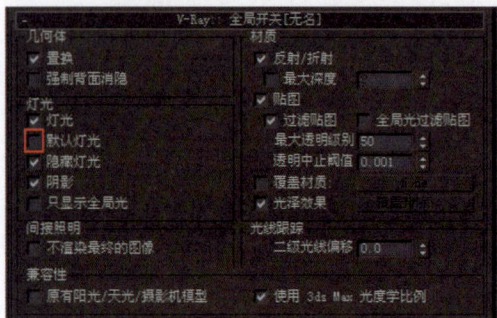

图4-98　全局开关面板参数调整

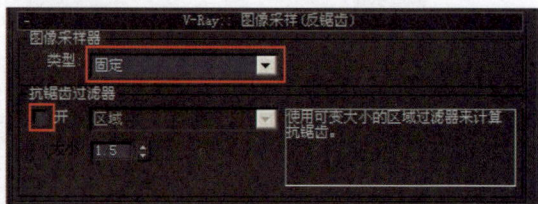

图4-99　图像采样面板参数调整

3）间接照明（GI）面板参数调整如图4-100所示。

4）发光贴图面板参数调整如图4-101所示。

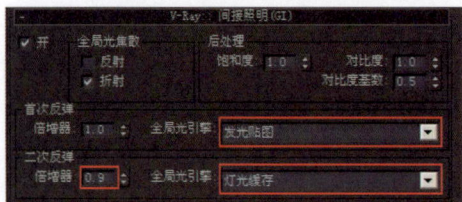

图4-100　间接照明（GI）面板参数调整

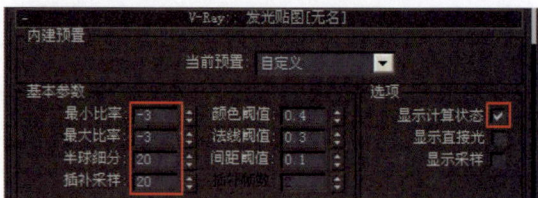

图4-101　发光贴图面板参数调整

5）灯光缓冲面板参数调整如图4-102所示。

6）环境面板参数调整如图4-103所示。

7）颜色映射面板参数调整如图4-104所示。

图4-102　灯光缓冲面板参数调整

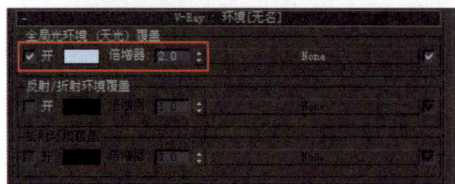

图4-103　环境面板参数调整

图4-104　颜色映射面板参数调整

（3）在透视图中按C键把视图切换到摄像机视图，按Shift+Q键进行渲染。

（4）渲染效果如图4-105所示。通过渲染图可以观察出，图片的灯光阴影效果已基本达到了设计的要求，现在只需要把渲染的参数提高，使画面品质更好一些。

（5）按快捷键 F10，在弹出的渲染面板中，把以下参数重新设置，其他的参数保持不变。

1）图像采样面板参数调整如图 4-106 所示。

2）间接照明面板参数调整如图 4-107 所示。

图 4-105　渲染效果

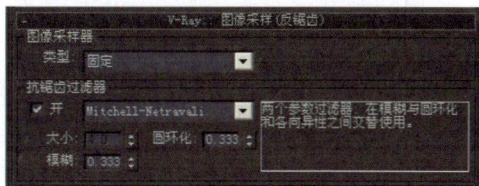

图 4-106　图像采样面板参数调整

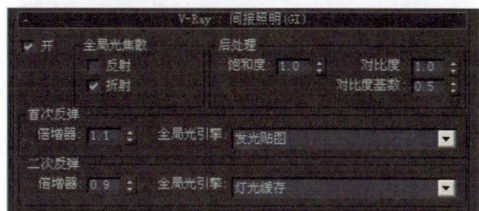

图 4-107　间接照明面板参数调整

3）发光贴图面板参数调整如图 4-108 所示。需要注意的是，勾选"自动保存"和"切换到保存的贴图"，并找到硬盘上的一个路径，再次渲染的时候计算机会自动调出保存的光子图。

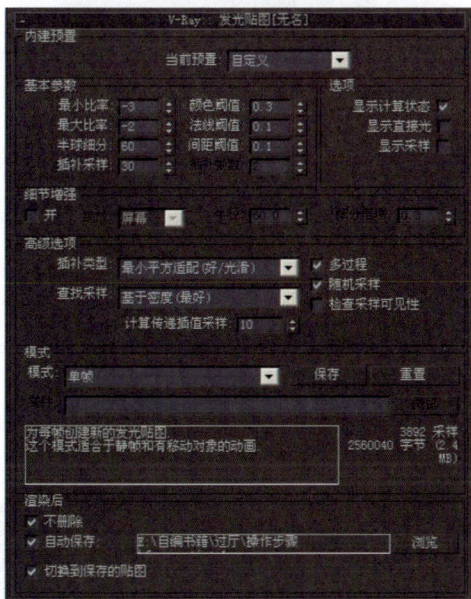

图 4-108　发光贴图面板参数调整

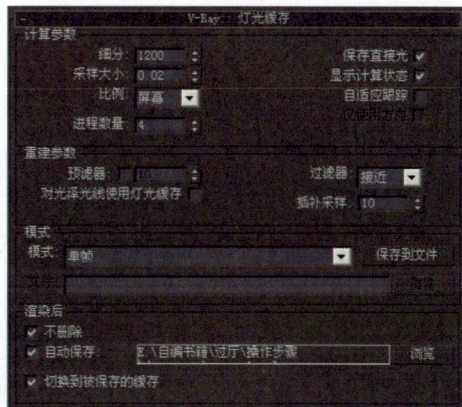

图 4-109　灯光缓冲面板参数调整

4）灯光缓冲面板参数调整如图 4-109 所示。需要注意的是，勾选"自动保存"和"切换到保存的贴图"，并找到硬盘上的一个路径，再次渲染时候计算机会自动调出保存的光子图。如此调整参数的目的是在渲染光子图之后，再渲染较大的最终渲染图时，就不用再重复渲染光子图，可以节约渲染的时间。

5）系统面板参数调整如图 4-110 所示。

需要注意的是，光子图的质量越高，最终渲染的大图质量就越高，也就是说，不论最终的出图是 1200×900 还是 1800×1600，只要它们采用的是相同的光子贴图，其质量都是一样的。所以一般在保存光子贴图的时候，基本上参数就是最终渲染的参数，唯一不同的就是图像的分辨率和图像采样器的设置不同。

（6）再次进行渲染把分辨率提高，光子图不需从文件中打开，计算机会从自动保存光子图的路径中调出，这次所需要的时间会长一些（根据计算机配置不同所需时间不一样，作者所用时间为 5 分 32 秒），最终得到效果如图 4-111 所示。

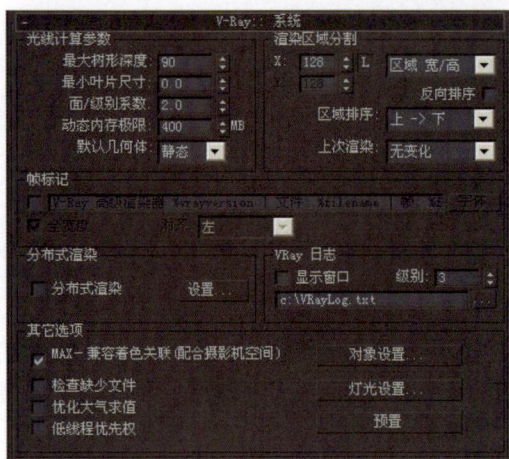

图 4-110　系统面板参数调整　　　　　图 4-111　渲染效果

（7）调整分辨率和图像采样器，并选择路径保存 TIF 格式的图像文件。TIF 格式的图像比较大，适合打印输出。

1）最终图像渲染尺寸调整如图 4-112 所示。因为只是书中的范例，因此渲染尺寸设置并不是太大，如图需要打印大图的话，渲染尺寸可以设置在 2000×1500 以上。

2）图像采样面板参数调整如图 4-113 所示。

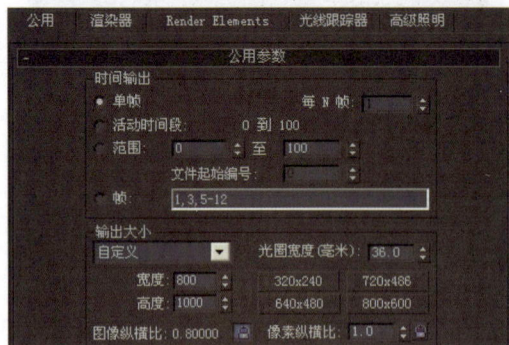

图 4-112　最终图像渲染尺寸调整　　　　　图 4-113　图像采样参数调整

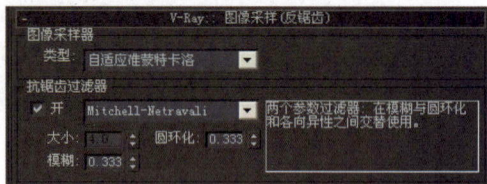

3）在公用菜单栏下点击渲染输出栏中 文件... 按钮，在硬盘中选择任意位置进行保存，在弹出的浮动对话框中选择保存 TIF 图像文件 (*.tif) 格式的图像。如图 4-114 所示。

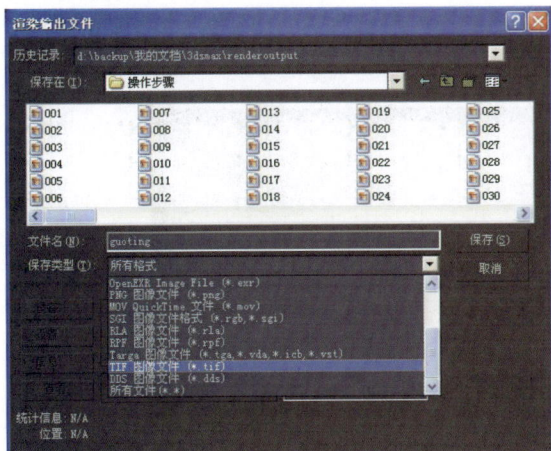

图 4-114　选择 TIF 文件格式

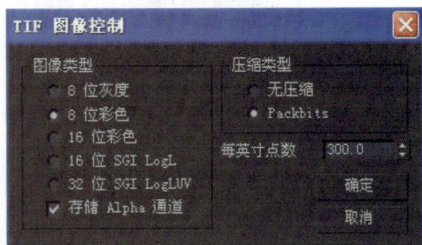

图 4-115　调整分辨率

4）点击确定后，在弹出的对话框中将图片的分辨率调整为 300DPI，如图 4-115 所示。

5）点击渲染，渲染时不必留守在计算机前，计算机在渲染完成后会自动保存到所指定的路径中，最终渲染效果如图 4-116 所示。

图 4-116　最终渲染效果

6）渲染完毕后，可以使用 PHOTOSHOP 对图像的对比度和明度进行细微地调整即可，最终效果如图 4-117 所示。

图 4-117　最终渲染效果

第 5 章

# 实例 V–Ray——制作阳光客厅

## 5.1  客 厅 模 型 创 建

（1）打开文件下拉菜单，使用导入命令，从配套光盘"第 5 章 \CAD 框架图"导入一张墙体的 CAD 图，如图 5-1 所示。通常情况下，在 CAD 软件中完成模型的基本框架绘制，再导入 3ds Max，可以一次性拉伸出墙体，这样完成的模型既简单又精确。

图 5-1　导入 CAD 文件

（2）选中导入的线框，在修改面板中添加挤出命令，数量为 7000mm，如图 5-2 所示。这样就将墙体模型挤出完成。

图 5-2　挤出墙体

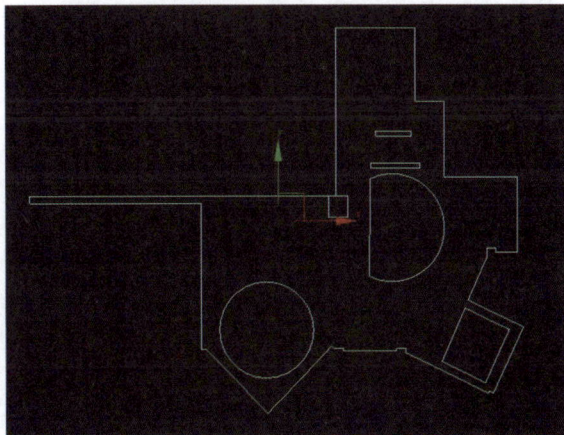

图 5-3　导入楼板层

（3）本方案是两层别墅，楼层中间的楼板可以通过同样方法导入 CAD 图纸挤出得到。再次导入楼板 CAD 图，在修改面板添加"挤出"命令，数量设置为 500mm，如图 5-3 所示。

需要注意的是：在建模中最好逐个地导入所需的 CAD 图，而且 CAD 图只保留需要拉伸墙体的部分，不需要的 CAD 图线导入进来容易影响视觉观察，可以在 CAD 软件中预先删除再导入 3ds Max。

（4）调整楼板层的高度，切换到前视图，选中刚刚挤出的楼板，在世界坐标轴 Z 轴输入 3300mm，如图 5-4 所示。

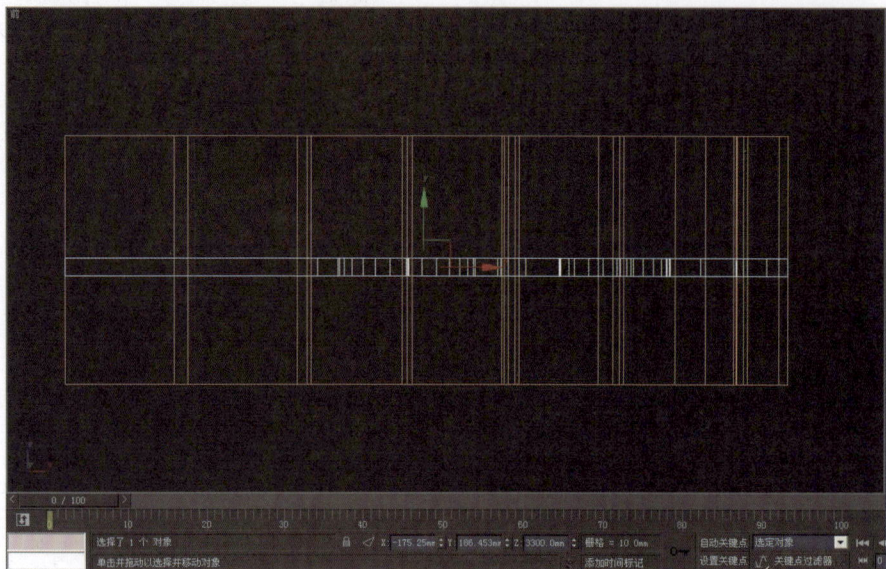

图 5-4　调整楼板高度

（5）再次切换到顶视图，导入天花 CAD 文件，用来制作顶面，如图 5-5 所示。

切换至透视图，选中导入的线框，单击鼠标右键，在弹出的对话框中选择转换为可编辑多边形命令，如图 5-6 所示。

图 5-5　导入天花 CAD 文件

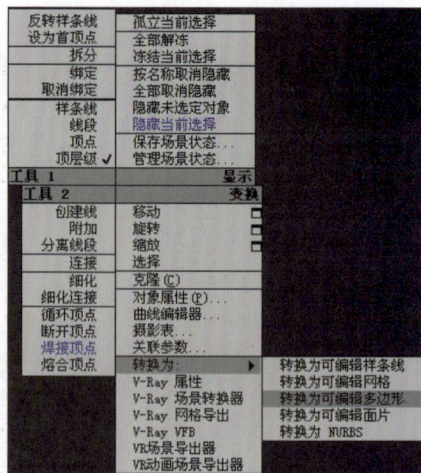

图 5-6　转化为可编辑多边形

在世界坐标轴 Z 轴中输入 7000mm，![坐标输入框 X: -3549.99m Y: 8120.719m Z: 7000.0mm]，转换后顶面如图 5-7 所示。

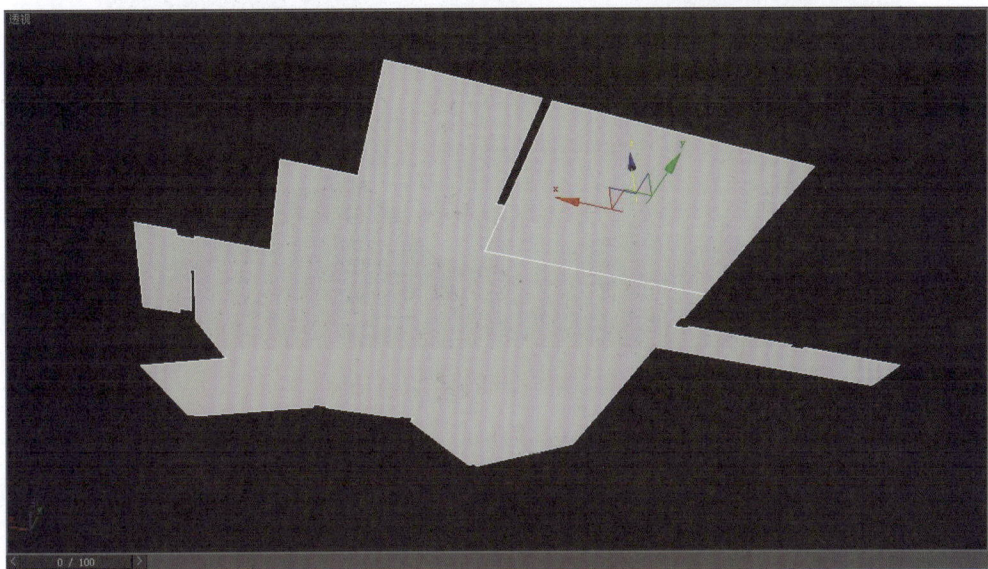

图 5-7　调整天花位置

然后切换到顶视图，在选中天花状态下，在修改面板中选择 ![点命令图标] 点命令，在顶视窗中选中如图 5-8 所示的两个顶点。

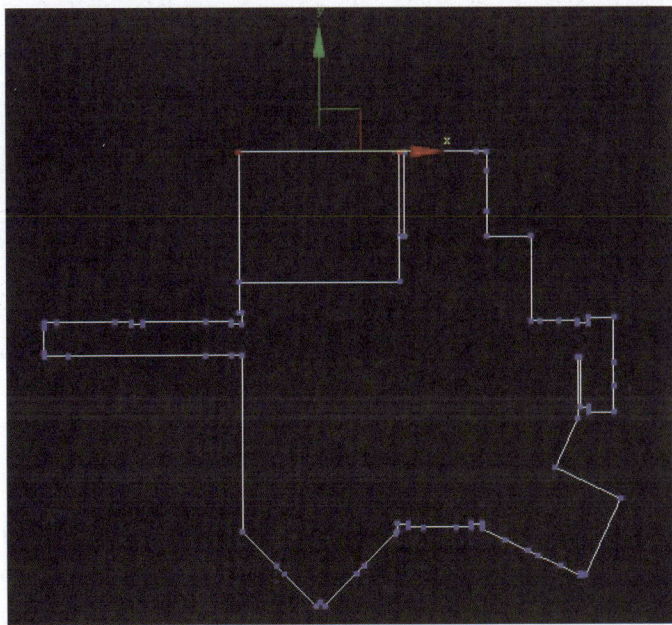

图 5-8　选择两个点

在世界坐标轴 Z 轴中输入 5150mm，完成顶面制作。切换到透视图中可以观察到结果如图 5-9 所示。

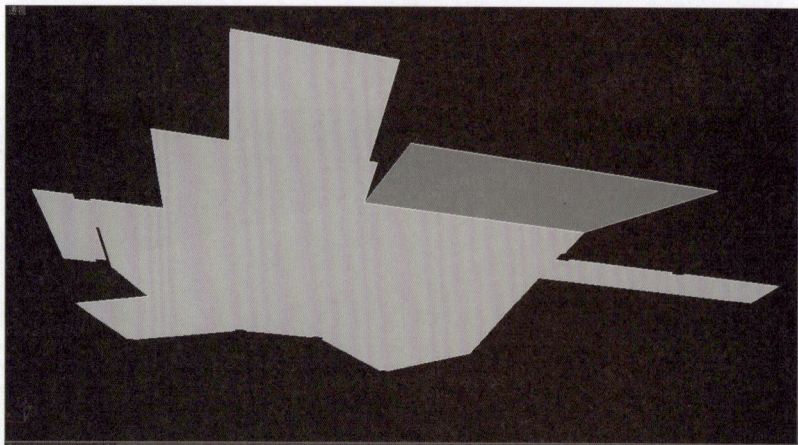

图 5-9　调整选择的两个点位置

（6）隐藏所有物体，在顶视图中再次导入 CAD 地面线框，如图 5-10 所示。

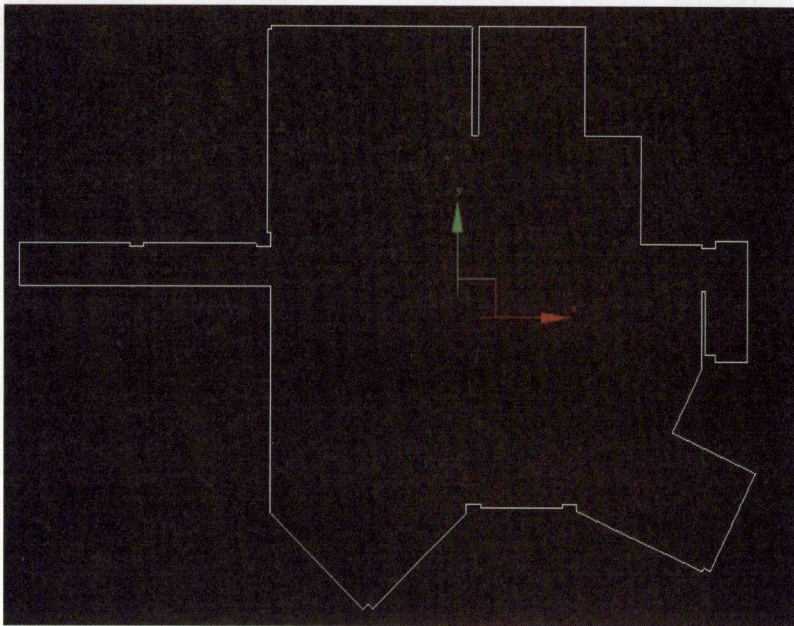

图 5-10　导入 CAD 地面线框

选中导入进来的 CAD 地面线框，直接单击鼠标右键，在弹出的快捷命令栏中选择"转换为可编辑多边形"。在透视图中观察结果，如图 5-11 所示。

（7）选择线命令，沿着客厅地面边缘绘制一条墙角波打线，因为摄像机只会照到客厅的部分墙角波打线，所有只需要绘制出可以照到的墙角波打线即可，如图 5-12 所示。在效果图创作中，通常只需要制作摄像机能够照到的部分，这样可以减少面数，节省制作和渲染的时间。

在修改面板中选中样条线命令，如图 5-13 所示。在下拉菜单中找到轮廓命令，选中墙角拼花的所有线段，在轮廓命令后面输入 150mm　[轮廓　150mm]，效果如图 5-14 所示。

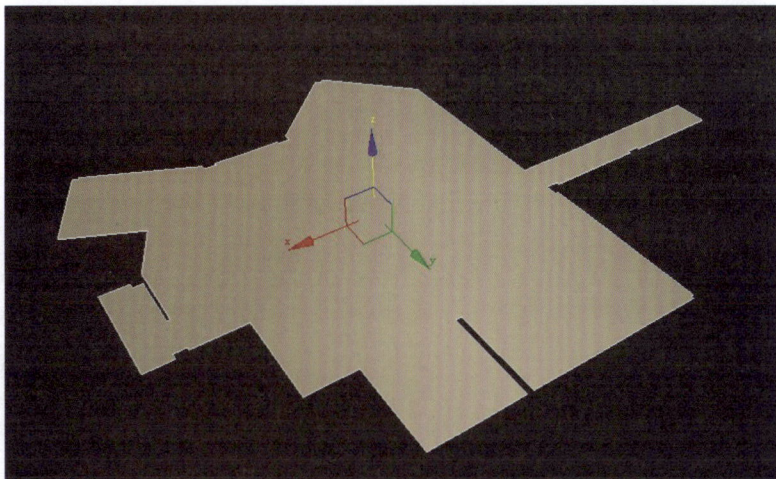

图 5-11　转换为可编辑多边形

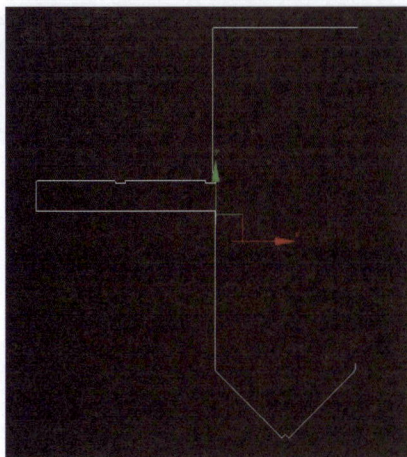

图 5-12　绘制客厅部分墙角拼花

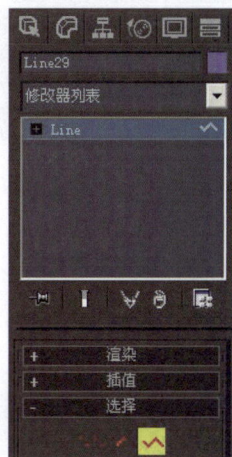

图 5-13　选中样条线

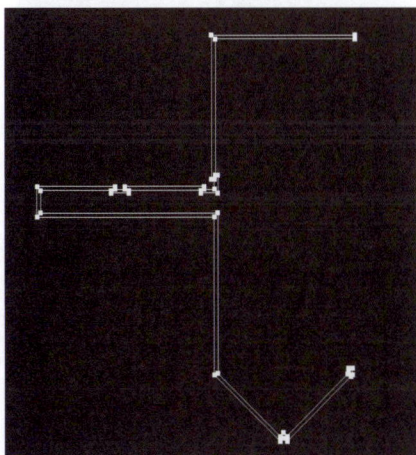

图 5-14　使用轮廓命令后效果

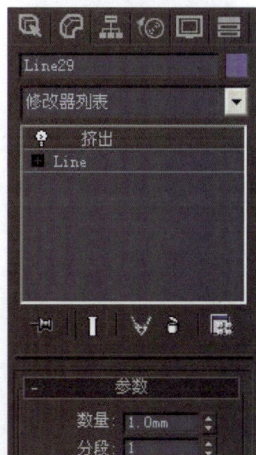

图 5-15　挤出 1mm

退出样条线命令，在修改菜单中添加挤出命令，数量为 1，将地面厚度制作为 1mm，如图 5-15 所示。这是因为地面厚度在摄像机视图中不可见，制作厚点或者薄点都可以。再将地面波打线挤出 2mm，只要超出地面一点即可。所做出的地面和地面墙角波打线如图 5-16 所示。

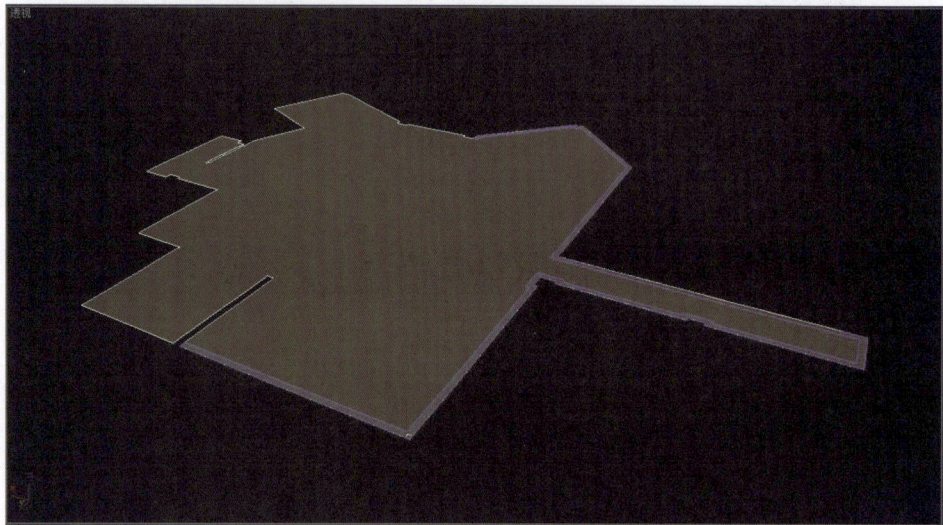

图 5-16　地面和地面墙角拼花效果

（8）取消隐藏，显示所有制作完成的模型，如图 5-17 所示。通常在一个模型制作完成后，就可以选择该模型，单击右键，选择"隐藏当前选择"进行隐藏处理，这样可以方便观察和制作后面的模型，最终完成后可以选择取消全部隐藏，这样就可以看到整体模型效果。

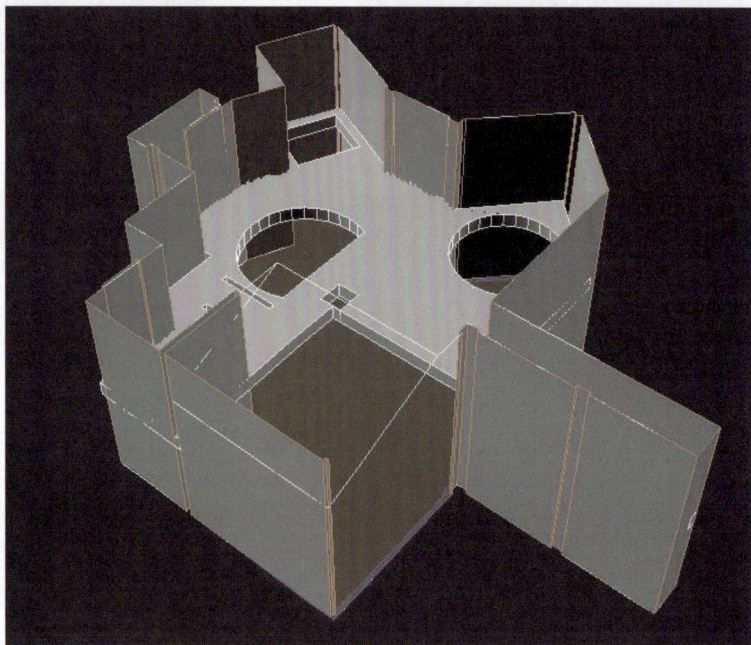

图 5-17　制作完成的模型

在左视图中绘制 2000mm×300mm 的矩形图形，如图 5-18 所示。给矩形线框添加倒角修改器，在级别 1 设置参数如图 5-19 所示，制作出一块面板。

图 5-18　绘制矩形　　　　　　　　　　　　　图 5-19　面板制作

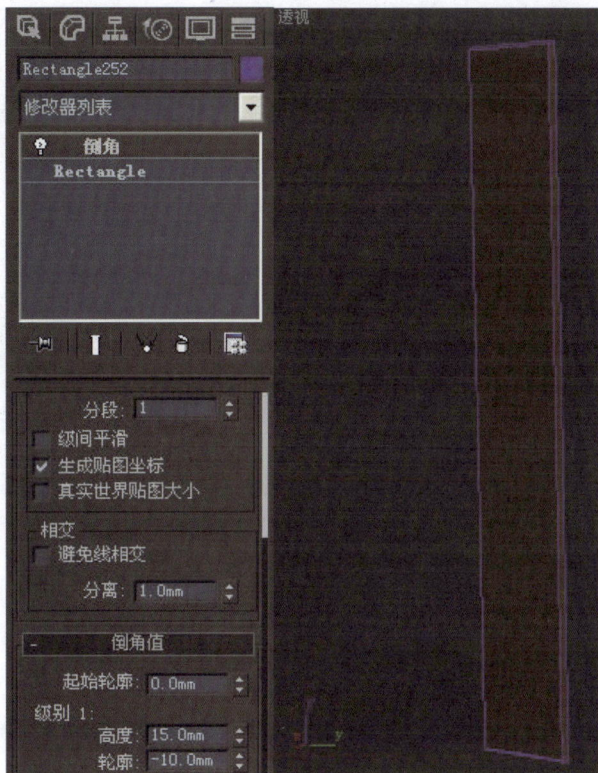

复制完成如图 5-20 所示的电视背景墙，要求完全覆盖电视背景墙体部分即可。

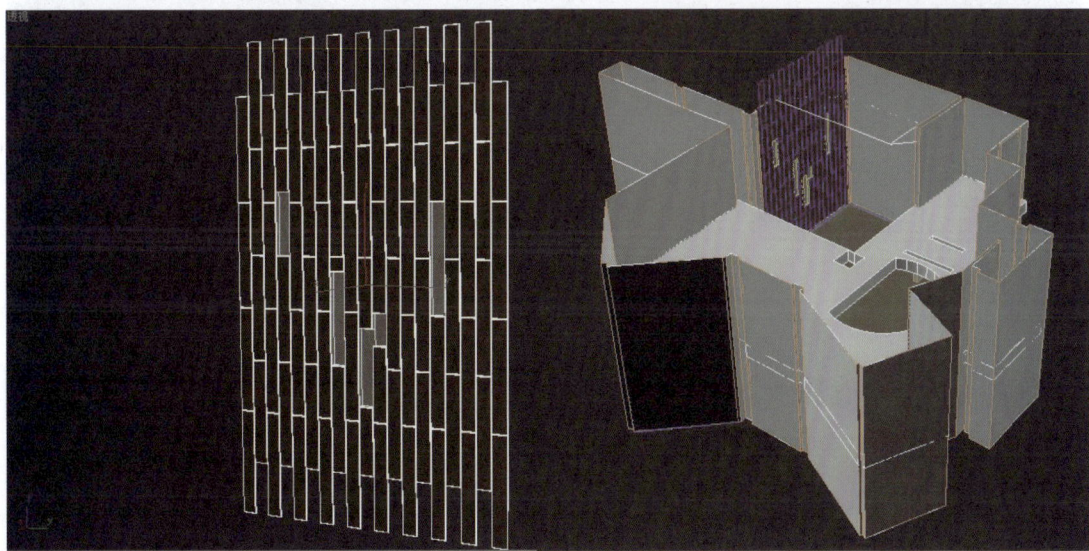

图 5-20　复制完成电视背景墙

选中墙体转换成可编辑多边形，选中需要切分成窗户的面，如图 5-21 所示。

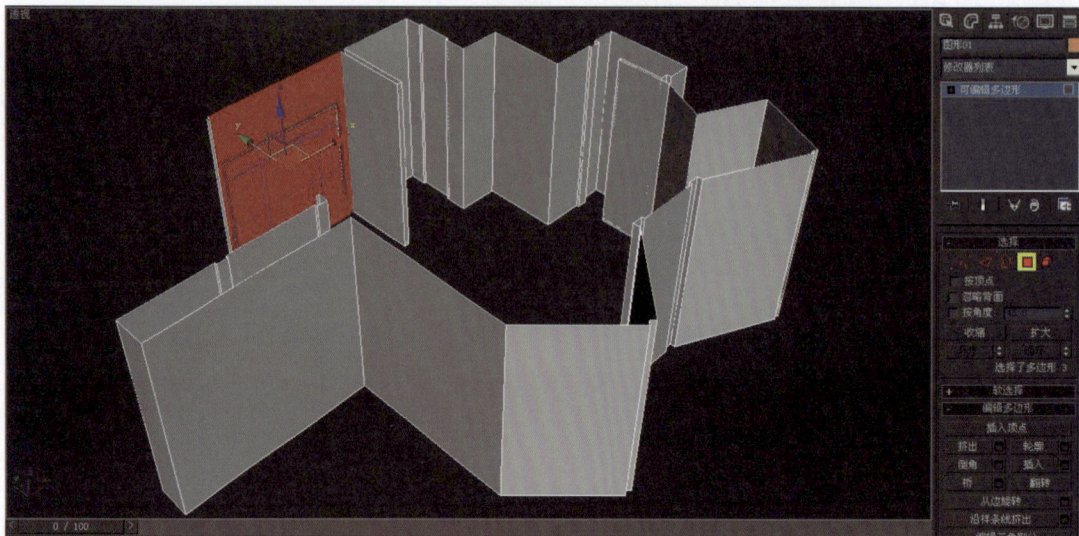

图 5-21　选择需要切片处理的墙面

对选中的面使用 切片平面 命令，在左视图中切割出一个窗口形状，如图 5-22 所示。切片工具的使用在走廊建模中已经作了详细的讲解，具体可以参照该章节相关内容进行操作。

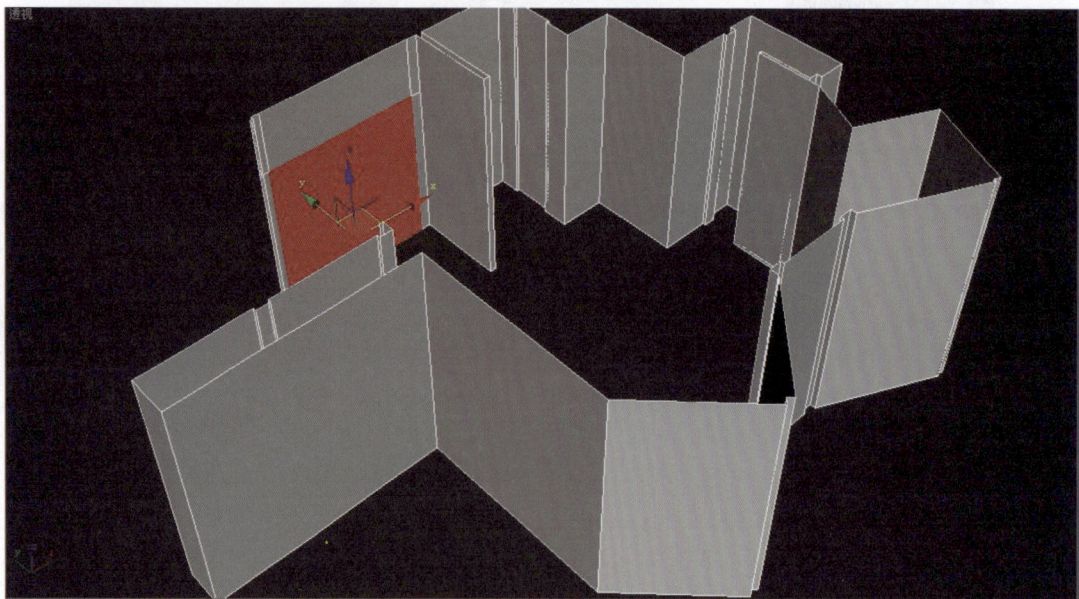

图 5-22　切出窗户形状

把窗户所切割出来的面选中，单击 分离 按钮使之独立出来，成为单独的物体。然后使用 BOX 工具和线形工具，配合挤出命令制作窗框形状，如图 5-23 所示。

具体的制作方法在走廊场景模型的创建中已经作了详细的讲解，这里就不再重复了。

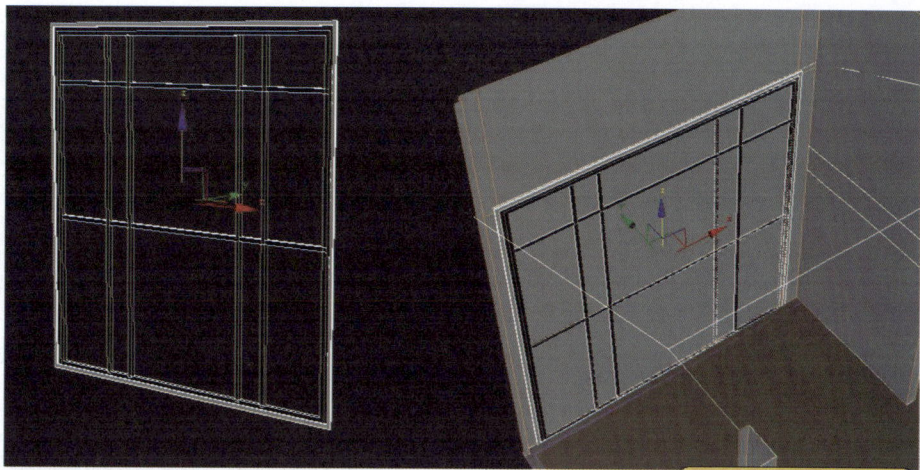

图 5-23　制作窗框模型

（9）使用如图 5-24 所示的平面命令在窗外制作一个平面。平面大小以能够覆盖窗户为准。该平面的作用是为了制作室外景色效果，当赋予材质后就可以透过窗户看见室外的景色。具体设置在材质设置章节中会有详细的介绍。

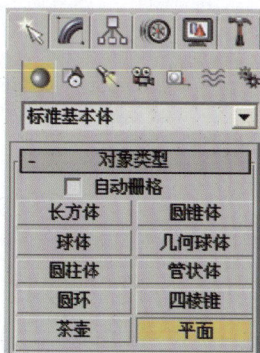

图 5-24　制作窗外平面物体

图 5-25　合并场景模型

（10）合并配套光盘"第 5 章\场景导入模型"中的模型，如图 5-25 所示。这样就完成了整个场景模型的创建。在室内效果图的制作中，家具等模型通常都是采用合并的方式导入场景，这样可以大幅度地减少模型创建的时间，因而平时收集一些好的室内家具模型是非常重要的。整个空间的效果和家具的选择有很重要的关系，家具选择得好，模型创建就成功了一大半。最终模型创建完毕后效果如图 5-26 所示。

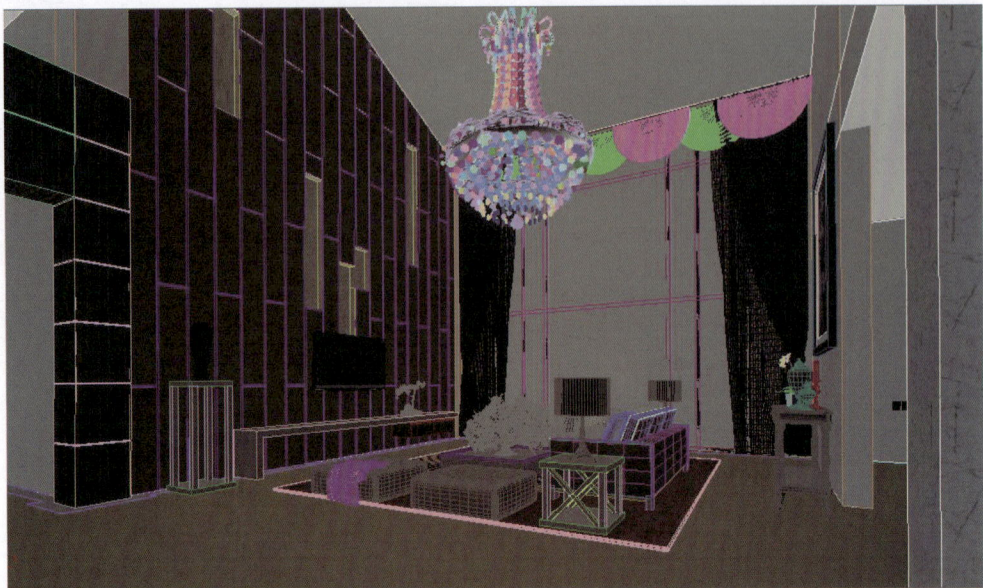

图 5-26　模型创建完毕效果

## 5.2　客厅场景材质设定

### 5.2.1　窗玻璃材质设置

窗玻璃材质的设置如图 5-27 所示。其中漫射颜色 RGB 值分别设置为 215，255，249；反射亮度值设置为 91。

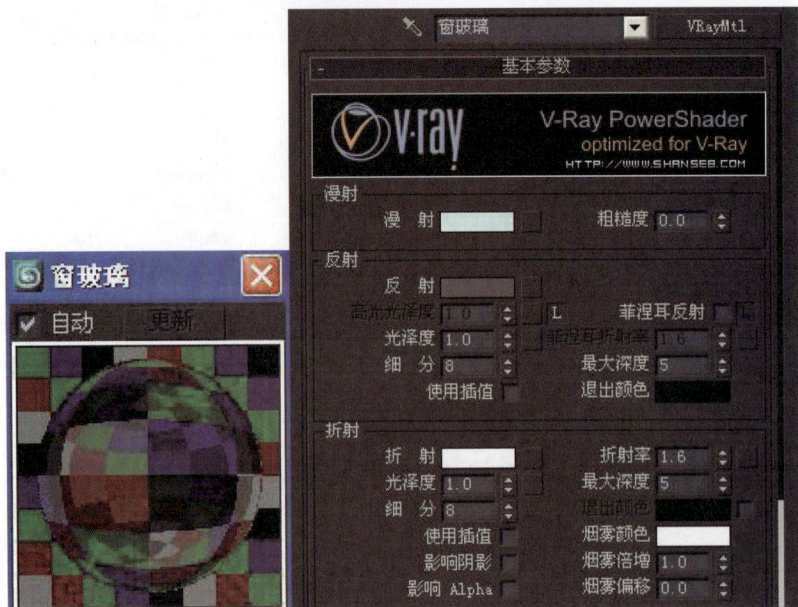

图 5-27　窗玻璃材质的设置

## 5.2.2　乳胶漆材质设置

乳胶漆材质的设置如图 5-28 所示。其中乳胶漆漫射颜色设置为纯白色，反射颜色设置为纯黑色。

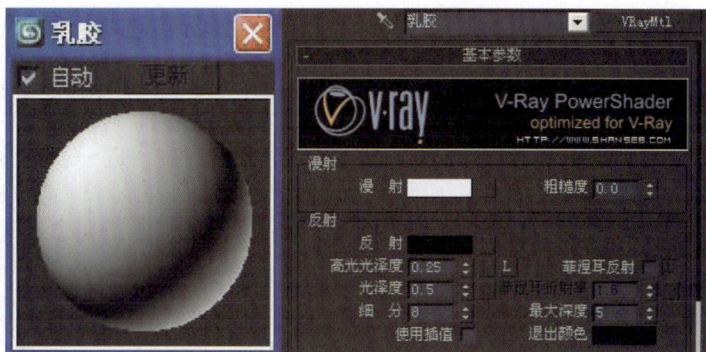

图 5-28　乳胶漆材质的设置

## 5.2.3　电视背景墙刷清漆木纹材质设置

电视背景墙刷清漆木纹材质设置如图 5-29 所示。其中反射亮度值设置为 47。

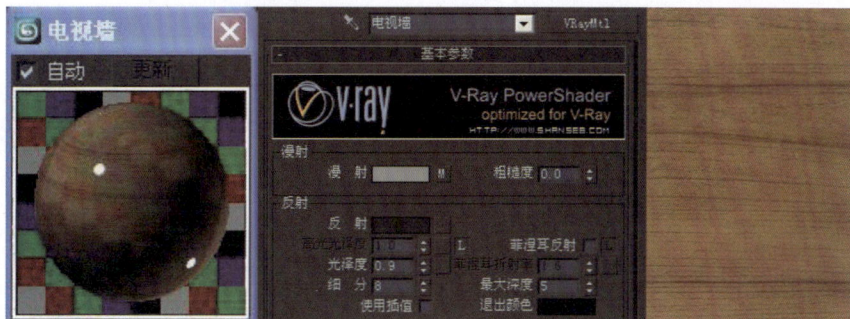

图 5-29　电视背景墙刷清漆木纹材质设置

## 5.2.4　陶瓷地砖材质设置

陶瓷地砖材质设置如图 5-30 所示。其中陶瓷地砖的反射亮度值设置为 34。

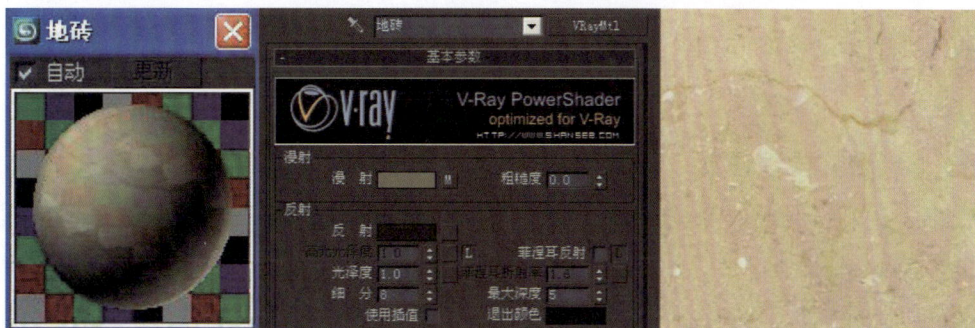

图 5-30　陶瓷地砖材质设置

### 5.2.5 布艺沙发材质设置

具体设置如图 5-31 所示，其中漫射贴图通道采用的是图 5-32（a）所示的布纹，凹凸贴图通道采用的是如图 5-32（b）所示纹理。其余参数保存默认设置即可。

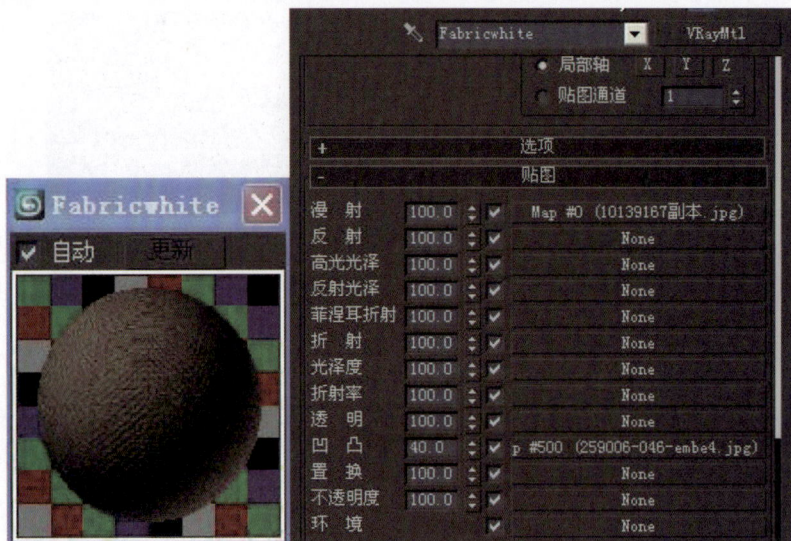

图 5-31 布艺沙发材质设置

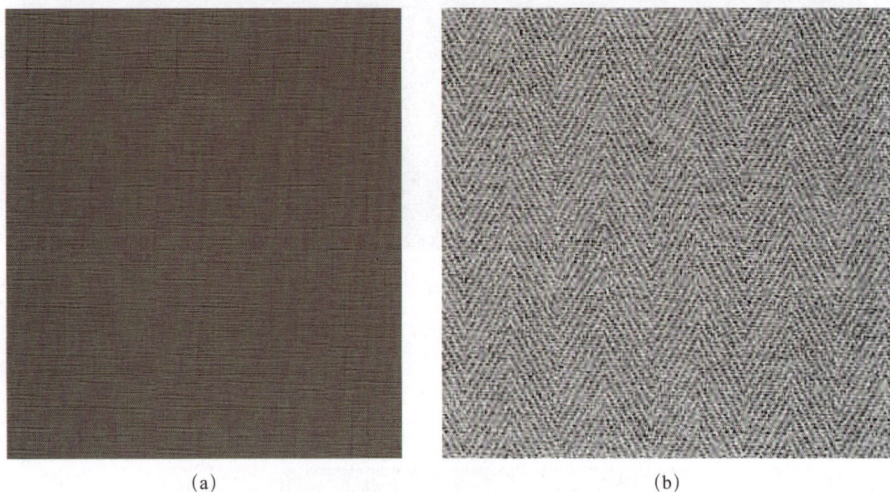

| (a) | (b) |

图 5-32

（a）漫射贴图通道采用布纹；（b）凹凸贴图通道采用布纹

### 5.2.6 窗帘材质设置

需要注意的是，窗帘布材质设置没有采用 `VRayMtl` 类型材质，而是使用 3ds Max 默认的 `Standard` 标准类型材质。V-Ray 渲染器有一个突出的优点，就是对于不同类型的材质兼容性非常好。因而采用 3ds Max 默认的 `Standard` 标准类型材质同样可以得出很好的效果。

内部窗帘参数设置如图 5-33 所示。

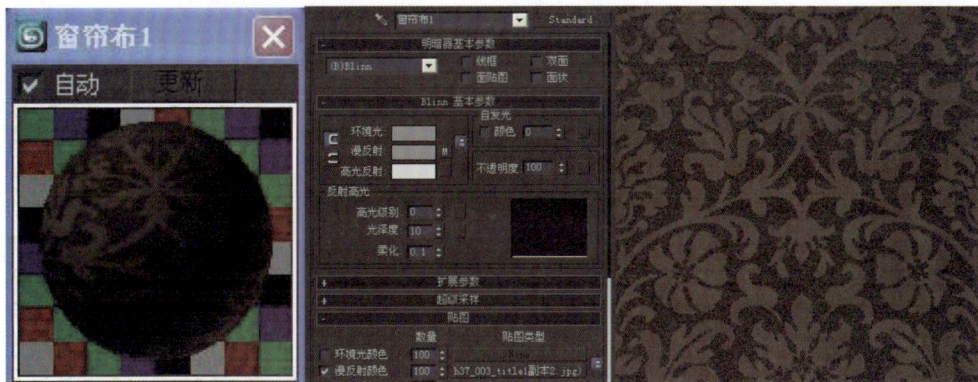

图 5-33　窗帘布材质设置

本客厅范例的窗帘根据内外的不同，采用了两种不同的材质纹理，外部窗帘采用的是如图 5-34 所示的贴图。

### 5.2.7　塑料灯罩材质设置

塑料灯罩材质的设置采用的是多维 / 子材质类型，单击 `Standard` 按钮，从弹出的 材质/贴图浏览器 参数栏中选择 多维/子对象 ，最终设置如图 5-35 所示。共 A、B 两种材质设置，A、B 参数设置分别如图 5-36、图 5-37 所示。

图 5-34　外部窗帘贴图

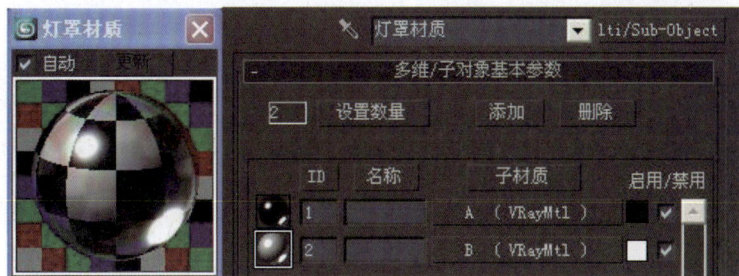

图 5-35　选择多维 / 子材质类型

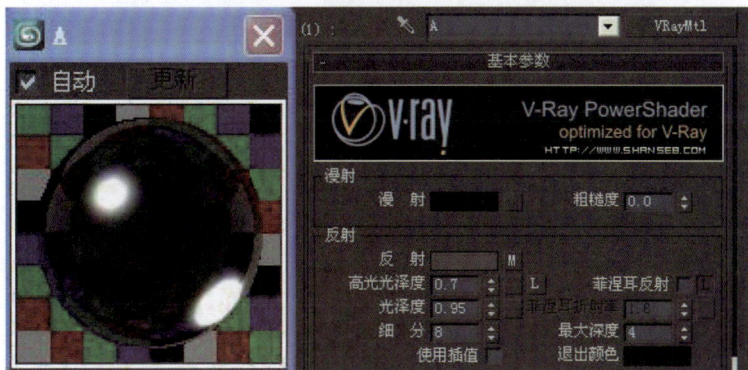

图 5-36　A 材质参数设置

在赋予塑料灯罩材质前，需要将灯罩模型转换为可编辑的多边形，选择相对应的模型面，即分别将灯罩外面的黑面、灯罩里面的白面的模型面设置为 ID1、ID2，赋予材质。

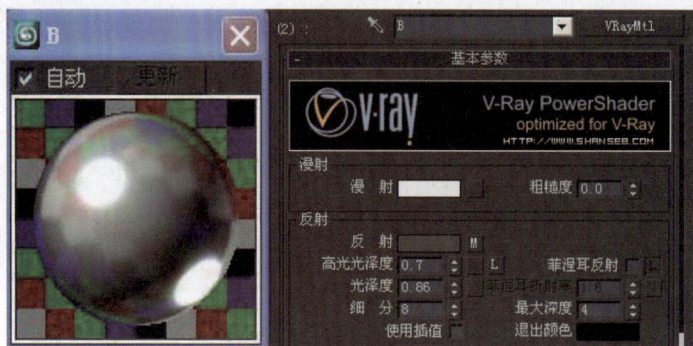

图 5-37　B 材质参数设置

## 5.2.8　地毯材质设置

地毯材质设置如图 5-38 所示。其中自发光贴图通道采用的是 Mask 遮罩程式贴图，在遮罩参数栏使用的都是衰减 **Falloff** 程式贴图，其参数设置如图 5-39 所示。

图 5-38　地毯材质设置

图 5-39　Mask 遮罩程式贴图参数设置

## 5.2.9　电视机液晶屏幕材质设置

电视机液晶屏幕材质设置如图 5-40 所示。其中漫射颜色设置为纯黑色，并单击 反 射 小色块，在弹出的 颜色选择器: diffuse 参数栏中将亮度值设置为 10，亮度: 10 。

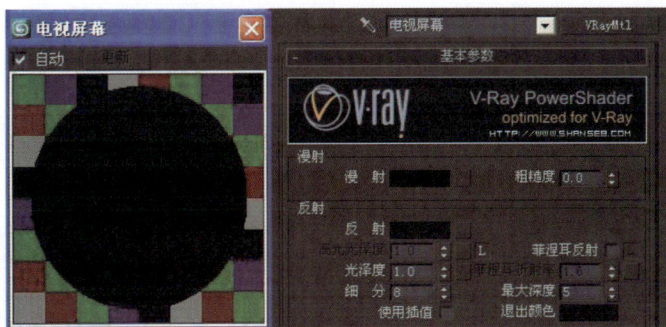

图 5-40　电视机屏幕材质设置

## 5.2.10　地面大理石边角波打线材质设置

地面大理石边角波打线材质参数设置如图 5-41 所示。其中反射亮度值设置为 45。

图 5-41　地面大理石边角拼花材质参数设置

## 5.2.11　水晶吊灯玻璃材质设置

水晶吊灯玻璃材质参数设置如图 5-42 所示，分别单击漫射、反射、折射后面的小色块，在弹出的 颜色选择器: diffuse 参数栏中，将漫射亮度值设置为 250，反射亮度值设置为 18，折射亮度值设置为 255。

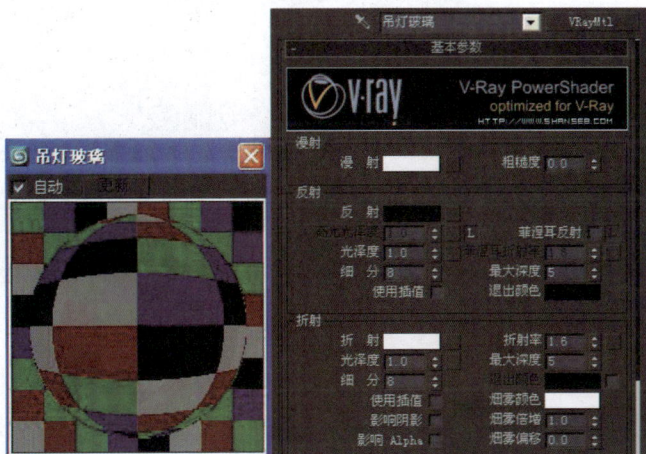

图 5-42　吊灯玻璃材质参数设置

### 5.2.12 绿叶和红花材质参数设置

（1）绿叶材质参数设置如图 5-43 所示，其中反射亮度值设置为 20，折射亮度值设置为 40。本范例中的装饰植物也是创建的模型，当然也可以使用 Photoshop 软件在后期修改时添加植物、花卉等装饰品，这样可以减少模型的面数，加快渲染的速度。

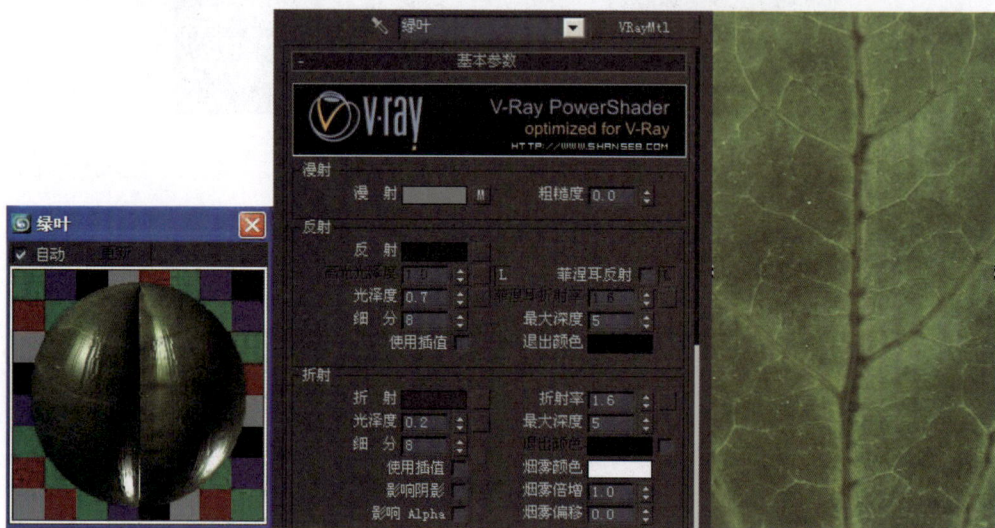

图 5-43　绿叶材质参数设置

在贴图栏中"凹凸"贴图通道给一张如图 5-44 所示的黑白贴图，数值修改为 1000。凹凸贴图通道使用的贴图最好为黑白贴图，如果采用彩色贴图，会占用更多的内存。

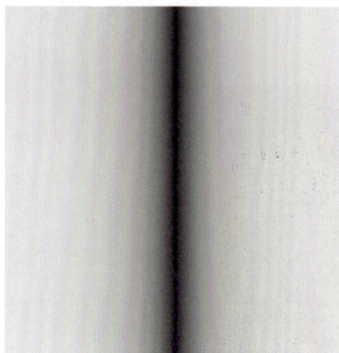

图 5-44　凹凸贴图通道采用的贴图

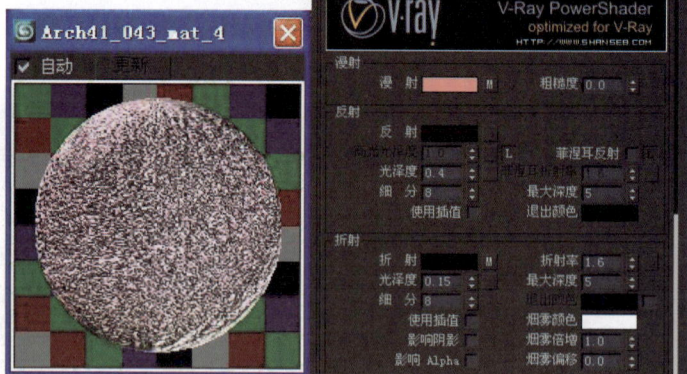

图 5-45　红花材质参数设置

（2）红花材质参数设置如图 5-45 所示，其中反射亮度值设置为 20，折射保持默认纯黑色即可。另外漫射贴图通道采用的是 **Falloff** 衰减程式贴图，衰减参数设置如图 5-46 所示。折射和凹凸贴图通道采用同一张黑白贴图，如图 5-47 所示。

图 5-46　衰减参数设置

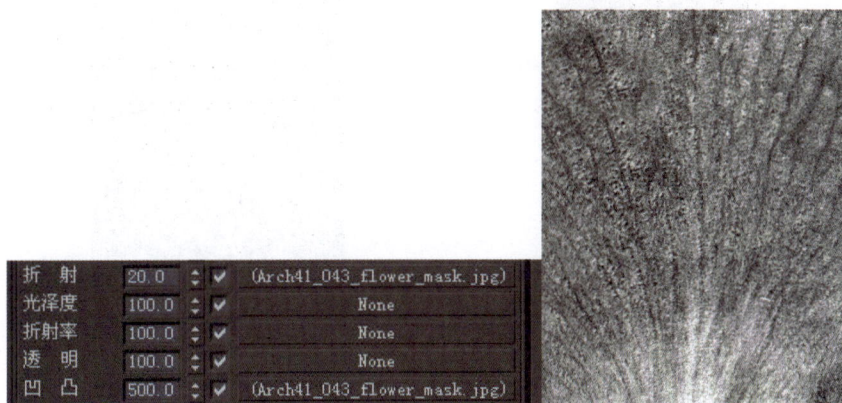

图 5-47　设置折射、凹凸贴图通道

### 5.2.13　窗外环境贴图材质设置

窗外环境贴图材质设置如图 5-48 所示。选择窗外平面物体，赋予此材质。

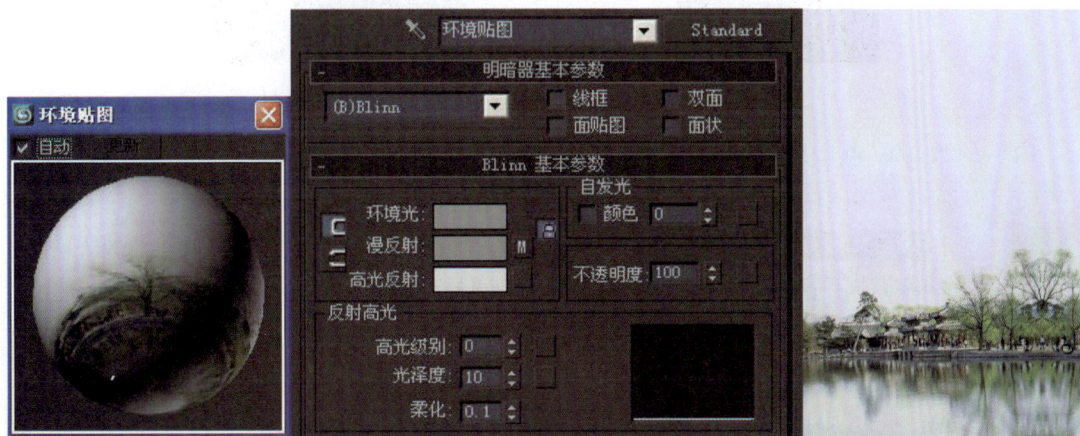

图 5-48　窗外环境贴图设置

### 5.2.14　UVW 贴图设置

在场景中有些物体是需要指定 UVW 贴图的，通常大面积的地砖、木纹、地毯等材质均需要指定 UVW 贴图。

UVW 贴图的设置没有固定模式，数值设置以观察纹理是否真实、准确为准，其尺寸设置以现实中的真实尺寸为宜。

鉴于需要设置 UVW 贴图的较多，本书只以电视背景墙的木板为例，讲解 UVW 贴图的设置方法，其他材质的 UVW 贴图大同小异，就不再重复了，读者参照进行设置即可。

（1）选中一块木板，单击 赋予设定好的木材材质，如图 5-49 所示。

（2）图 5-49 是没设置 UVW 贴图的效果，木纹为横向效果。根据实际情况，需要将木板纹理调整为竖向纹理效果。选中木板，在修改命令栏下拉列表中选择 UVW 贴图修改器，在打开的"UVW 贴图"修改器参数面板中选择贴图方式为"长方体"，如图 5-50 所示。

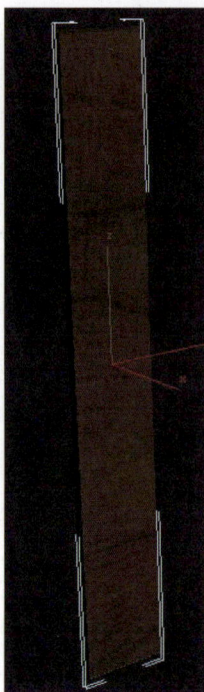

图 5-49　已赋予材质的木板　　　　图 5-50　添加 UVW 贴图修改器

（3）在"UVW 贴图"修改器参数面板中可以任意设置纹理的长度、宽度和高度数值。设置时可以通过在视图中观察木板纹理的变化来进行控制。

（4）单击 UVW 贴图 上的加号，选择 Gizmo ，视图中的木板即出现一个黄色线框，可以使用旋转命令任意旋转该线框来调整纹理的角度。

（5）然后把鼠标放在 UVW 贴图 上点击右键，选择复制命令，再选择其他需要采用相同 UVW 纹理贴图的木板模型，在其修改器栏中点击右键选择粘贴即可。

（6）UVW 贴图的调整不一定要和本书一样，只要纹理漂亮、真实即可。按照此方法依次给所有贴图部分的材质物体加上 UVW 贴图值。

## 5.3　创 建 摄 像 机

（1）在顶视图中打一个目标摄像器，如图 5-51 所示，主要表现客厅及电视背景墙的位置效果。

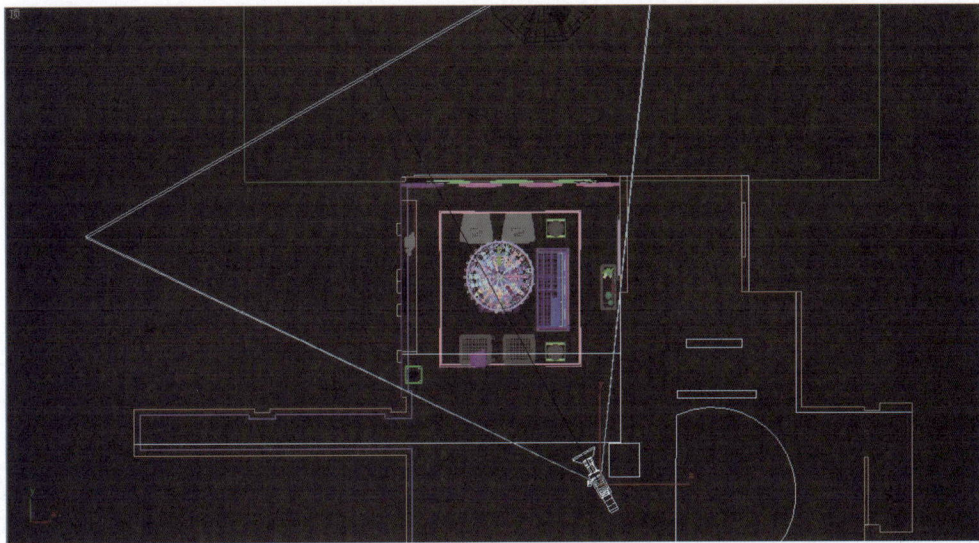

图 5-51　创建摄像机

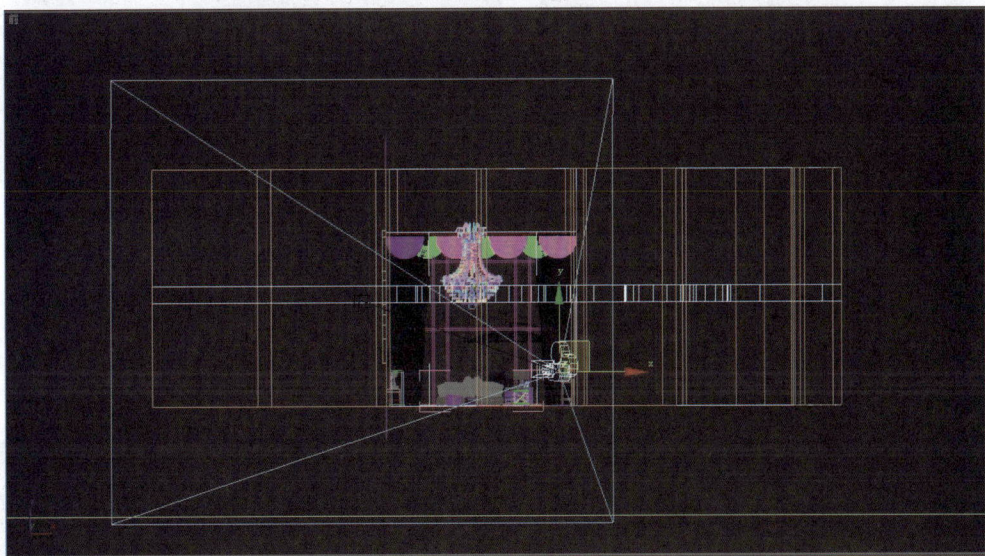

图 5-52　调整摄像机高度

（2）切换到前视图，分别调高摄像机和目标点的高度，如图 5-52 所示。摄像机的世界坐标轴 Z 轴设定值为 1000mm。目标点的高度可参照图 5-52 所示进行调整。实际上摄像机的位置和高度可以根据自己的需要调整，不一定和本书完全一样，只要摄像机视图美观即可。

## 5.4 V-Ray 阳光客厅灯光设置

### 5.4.1 灯光的布光思路

本书客厅范例主要表现天光加 V-Ray 阳光效果,所以主光源定为天光及阳光。主光源是场景的主要照明灯光,所以通常布置灯光应该将主光源先布置好,再一一加上点缀装饰光源和补光源。

### 5.4.2 V-Ray 天光系统设置

(1)因为本范例中的天光采用了 Vray 渲染器中自带的天光系统,因而首先需要设置渲染参数。按 F10 打开渲染参数面板,在公用栏下将渲染尺寸值设置为宽 300mm,高 225mm。将渲染尺寸设置这么低是因为最终渲染前,需要经过多次调试,将渲染尺寸设置较低可以在测试时加快渲染速度,渲染尺寸设置如图 5-53 所示。

(2)全局开关参数设置如图 5-54 所示。

(3)图像采样参数设置如图 5-55 所示。

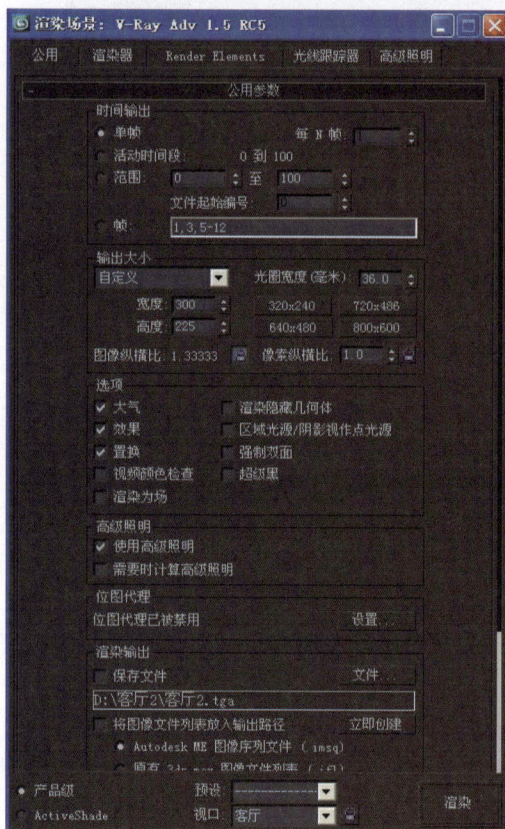

图 5-54　全局开关参数设置

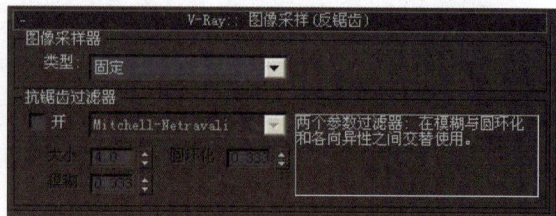

图 5-53　渲染尺寸设置

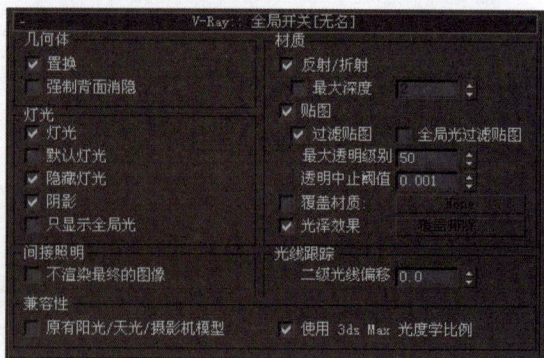

图 5-55　图像采样参数设置

(4)间接照明参数设置如图 5-56 所示。

（5）发光贴图参数设置如图 5-57 所示。

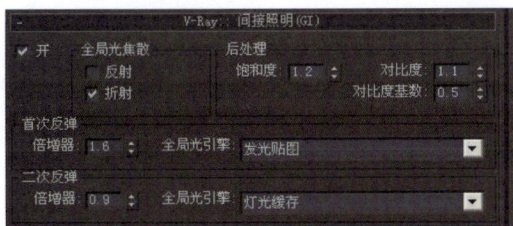

图 5-56　间接照明参数设置

图 5-57　发光贴图参数设置

（6）灯光缓冲参数设置如图 5-58 所示。

（7）打开 V-Ray 渲染器中环境面板中的"全局光环境（天光）覆盖"，这也就等于打开了 V-Ray 渲染器自带的天光系统，参数设置如图 5-59 所示。

图 5-58　灯光缓冲参数设置

图 5-59　打开 V-Ray 天光系统

（8）颜色映射参数设置如图 5-60 所示。

之所以将颜色映射类型改为"指数"模式，是因为指数模式能较为真实地反映物体本身的颜色特性，接近灯光照射处不容易产生曝光，但是指数模式渲染出来的效果比较暗、比较灰，所以需要把灯光适当调大一些来弥补。

（9）系统参数设置如图 5-61 所示。

（10）将渲染参数设置完毕后即可进行渲染，在只有天光系统照明的情况下，渲染效果如图 5-62 所示。可以看出，渲染器的天光系统照明亮度远远不够，还需要加上一个 V-Ray 面光源来加强天光照射效果。

图 5-60　颜色映射参数设置

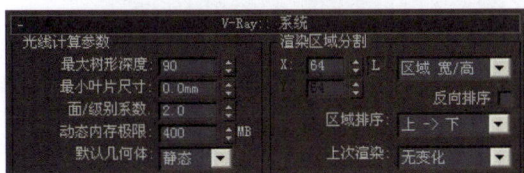

图 5-61　系统参数设置

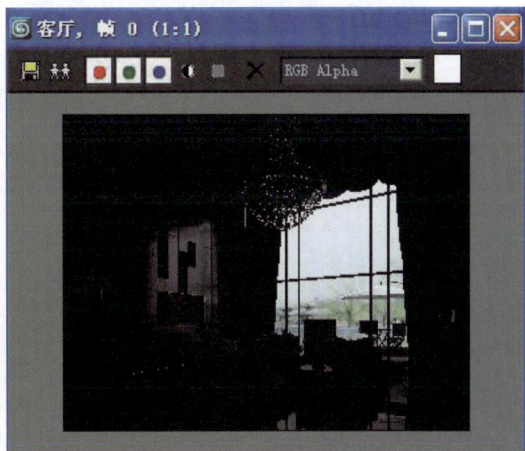

图 5-62　天光系统下渲染效果

### 5.4.3　V-Ray 面光模拟天光设置

实际上采用 V-Ray 渲染面板自带的天光系统制作的天光效果并不是很好，而且可供调整的参数很少。天光效果可以采用 V-Ray 灯光中的面光源、半球光等光源进行模拟，而且以采用 V-Ray 面光源来模拟天光效果最好，这样得出的天光效果更细腻，品质更高。本书范例采用的是 V-Ray 渲染面板自带的天光系统再加上 V-Ray 面光源两者结合的方法来制作天光效果，这样更方便大家理解各种制作天光方法的优势和劣势。

（1）采用 V-Ray 面光模拟天光的方法通常都是在贴近窗户的位置设置一个和窗户大小差不多的面光。在后视图中拖动出一个 V-Ray 面光，大小和窗户大致相同即可，如图 5-63 所示。

图 5-63　创建天光

（2）在顶视图中复制出一个 V-Ray 灯光，并把两个 V-Ray 灯光都放置在窗户外，位置如图 5-64 所示。

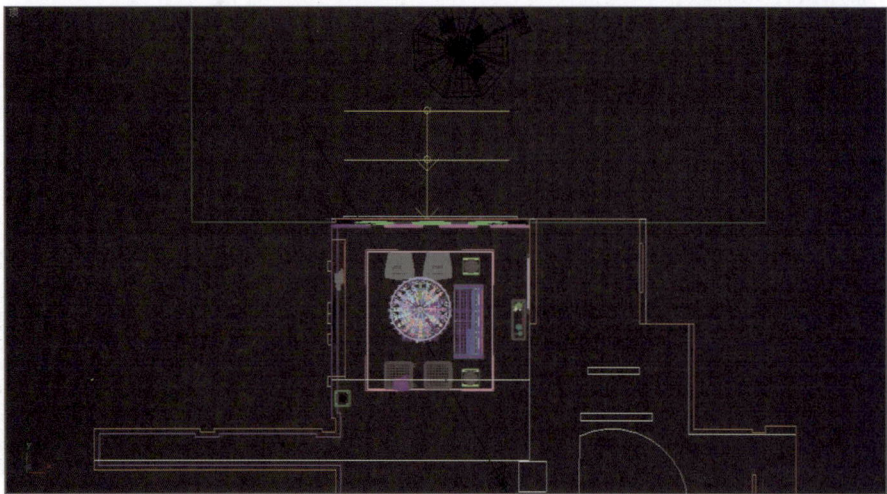

图 5-64　调整天光位置

（3）选中离室内较近的 V-Ray 面光源，在修改面板调整参数如图 5-65 所示。

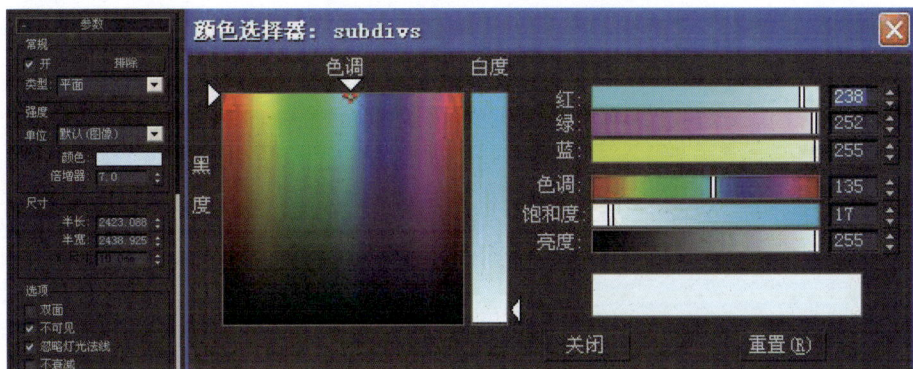

图 5-65　V-Ray 面光源参数设置

（4）选中离室内较远的 V-Ray 面光源，在修改面板中调整参数如图 5-66 所示。

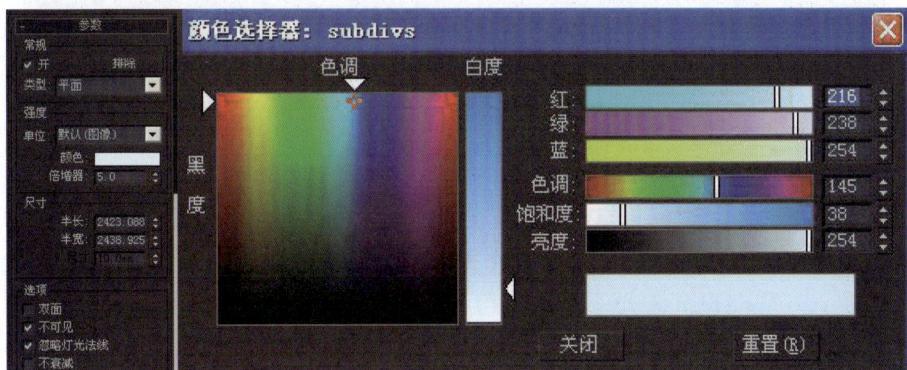

图 5-66　V-Ray 面光源参数设置

（5）再次渲染，效果如图 5-67 所示。从渲染图中可以看到整个客厅空间已经亮起来了，但是整体亮度还有所欠缺，而且缺乏阳光的照射效果以及阴影。

图 5-67　渲染效果

图 5-68　选择 V-Ray 阳光

### 5.4.4 V-Ray 阳光设置

（1）在创建面板中找到 V-Ray 阳光，如图 5-68 所示。然后在顶视图中拖动创建出阳光灯光，如图 5-69 所示。

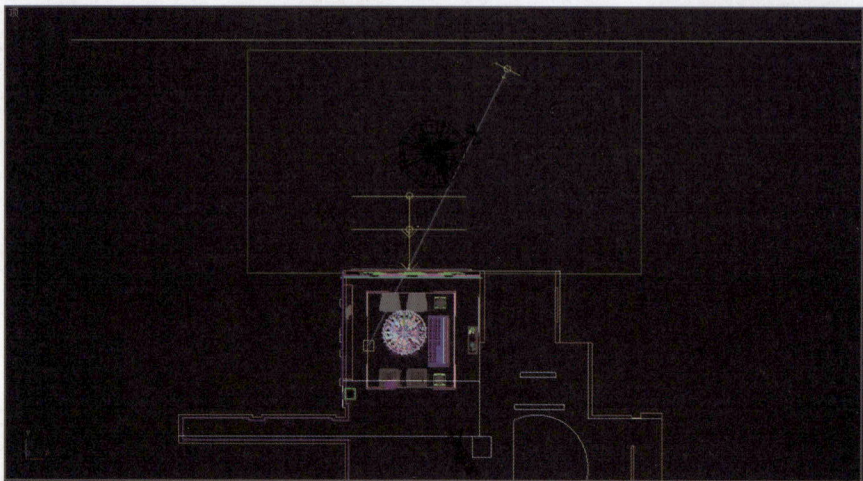

图 5-69　创建阳光

（2）拖动创建完 V-Ray 阳光后会自动弹出一个浮动对话框，提示是否要自动添加一张 V-Ray 天光环境贴图，单击"否"，不添加 V-Ray 天光环境贴图。因为本范例只需要 V-Ray 阳光起到提高亮度对比和增加阳光阴影的作用，所以不需要再加入天光环境。

（3）切换到左视图提高阳光高度，使得阳光具有现实中阳光的角度。阳光角度的调整可以根据需要进行，上午的阳光角度较小，随着时间的推移阳光角度逐渐加大，本范例客厅体现的是午后阳光效果，具有角度大，光照效果较强的特点，因而将阳光位置设置如图 5-70 所示。

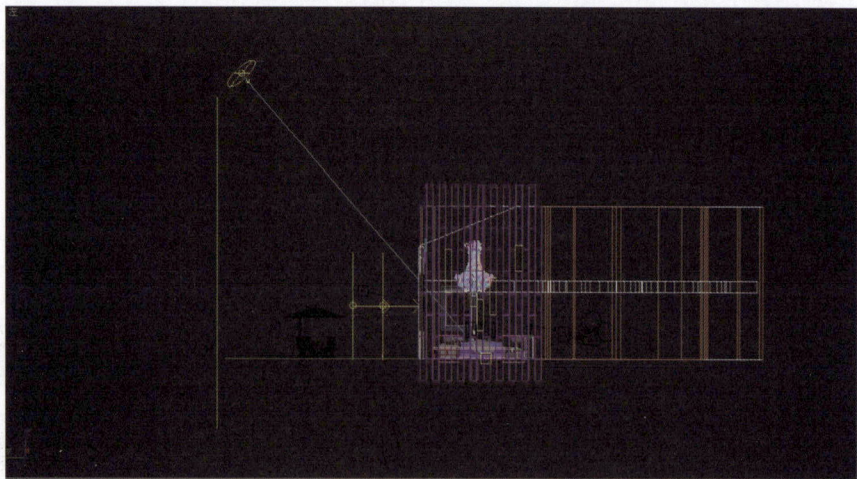

图 5-70　调整阳光角度

（4）选中 V-Ray 阳光，在修改面板中调整参数如图 5-71 所示。

（5）再次渲染，效果如图 5-72 所示。从渲染图中可以看出场景亮度已经基本达到了要求。光影效果也基本出来了。

图 5-71　调整阳光参数

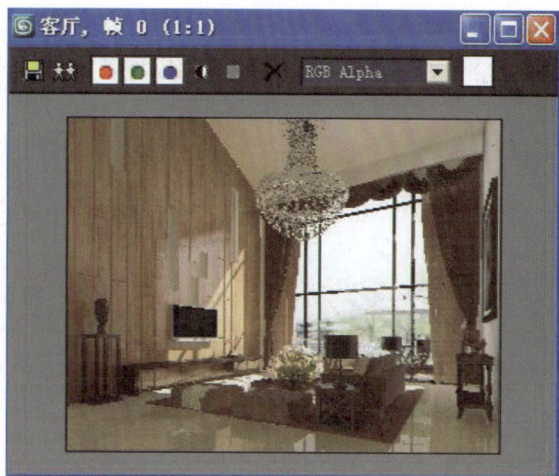

图 5-72　渲染效果

### 5.4.5　装饰灯光设置

装饰灯光的设置目的是增强灯光的装饰效果，同时还可以使得照射的光源效果更明显些，对比更强烈。

（1）点击 ，在下拉框中选择光度学灯光。在对象类型中选择 自由点光源 ，如图 5-73 所示。

（2）在顶视图中，打一盏自由点光源，放置在客厅沙发旁的台灯处，关联复制一盏移动到另一盏台灯处，用于模拟台灯光照效果。再在电视背景墙的饰品摆件处打一盏自由点光源，如图 5-74 所示。

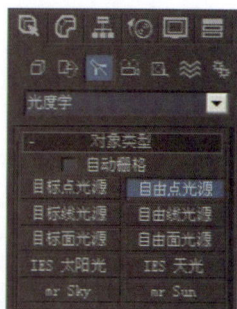

图 5-73　选择自由点光源

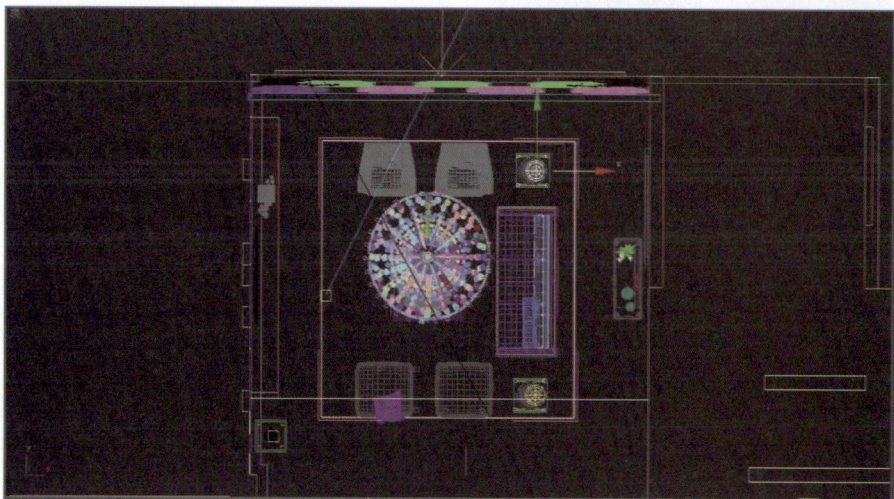

图 5-74　创建台灯光源

（3）切换到左视图，选择台灯处两个自由点光源移动至台灯位置，选择电视背景墙装饰处的自由点光源移动至饰品上方，三个光源在左视图位置如图 5-75 所示。

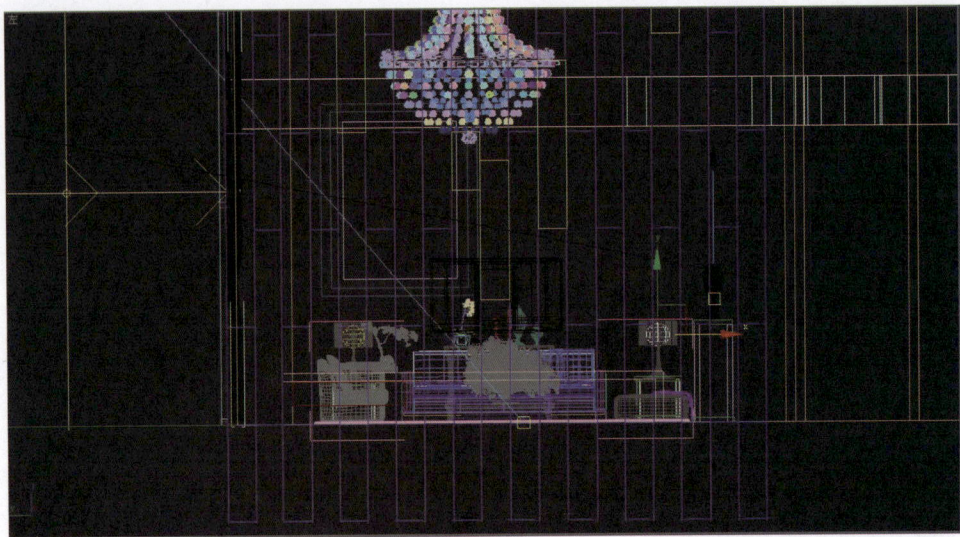

图 5-75　三个光源左视图位置

（4）在修改面板中为饰品处目标点光源添加一个光域网文件（强度为 15000cd，颜色为黄色）。光域网文件在配套光盘"第 5 章 \ 光域网"文件包中找，其具体参数设置如图 5-76 所示。

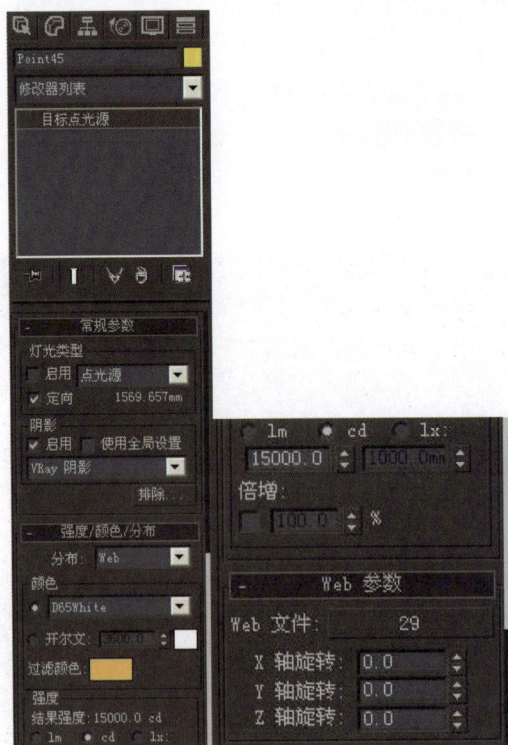

图 5-76　光域网文件设置

（5）调整台灯处的两盏灯光参数，强度设置为 500cd，颜色为黄色，如图 5-77 所示。

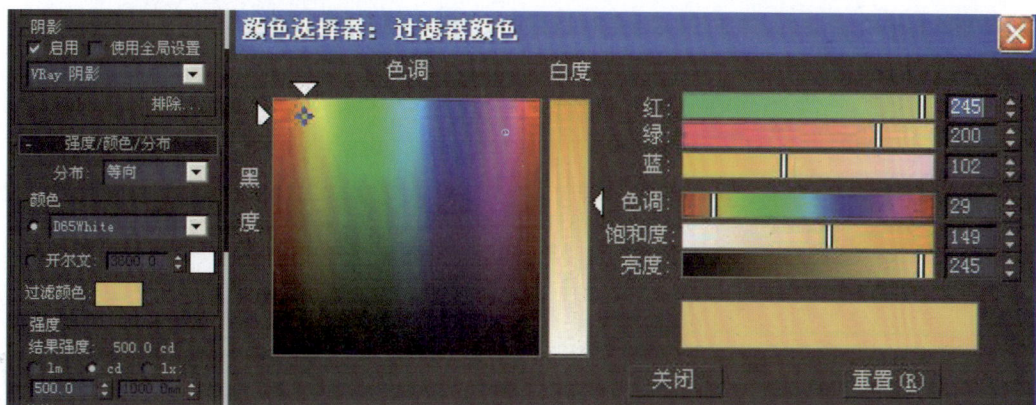

图 5-77　台灯灯光参数调整

（6）再次渲染，效果如图 5-78 所示。至此，渲染的测试就基本完成了。

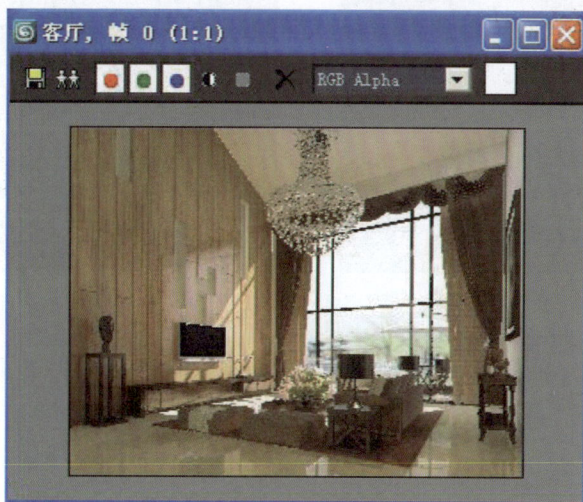

图 5-78　渲染效果

## 5.5　最 终 场 景 渲 染

从图 5-78 所示的效果图可以看出光照亮度和光影效果都达到了设计的要求，这时就可以设置最后的渲染参数，渲染最终的效果图。

（1）图像采样参数设置如图 5-79 所示。

（2）发光贴图参数设置如图 5-80 所示。在自动保存中选择一个路径保存将要渲染出来的光子图。

需要注意的是，勾选自动保存和切换到保存的贴图，并找到硬盘上一个路径，再次

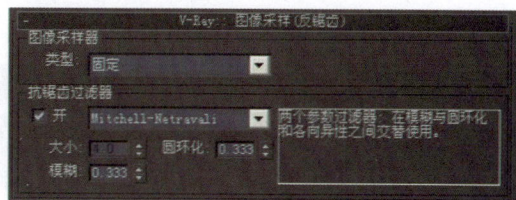

图 5-79　图像采样参数设置

渲染时计算机会自动调出保存的光子图。

保存了渲染光子图后再渲染较大的最终渲染图时，就不用再重复渲染光子图，可以节约渲染的时间。

（3）灯光缓存参数设置如图 5-81 所示。细分值设置为 1200，采样值设置为 0.02，在自动保存中选择一个路径保存将要渲染出来的光子图。

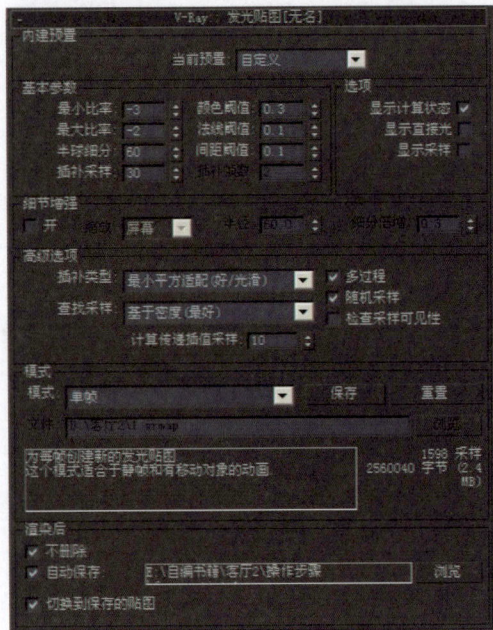

图 5-80　发光贴图参数设置

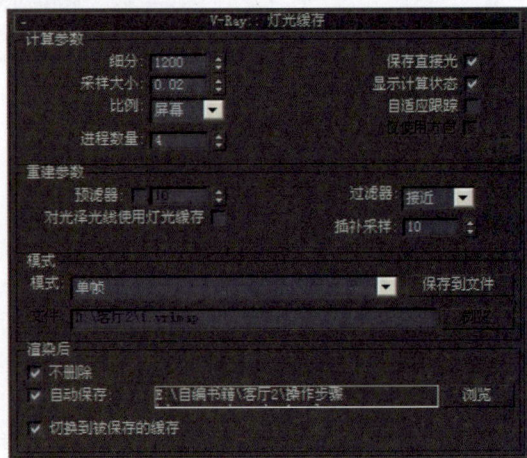

图 5-81　灯光缓存参数设置

和发光贴图设置一样，勾选灯光缓存的自动保存和切换到保存的贴图，并找到硬盘上一个路径，再次渲染时计算机就会自动调出保存的光子图。

（4）RQMC 采样器参数设置如图 5-82 所示。RQMC 采样器是针对场景中所有物体灯光、材质起作用的，提高 RQMC 采样器里面的参数，会提高整体图像的品质。但是缺点是渲染时间会成正比增加。为了整体调节图像质量，减少图像噪波，本范例需要对 RQMC 采样器参数进行调整。

（5）点击渲染，最终效果如图 5-83 所示。

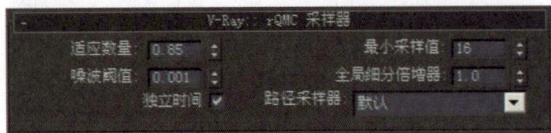

图 5-82　RQMC 采样器参数设置

图 5-83　渲染效果

（6）效果达到了理想的要求，这时就可以设置大些的渲染尺寸输出大图。调整最后渲染输出尺寸为 1200×900，如图 5-84 所示。

（7）选择一个路径进行自动保存，格式设置为 TIF 格式，如图 5-85 所示。

（8）图像采样渲染参数设置如图 5-86 所示。

图 5-84　设置最终输出渲染尺寸

图 5-85　设置自动保存

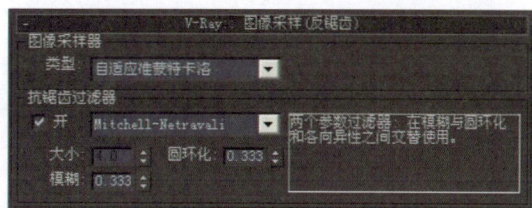

图 5-86　图像采样参数设置

（9）最终渲染效果如图 5-87 所示。

图 5-87　最终渲染效果

（10）进入 PHOTOSHOP 软件进行后期修改，调整整体亮度和色调，最终效果如图 5-88 所示。

图 5-88　后期修改后的最终效果

第6章

# 实例 V-Ray——制作天光及

# 人工光餐厅

## 6.1 餐厅场景材质设定

考虑到场景模型的制作都大同小异，而且大多数情况下，场景中模型都是采用导入的方式调入的。限于篇幅本章就不再介绍场景模型的创建，读者只需要从材质部分开始设置即可。打开配套光盘"第6章\原始模型.max"文件，看看有哪些主要的材质需要调节，在这里需要提示读者，在制作效果图时并不需要把每个材质都进行调节，比如在整张效果图中占据很小比例的、不在画面中心的材质，就不需要进行调节。

餐厅场景主要的材质归纳如下：

1——V-Ray 地毯置换材质。

2——沙发的材质。

3——台灯和茶几灯桌材质。

这三个是最接近摄像机的几个主要物体，必须表达清楚，而且必须精细。

4——地板。

5——木质装饰墙体。

6——乳胶漆。

7——窗帘布。

8——镜子和边缘金属。

这些是房间中面积占据最多的物体，也是必须表达清楚的。

接下来就是一些细部材质，细部材质有规律可循，接近摄像机的材质可以刻画，这样会使整张图别致起来，远处的细部和看不见的细部可以随意给一种材质或者干脆不给材质，这样有助提高作图速度，但又不会影响图像质量。

9——近处茶几上的酒瓶和酒杯（需要注意刻画的）。

10——近处的盆栽（需要注意刻画的）。

11——吊顶的铁艺吊灯（需要注意刻画的）。

12——远处餐桌上的餐布碗筷和窗帘后的窗套部分，随意给种颜色即可，这部分材质有的是摄像机视图看不见的，有的是不需要明显表示出来的，有的占据的面积很小，就算给了很细致的材质也不一定能够看得出来。

## 6.1.1　V-Ray 置换地毯材质设置

V-Ray 置换地毯材质设置如图 6-1 所示。

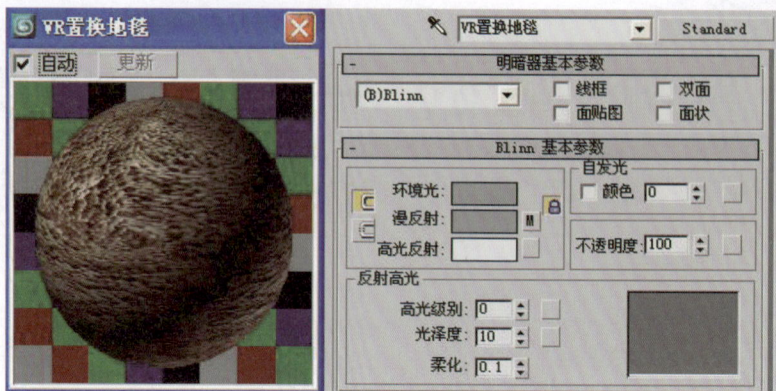

图 6-1　V-Ray 置换地毯材质设置

在漫反射中给一个地毯的贴图，在凹凸通道中给一张黑白贴图，在凹凸数量中设置为 0，在这里不是真的要给凹凸贴图，而是为了和 V-Ray 置换贴图进行实例连接，从而可以用 UVW 贴图影响 V-Ray 置换贴图，如图 6-2 所示。

首先添加一个 UVW 修改器，参数设置为如图 6-3 所示。选择地毯模型，在修改下拉列表中选择 V-Ray 置换模式修改器，给地毯模型添加一个 V-Ray 置换模式修改器，把材质面板中凹凸通道使用的灰色贴图用鼠标拖动到 V-Ray 置换模式下面的纹理贴图通道中，在弹出的浮动对话框中选择"实例"，其他参数设置如图 6-4 所示。

图 6-2　贴图设置

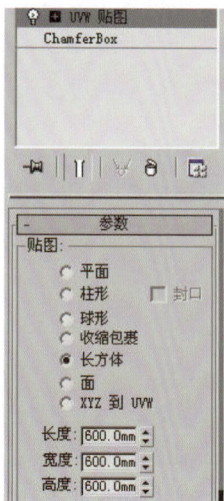

图 6-3　UVW 贴图设置

图 6-4　V-Ray 置换模式修改器参数设置

## 6.1.2　沙发布材质设置

沙发布材质设置如图 6-5 所示。

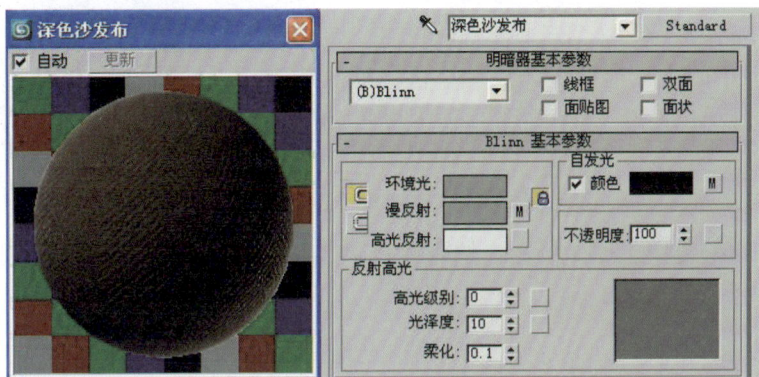

图 6-5　沙发布材质设置

其具体贴图通道材质设置如图 6-6 所示。其中漫反射颜色通道中贴图如图 6-7 所示。

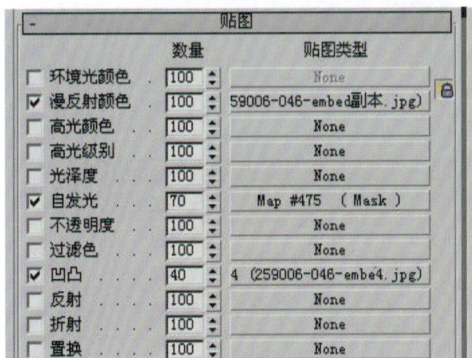

图 6-6　贴图通道材质设置

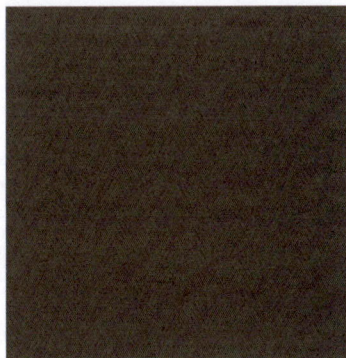

图 6-7　漫反射颜色通道中贴图

在自发光贴图通道中使用 mask 遮罩程序贴图，在 mask 程序贴图中继续使用 Falloff 衰减程序贴图，如图 6-8 所示。

最后在凹凸贴图通道中采用一张黑白贴图，如图 6-9 所示。

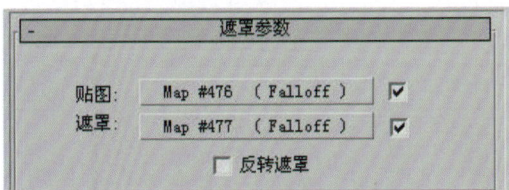

图 6-8　mask 程序贴图设置

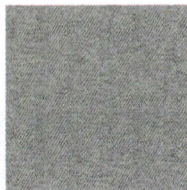

图 6-9　凹凸贴图通道中贴图

## 6.1.3　台灯多维 / 子材质设置

台灯材质类型采用了一个多维 / 子对象贴图，因为台灯的外部表面（以下称为 A 面）为带反射的黑色塑料，内部表面（以下称为 B 面）为白色反光，如图 6-10 所示。在材质编辑器中单击 Standard 按钮，从中选择多维 / 子对象贴图，如图 6-11 所示。

多维 / 子对象贴图材质数量设置为 2，如图 6-12 所示。

将 A 面材质中的漫反射调整为黑色，再在反射贴图通道中给一个 FALLOFF 程序贴图，具体设置如图 6-13 所示。

将 B 面材质中的漫反射调整为白色，再在反射贴图通道中给一个 FALLOFF 程序贴图，如图 6-14 所示。

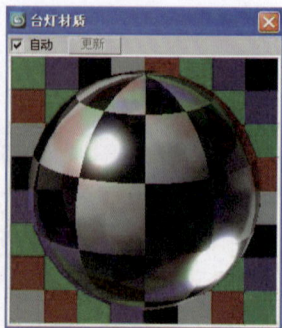

图 6-10　多维 / 子对象贴图材质效果

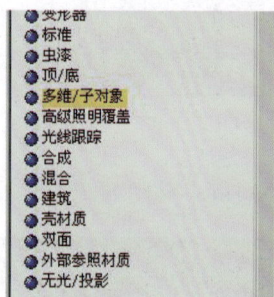

图 6-11　选择多维 / 子对象贴图

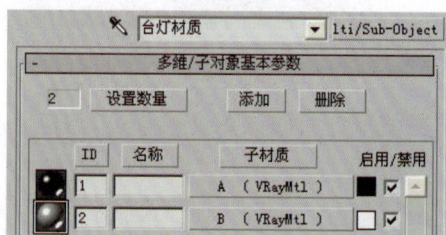

图 6-12　多维 / 子对象贴图材质数量设置

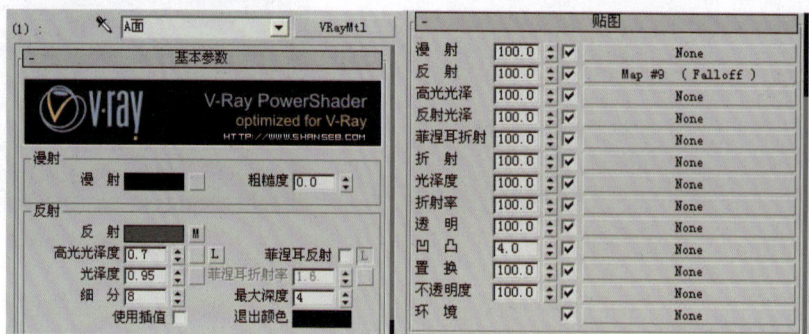

图 6-13　A 面材质设置

需要注意的是，在赋予材质之前需要根据材质的不同分别设置台灯模型面的 ID 数值。

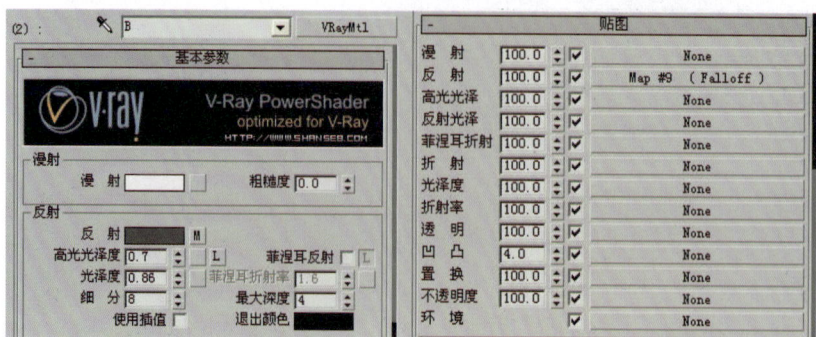

图 6-14　B 面材质设置

### 6.1.4　木质茶几材质设置

木质茶几材质设置如图 6-15 所示。其中漫射贴图通道中的位图采用配套光盘中的木材贴图，如图 6-16 所示。反射灰度如图 6-17 所示。

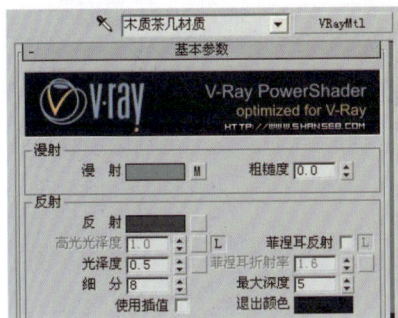

图 6-15　木质茶几材质设置

图 6-16　木材贴图

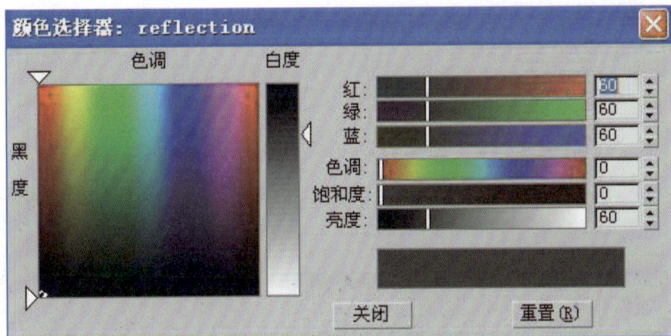

图 6-17　反射灰度设置

### 6.1.5　地面石材材质设置

地面石材材质参数设置如图 6-18 所示，其中漫射贴图通道贴图如图 6-18 右侧所示。地面石材反射灰度值调整如图 6-19 所示。

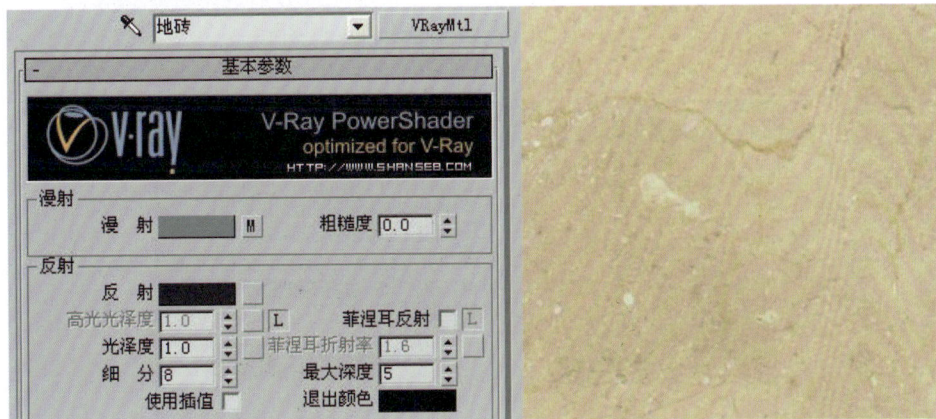

图 6-18　地面石材材质参数设置

真实世界中的石材地板会带有一定的模糊反射，而本场景中控制模糊反射的地板材质光泽度却设定为1。在这里需要提示读者，在不同的场景里，有些材质是可以人为调亮或调暗一些的。这是因为在比较亮的场景中，就算给了一定的模糊反射，但反射效果依然会非常明显。相反，在较暗的场景中就算没给反射模糊，物体

图 6-19　地面石材反射灰度值调整

的反射仍旧不明显。从本案例分析，餐厅只有少数窗户有室外的天光进入，而且窗户离我们所表达的室内中心比较远，室内又只有局部灯光照射，其他大面积范围亮度并不够，所以可以通过提高大面积物体的反射或不给模糊反射或提高图片亮度的方法来解决这一问题，考虑到物体模糊反射渲染时计算时间较长，在这里就选择不给模糊反射的方式。

### 6.1.6　木质装饰墙体材质设置

木质装饰墙体材质参数设置如图 6-20 所示。其中漫射贴图通道贴图如图 6-20 右侧所示。其反射灰度如图 6-21 所示。

图 6-20　木质装饰墙体参数设置

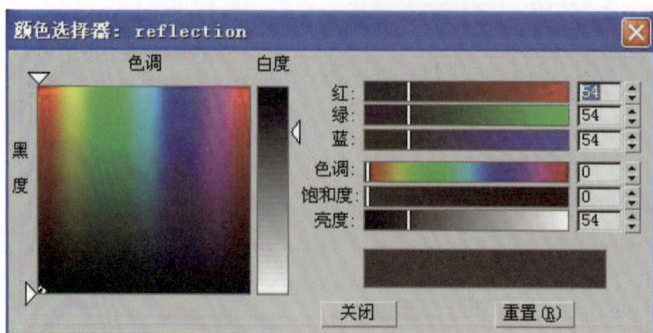

图 6-21　反射灰度参数设置

### 6.1.7　乳胶漆材质设置

将乳胶漆材质漫射颜色调为纯白色，其他参数设置如图 6-22 所示。同时将选项中"跟踪反射"项去选，这是为了在渲染时避免乳胶漆反射周边的物体，如图 6-23 所示。反射灰度设置如图 6-24 所示。

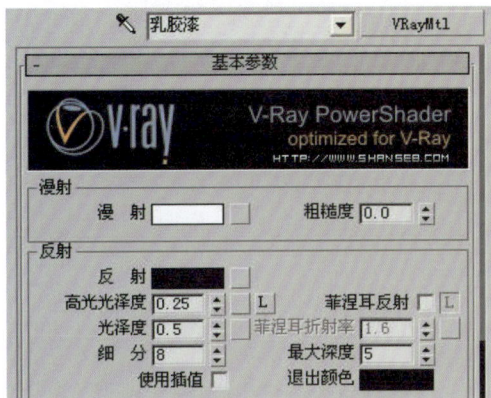

图 6-23　去选跟踪反射

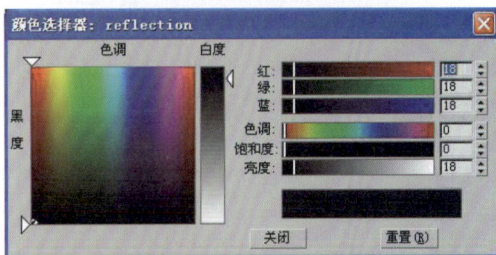

图 6-22　乳胶漆材质参数设置

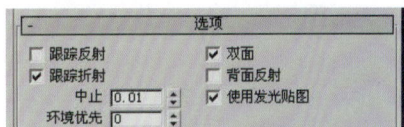

图 6-24　反射灰度设置

### 6.1.8　窗帘布材质设置

窗帘布材质设置如图 6-25 所示。贴图参数设置如图 6-26（a）所示。

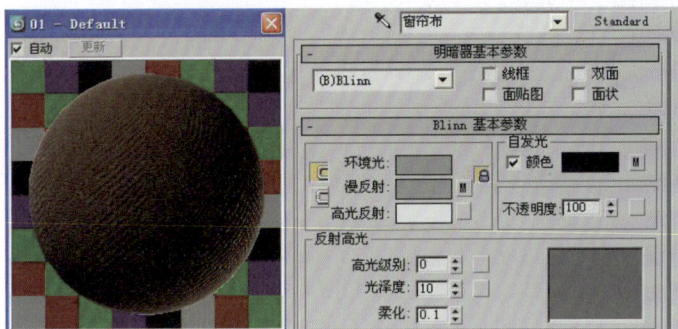

图 6-25　窗帘布材质设置

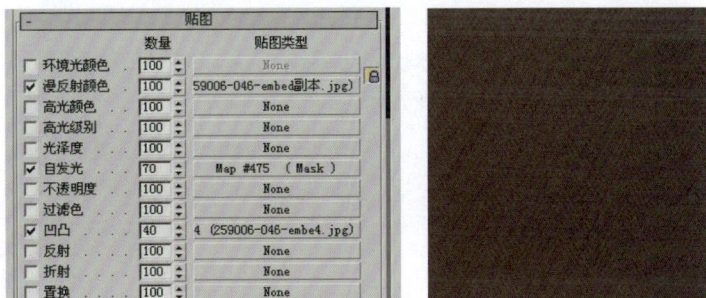

(a)

(b)

图 6-26

(a) 贴图参数设置；(b) 漫反射通道贴图

在漫反射通道中给窗帘布一个贴图，如图 6-26（b）所示。在自发光贴图通道中给一个 Mask 遮罩程序贴图。贴图和遮罩通道全部设为 Falloff。自发光通道里给的这些程序贴图意义在于让窗帘布表面一层有淡淡的亮度，如图 6-27（a）所示。凹凸通道贴图如图 6-27（b）所示。

(a)  (b)

图 6-27

(a) 遮罩参数设置；(b) 凹凸通道贴图

## 6.1.9 镜子材质设置

镜子材质参数设置如图 6-28 所示。

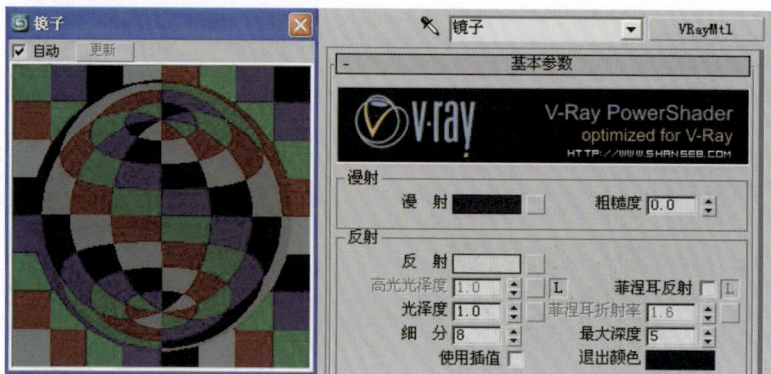

图 6-28　镜子材质参数设置

在漫射中给一个深色颜色，比较接近黑色即可。在反射中给一个乳白色，但不能是纯白色，如图 6-29 所示。

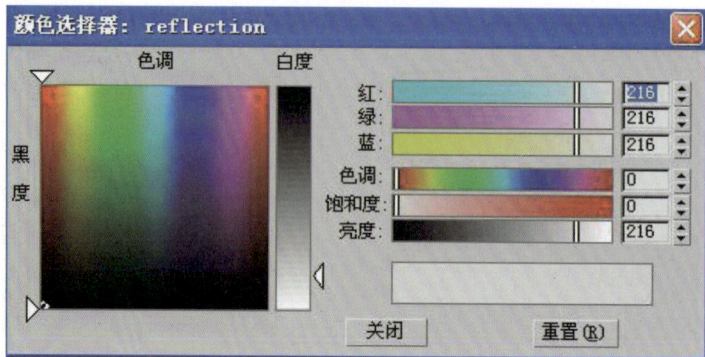

图 6-29　反射灰度设置

### 6.1.10   画框边缘铜质金属材质设置

画框边缘铜质金属材质设置如图 6-30 所示。漫射给一个接近黑色的深灰色；因为要模拟金黄色的金属，所以给反射一个黄色，如图 6-31 所示。光泽度设为 0.6 让金属反射看起来比较模糊。再在 BRDF 中将类型改为沃德，这样可以使得反射更为强烈，如图 6-32 所示。

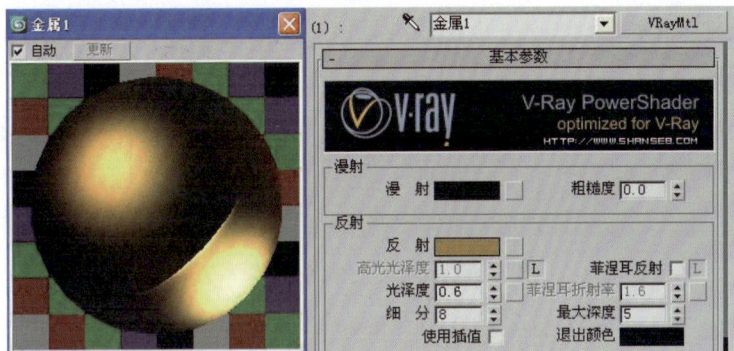

图 6-30   画框边缘铜质金属材质设置

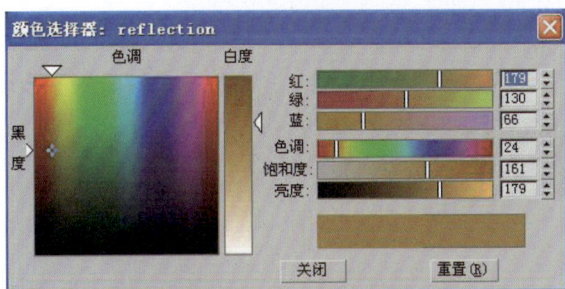

图 6-31   反射颜色设置

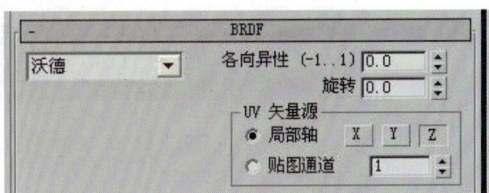

图 6-32   BRDF 中将类型改为沃德

### 6.1.11   盆栽植物材质设置

（1）近处的盆栽假石材质参数设置如图 6-33 所示。其中漫射贴图通道中的贴图采用如图 6-33 所示右侧的贴图。在凹凸通道中给一个细胞程序贴图，并调节细胞程序贴图参数如图 6-34 所示。

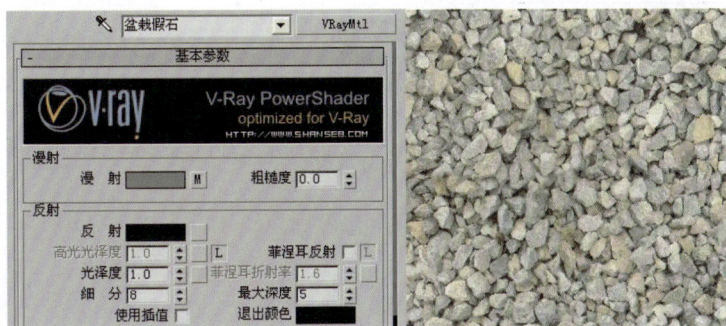

图 6-33   盆栽假石材质参数

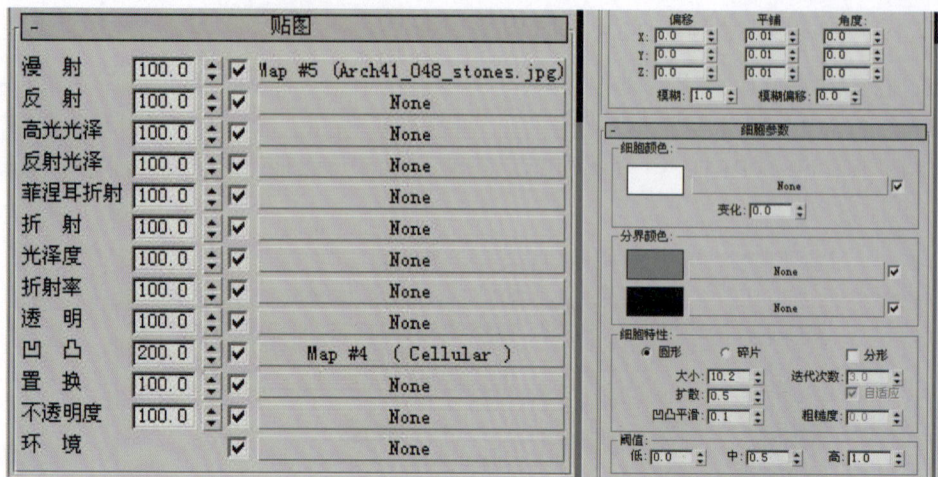

图 6-34　细胞程序贴图参数设置

（2）近处的盆栽树干材质参数设置如图 6-35 所示。

（3）近处的盆栽树叶材质参数设置如图 6-36 所示。再在凹凸通道中给一个黑白贴图，让树叶看起来有一定的立体感，如图 6-37 所示。

图 6-35　盆栽树干材质参数设置

图 6-36　盆栽树叶材质参数设置

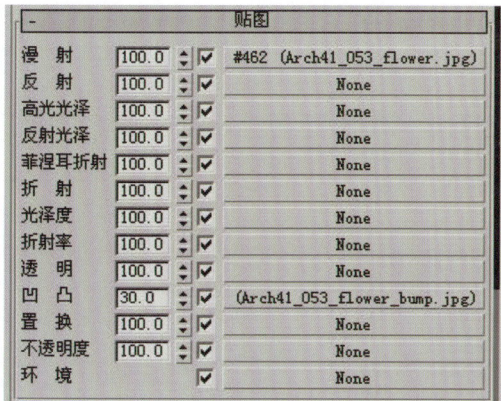

图 6-37　盆栽树叶凹凸贴图通道设置

## 6.1.12　吊灯金属材质设置

单击 **Standard** 按钮，选择 V-Ray 混合材质，如图 6-38 所示。调节 V-Ray 混合材质参数如图 6-39 所示。

（1）基本材质设置为金属铜材质。具体设置可以参照画框边缘铜质金属材质进行设置。

（2）镀膜材质通道 1 材质设置如图 6-40 所示，注意必须采用 V-RayMtl 类型。其反射灰度设置如图 6-41 所示。

（3）混合数量通道 1 设置如图 6-42 所示，注意必须采用 V-Ray 污垢材质类型。

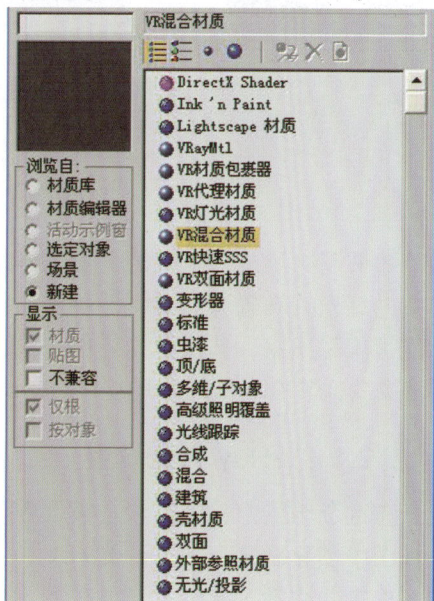

图 6-38　选择 V-Ray 混合材质

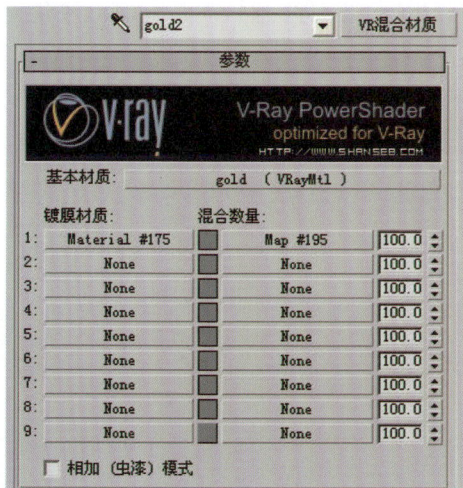

图 6-39　V-Ray 混合材质参数设置

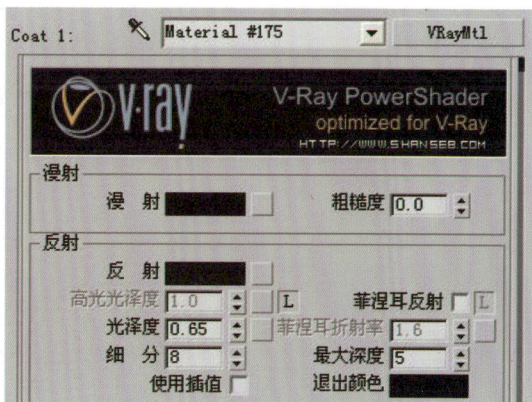

图 6-40　镀膜材质通道 1 材质设置

至此，基本材质全部设置完毕，至于场景中的餐布碗筷和窗帘后的窗套部分可以随意给种颜色即可。

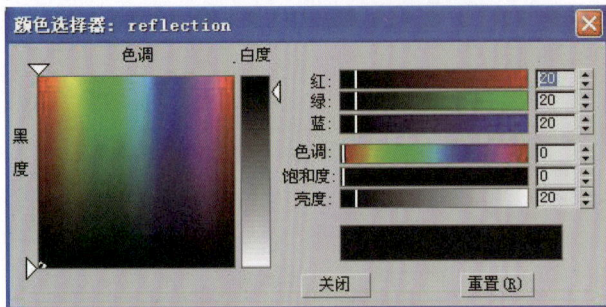

图 6-41　反射灰度设置

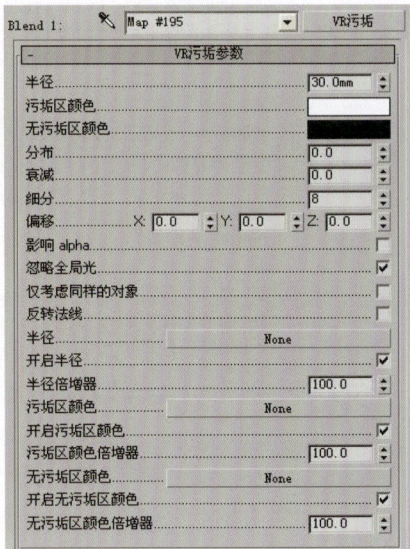

图 6-42　混合数量通道 1 设置

## 6.2　V-Ray 天光及人工光设置

如果说材质是一个人的美丽的外表，那么灯光则是一个人的灵魂。室内效果图的好坏和室内灯光的布置有着直接的关系。首先因为有了灯光起到的照明作用，物体与物体材质才能被体现出来，其次灯光还能起到点缀与衬托的作用，在灯光布置上需要采用艺术化的手法来营造整个环境的冷暖及色彩对比，突出个别物体，加强画面的视觉效果。

### 6.2.1　V-Ray 天光设置

在这个场景中，第一步是设置 V-Ray 片光灯光为主照明模拟天光，照亮整个场景。在前视图中创建两个 V-Ray 片光灯光，大小和窗洞一样即可，切换到顶视图，按照窗户的形状，旋转并移动 V-Ray 灯光的位置，再复制出两面 V-Ray 灯光（注意只能是复制而不能是实例复制），如图 6-43、图 6-44 所示。

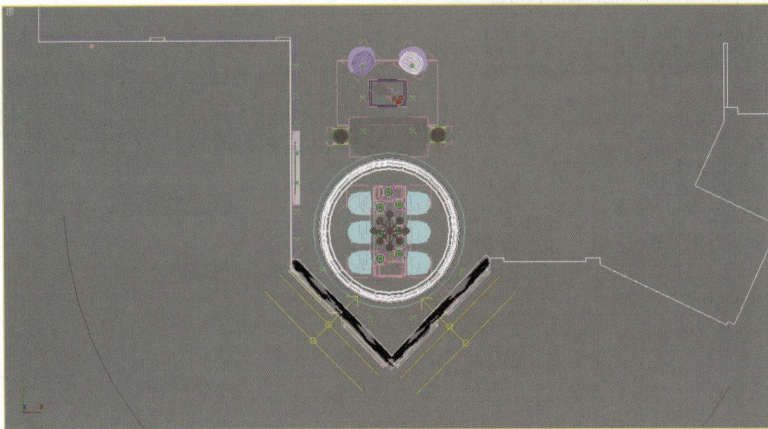

图 6-43　顶视图灯光位置

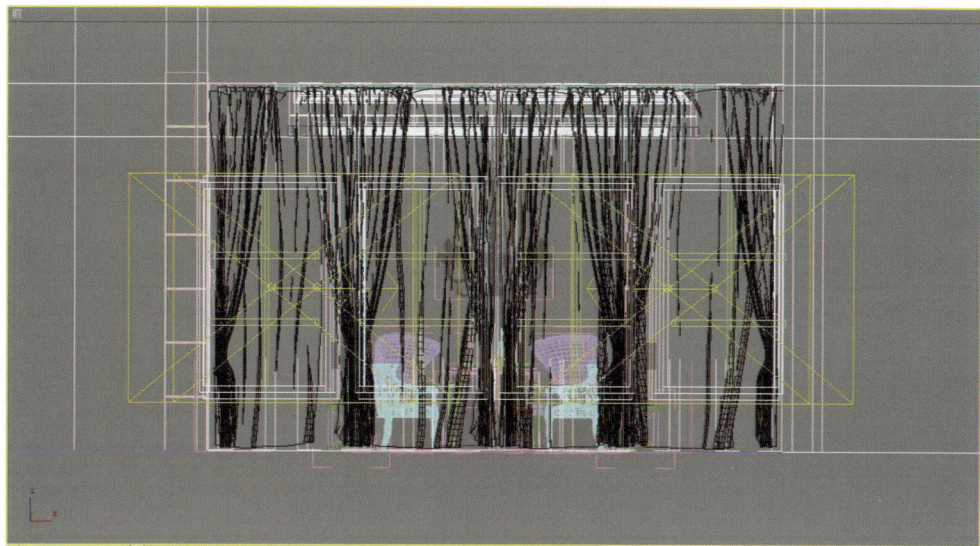

图 6-44　前视图灯光大小及位置

设置靠近窗户的 2 个 V-Ray 灯光参数如图 6-45 所示。另外距离较远的 2 个 V-Ray 灯光参数设置如图 6-46 所示。

图 6-45　设置靠近窗户的 2 个 V-Ray 灯光参数设置

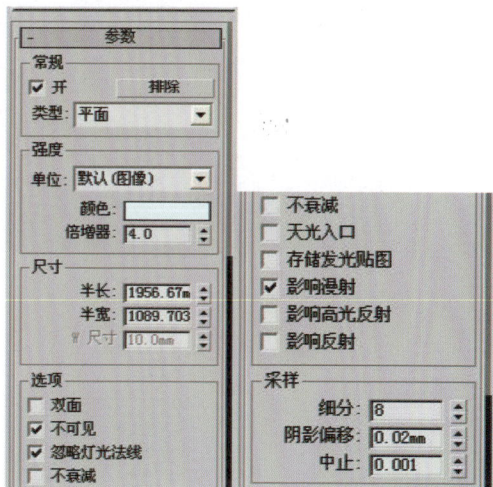

图 6-46　设置距离较远的 2 个 V-Ray 灯光参数设置

4 面 V-Ray 灯光设为 2 组不同的颜色，意义在于颜色在室内的影响范围不一样。

## 6.2.2　筒灯灯光设置

在室内的木质装饰墙一边设置 7 盏筒灯，采用光度学灯光中的自由点光源类型。加入光域网（作用在于强化室内局部亮度，并通过光域网的形状加强灯光的装饰效果）。筒灯位置如图 6-47、图 6-48 所示。注意不能将灯光嵌入筒灯模型或者天花中，这样会影响到灯光的照射效果。

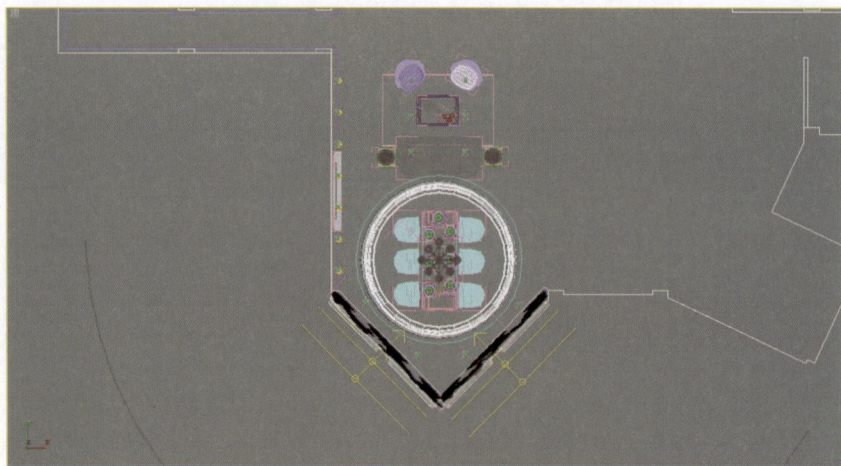

图 6-47　顶视图筒灯位置

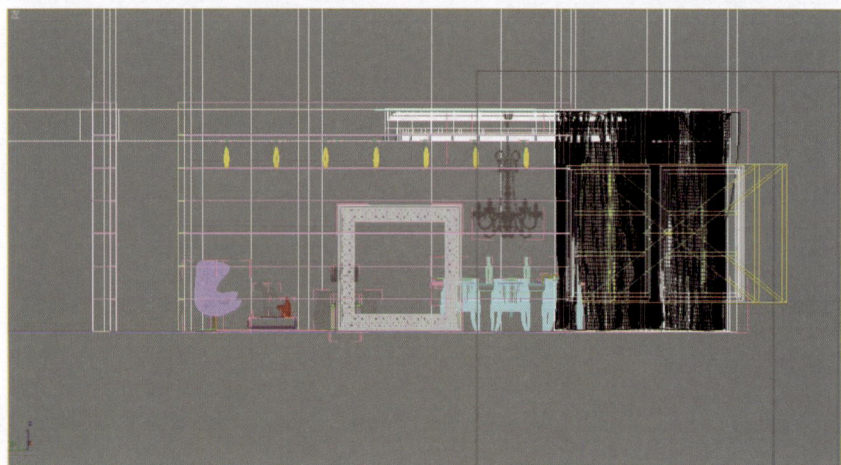

图 6-48　左视图筒灯位置

筒灯光域网参数设置如图 6-49 所示。

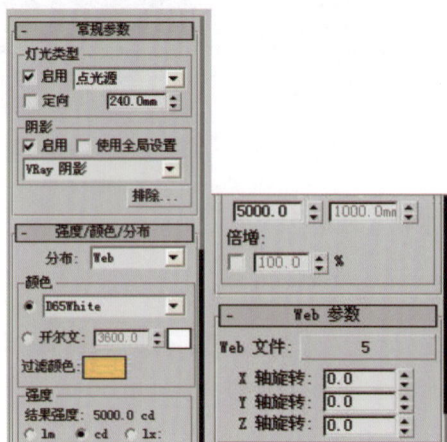

图 6-49　筒灯光域网参数设置

## 6.2.3　台灯灯光设置

同样使用光度学灯光中的"自由点光源"在顶视图台灯位置设置一盏自由点光源，并关联复制到另一边台灯处，如图 6-50 所示。

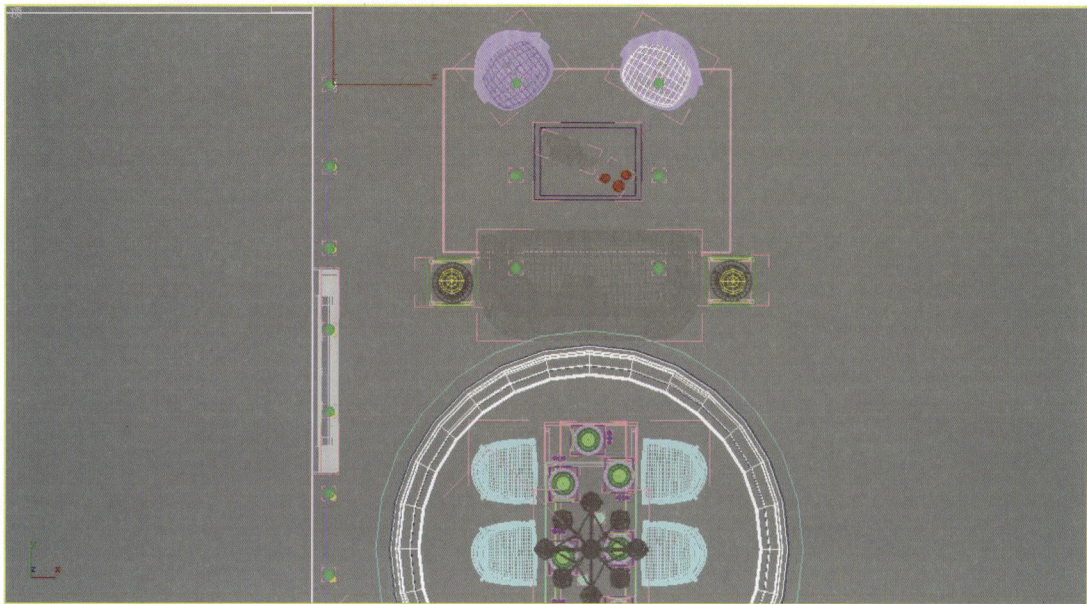

图 6-50　台灯灯光位置设置

在左视图提高自由点光源的高度，需要注意不要把光源移动到模型内部，最终光源位置如图 6-51 所示。

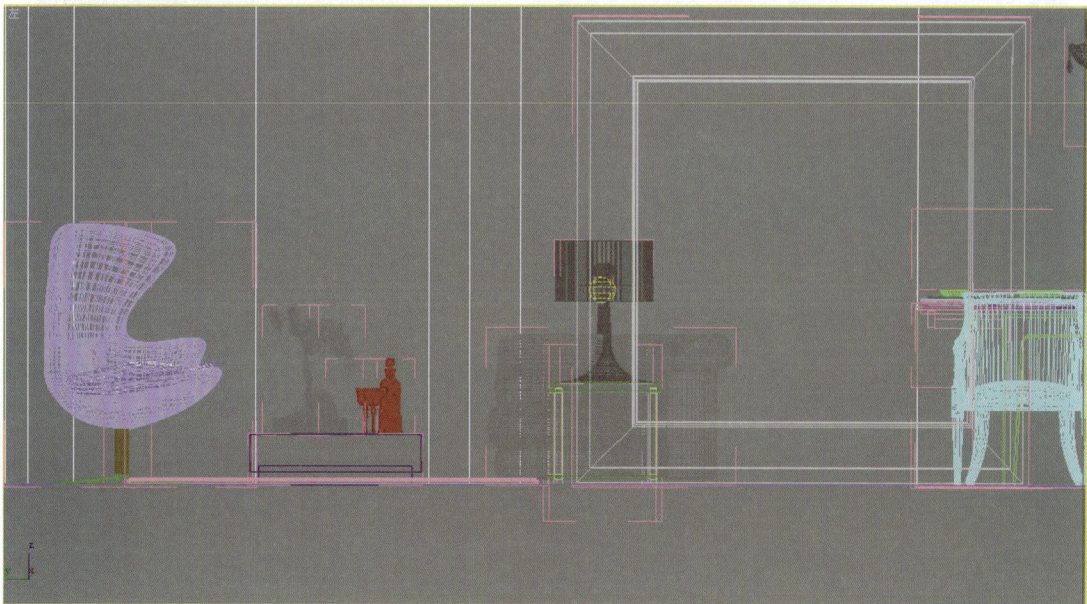

图 6-51　台灯灯光高度位置设置

台灯灯光参数设置，需要注意将灯光颜色设置为暖黄色，如图 6-52 所示。

### 6.2.4 装饰效果筒灯灯光设置

除了靠墙处的筒灯，其他筒灯并不需要都按照实际制作出来，因为灯光太多画面会平淡，没有突出效果，此外灯光过多渲染时间也会更长。所以，通常只需要把能够突出效果的筒灯制作出来即可。

在顶视图，在靠近双人沙发的餐桌区制作两盏"自由点光源"，双人沙发处制作两盏"自由点光源"，在茶几处制作一盏"自由点光源"，因为都是制作"自由点光源"，所以可以通过复制来完成，前四盏可以在复制中选择实例，后一盏则选择复制，因为靠近茶几的"自由点光源"的设置参数中亮度会高于前四盏灯光。最后把它们全部加入光域网文件。

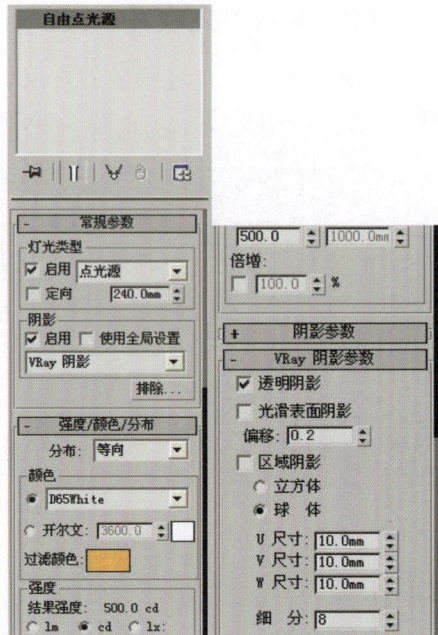

图 6-52 台灯灯光参数设置

在左视图中提高"自由点光源"高度（注意：不需要按实际筒灯高度调整，因为这几盏灯光的主要任务是点缀局部，提高对比，并不需要过多的照明其他场景物体），如图 6-53 所示。

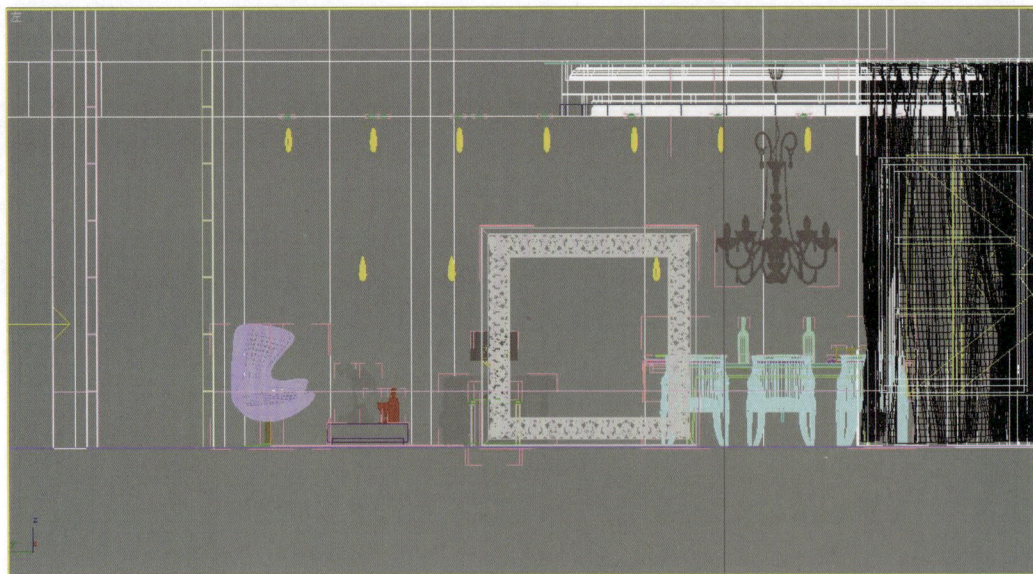

图 6-53 装饰效果筒灯灯光位置设置

前四盏装饰效果筒灯参数设置如图 6-54 所示。光域网采用配套光盘"第 6 章\光域网"文件。

茶几处的"自由点光源"设置基本一样，只需要将灯光强度设置为 20000，其他保持不变即可。

## 6.2.5　补光灯光设置

在顶视图中，分别制作两个 V-Ray 片光作为场景中的补光。其在顶视图和左视图中的位置如图 6-55、图 6-56 所示。

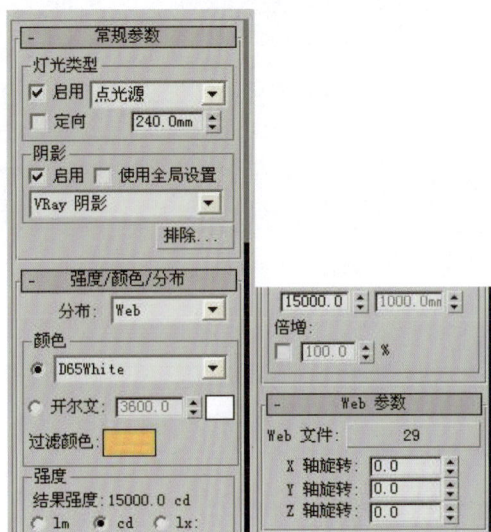

图 6-54　装饰效果筒灯参数设置

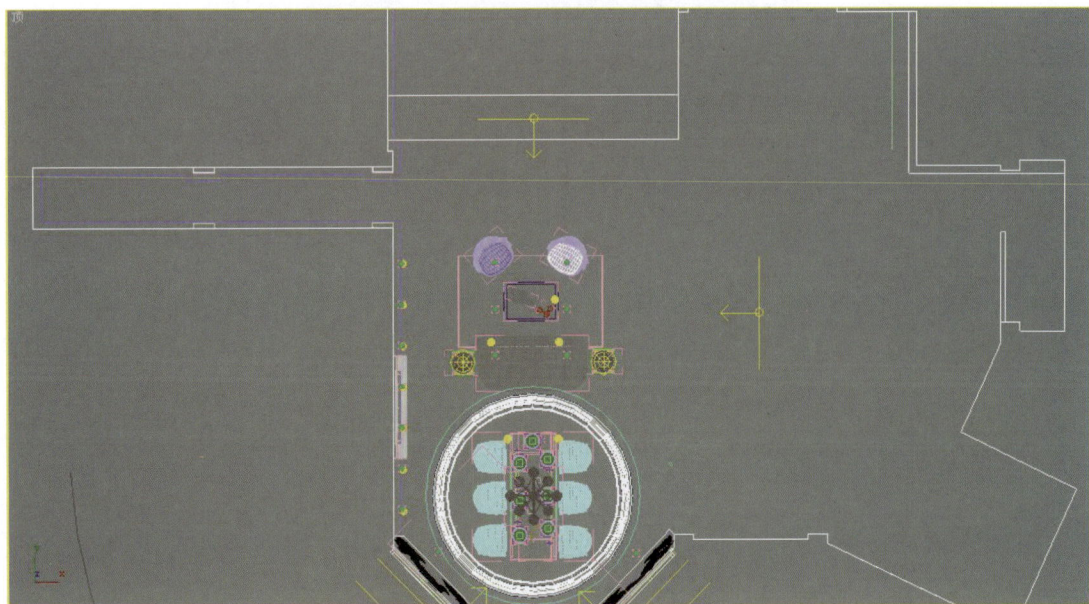

图 6-55　补光 V-Ray 片光在顶视图的位置

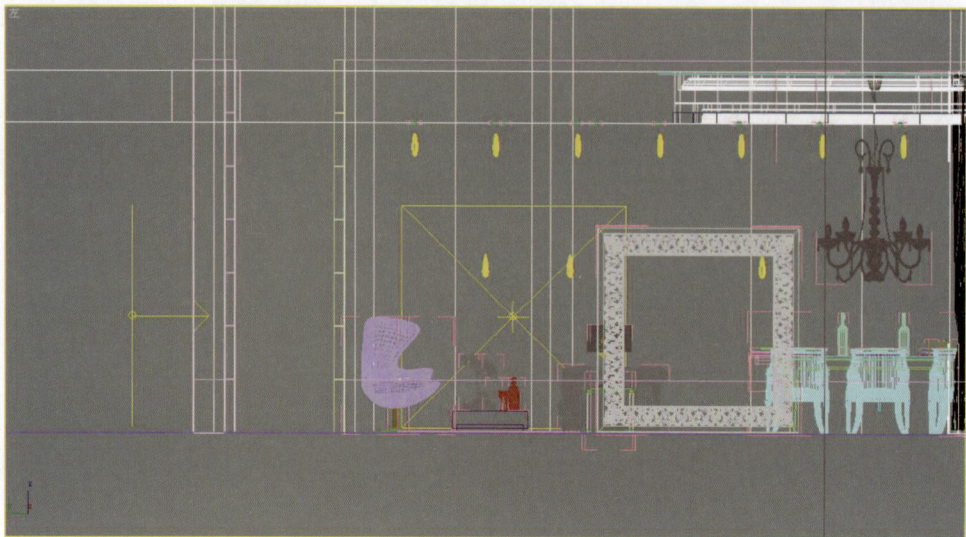

图 6-56　补光 V-Ray 片光在左视图的位置

顶视图中右边的 V-Ray 片光灯光设置参数为图 6-57 所示。此外在顶视图中上方的 V-Ray 片光灯光参数设置和顶视图中右边的 V-Ray 片光灯光参数设置基本一样，只需要将倍增器值设置为 8 即可。

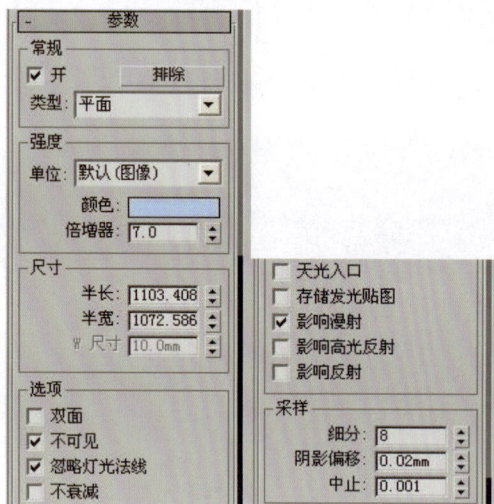

图 6-57　顶视图中右边的 V-Ray 片光灯光参数设置

至此，该场景中的所有灯光都设置完毕，接下来就可以设置渲染参数了。

## 6.3　场 景 渲 染 参 数 设 置

（1）渲染尺寸设定。因为需要测试，所以可以将渲染尺寸设置较低一些，如图 6-58 所示。

（2）全局开关参数设置，如图 6-59 所示。

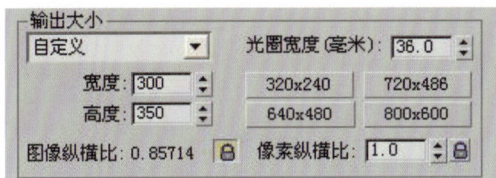

图 6-58　渲染尺寸设置

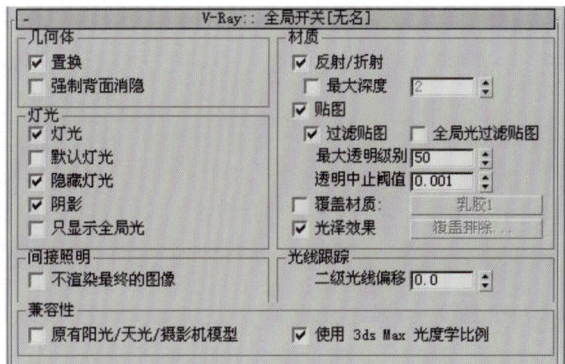

图 6-59　全局开关参数设置

（3）图像采样参数设置，如图 6-60 所示。

（4）间接照明参数设置，如图 6-61 所示。

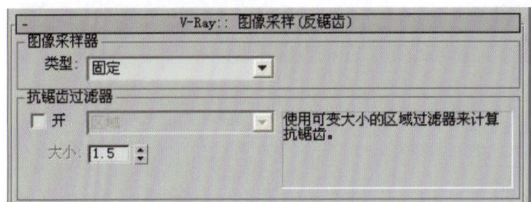

图 6-60　图像采样参数设置

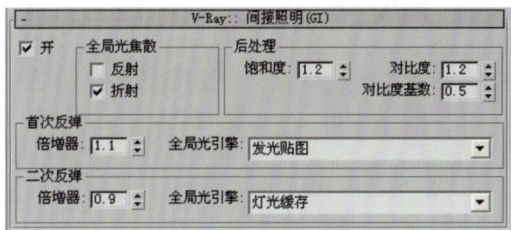

图 6-61　间接照明参数设置

（5）发光贴图参数设置，如图 6-62 所示。

（6）灯光缓存参数设置，如图 6-63 所示。

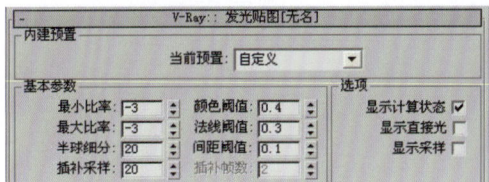

图 6-62　发光贴图参数设置

图 6-63　灯光缓存参数设置

（7）环境参数设置，如图 6-64 所示。

（8）颜色映射参数设置，如图 6-65 所示。

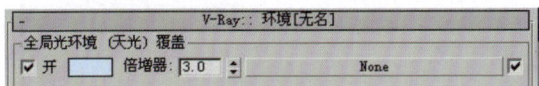

图 6-64　环境参数设置

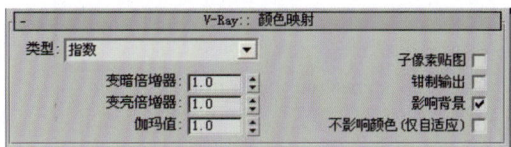

图 6-65　颜色映射参数设置

（9）系统参数设置，如图 6-66 所示。

（10）渲染出图，效果如图 6-67 所示。

图 6-66　系统参数设置

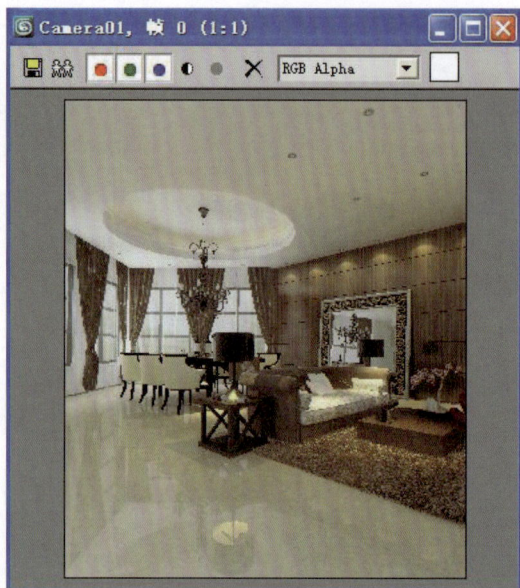

图 6-67　渲染效果

从图 6-67 中可以看出整个场景的光影效果已经达到预期目的，现在可以设置保存光子图参数，以加快后面的渲染速度，点击"自动保存"后的"浏览"，选择一个保存发光贴图的路径，并给需要保存的发光贴图起一个名字，点击确定，如图 6-68 所示。

（11）将图像采样中的抗拒齿过滤器打开，选择如图 6-69 所示抗锯齿类型。

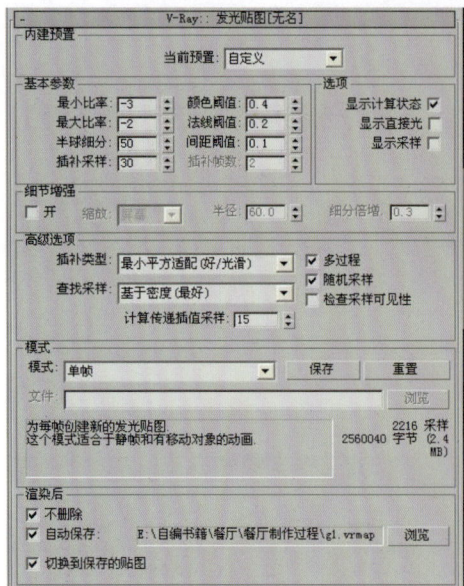

图 6-68　保存光子图参数

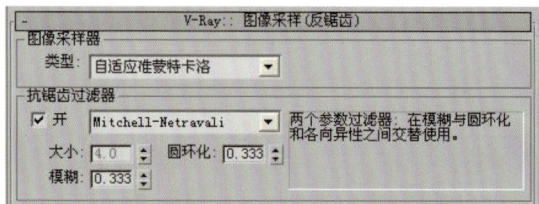

图 6-69　抗锯齿类型设置

（12）在 rQMC 采样器中增大最小采样值为 15，如图 6-70 所示。

（13）灯光缓存参数设置如图 6-71 所示，将参数设置更高是为了后面的大图渲染可以得到更为精细的效果，同时单击"自动保存"后的"浏览"，选择一个保存发光贴图的路径，并给需要保存的发光贴图起一个名字，点击确定，如图 6-71 所示。

（14）渲染效果如图 6-72 所示。

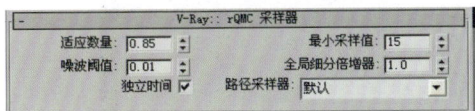

图 6-70　rQMC 采样器参数设置

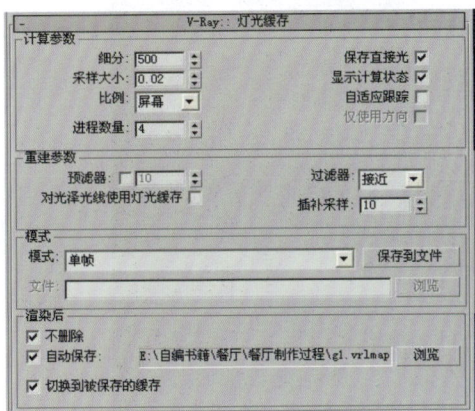

图 6-71　灯光缓存参数设置

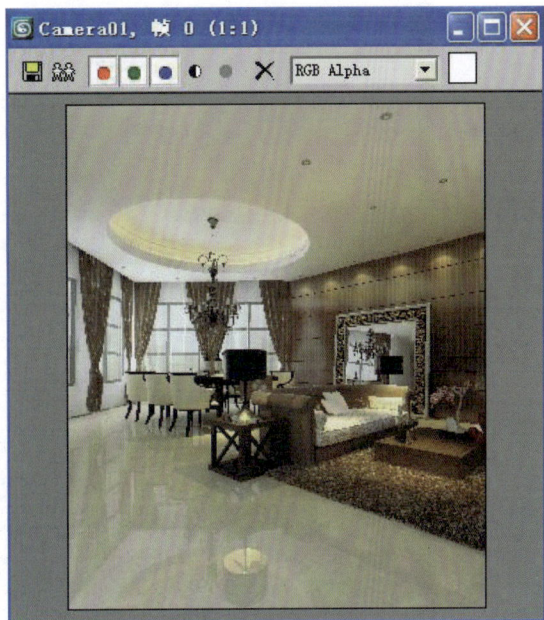

图 6-72　渲染效果

（15）最后设置大图的渲染尺寸，如图 6-73 所示。

（16）其他渲染参数保持不变，渲染后效果如图 6-74 所示。

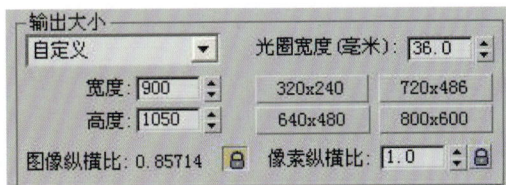

图 6-73　渲染尺寸设置

图 6-74　渲染效果

（17）经过 Photoshop 简单修改后的效果如图 6-75 所示。

图 6-75　最终效果

# 第7章

# 实例 V-Ray——制作夜景卧室

## 7.1 卧室场景材质设定

打开配套光盘"第7章\原始模型.max"文件，该max文件为制作完毕的模型文件。在实际的效果图创作中，除了室内的整体框架需要建模外，大多数的家具及饰品等模型都是采用导入现有模型的方式。在自己的电脑里需要储备大量的模型，可以网上下载或者购买成套的模型光盘，这样制作效果图时可以减少大量的建模时间。

### 7.1.1 地毯材质设置

地毯材质设置如图7-1所示。

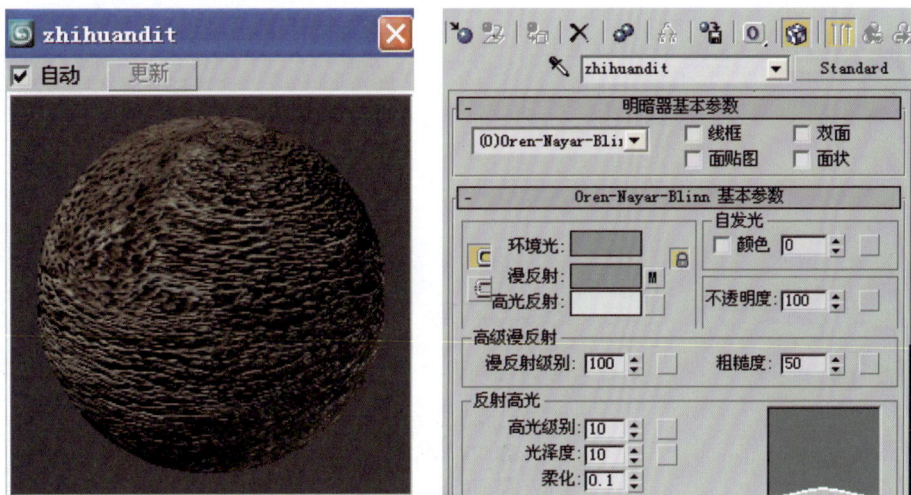

图 7-1 地毯材质设置

在漫反射中给一个地毯的贴图，在凹凸通道中给一张黑白贴图，将凹凸数量设置为80，如图7-2所示。

选择地毯模型，在修改面板下拉框中首先添加一个Noise噪波修改器，参数设置如图7-3所示。接着设置地毯的UVW贴图，在修改面板下添加一个UVW贴图修改器，参数设置为如图7-4所示。最后选择地毯模型，在修改下拉列表中选择V-Ray置换模式修改器，给地毯模型添加一个V-Ray置换模式修改器，把材质面板中凹凸通道使用的灰色贴图用鼠标拖动到V-Ray置换模式下面的纹理贴图通道中，在弹出的浮动对话框中选择"实例"，其参数设置如图7-5所示。

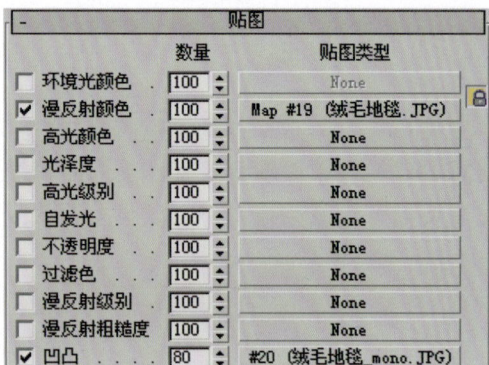

图 7-2 贴图设置

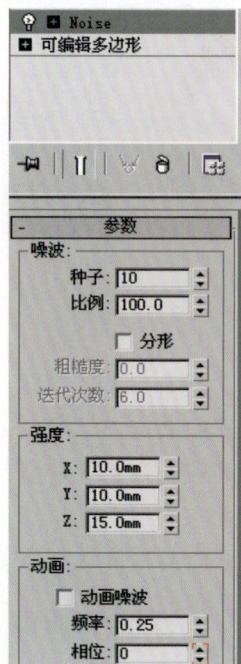

图 7-3 UVW 贴图设置

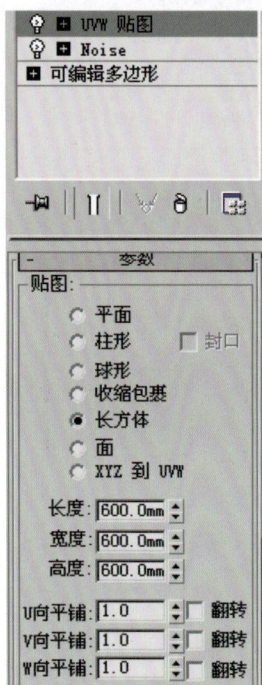

图 7-4 UVW 贴图参数设置

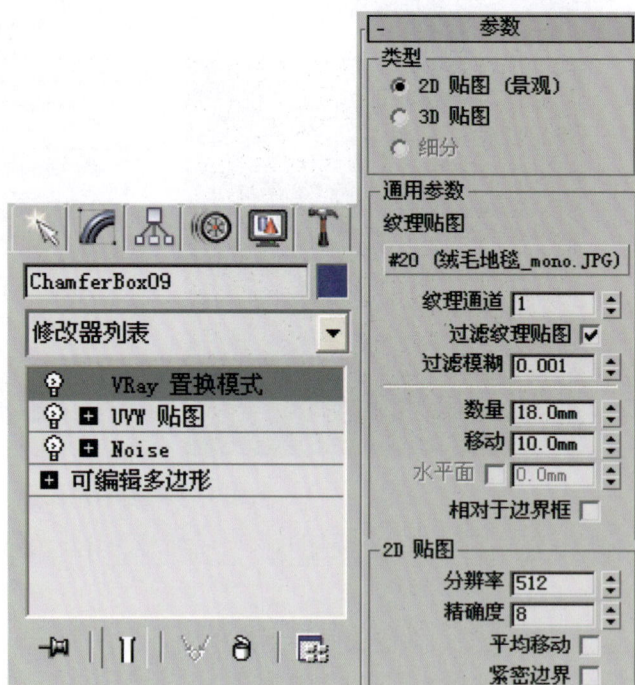

图 7-5 V-Ray 置换模式修改器参数设置

## 7.1.2 沙发布材质设置

沙发布材质设置如图 7-6 所示。

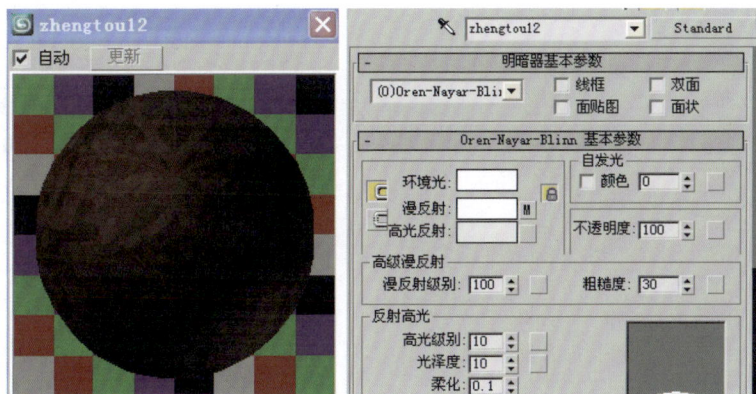

图 7-6　沙发布材质设置

其具体贴图通道材质设置如图 7-7 所示。其中漫反射颜色通道中贴图如图 7-8 所示。

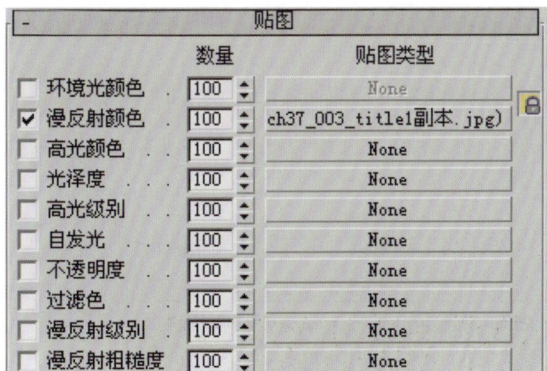

图 7-7　贴图通道材质设置

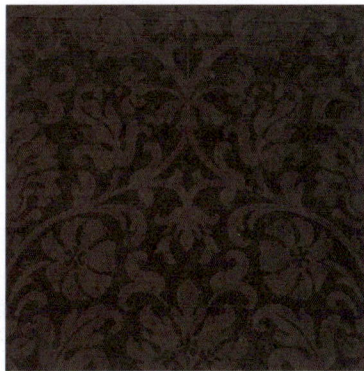

图 7-8　漫反射通道中贴图

## 7.1.3　台灯灯罩材质设置

台灯灯罩材质参数设置如图 7-9 所示。环境光和漫反射颜色均设置为纯黑色。

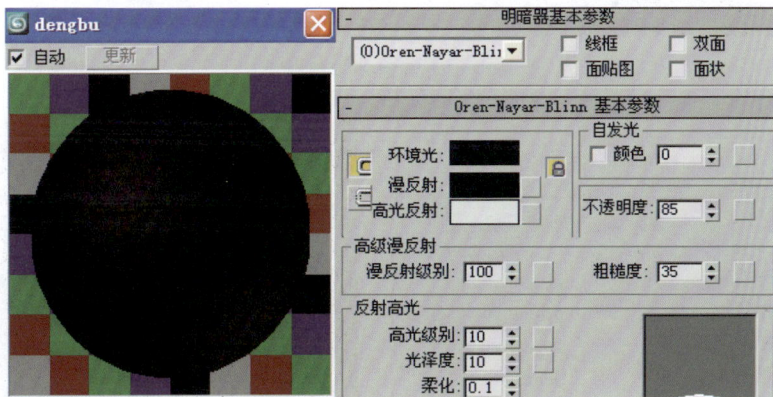

图 7-9　台灯灯罩材质参数设置

其具体贴图通道材质设置如图 7-10 所示。其中凹凸通道中贴图如图 7-11 所示。

图 7-10　贴图通道材质设置

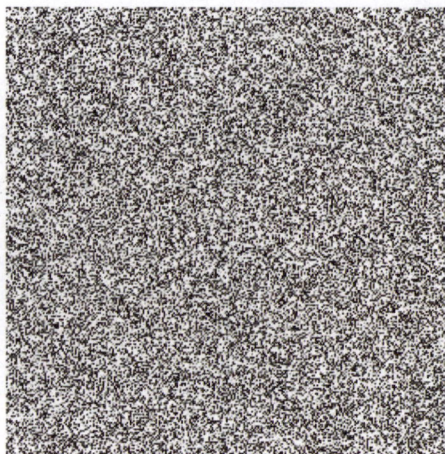

图 7-11　凹凸通道使用的贴图

### 7.1.4　清漆木质背景墙材质设置

　　清漆木质背景墙材质设置如图 7-12 所示。贴图通道设置如图 7-13 所示，其中漫射贴图通道中位图采用配套光盘中的木材贴图，如图 7-14 所示。反射贴图通道采用 Falloff 衰减程序贴图，具体如图 7-15 所示。

图 7-12　木质背景墙材质设置

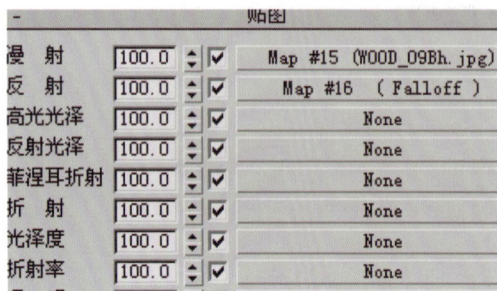

图 7-13　贴图通道设置

图 7-14　木材贴图

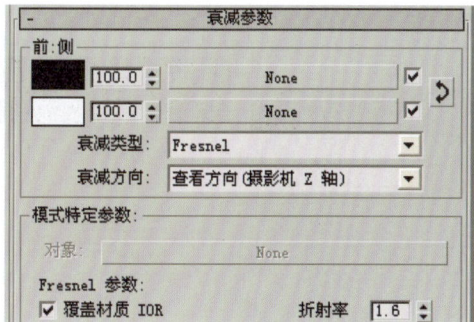

图 7-15　衰减参数设置

### 7.1.5　地毯材质设置

地毯材质参数设置如图 7-16 所示，其中漫射贴图通道贴图采用 Falloff 衰减程序贴图，具体参数设置如图 7-17 所示，其中上方通道采用如图 7-17 右侧所示的地毯贴图。贴图在配套光盘“第 7 章 \ 贴图”文件包中。

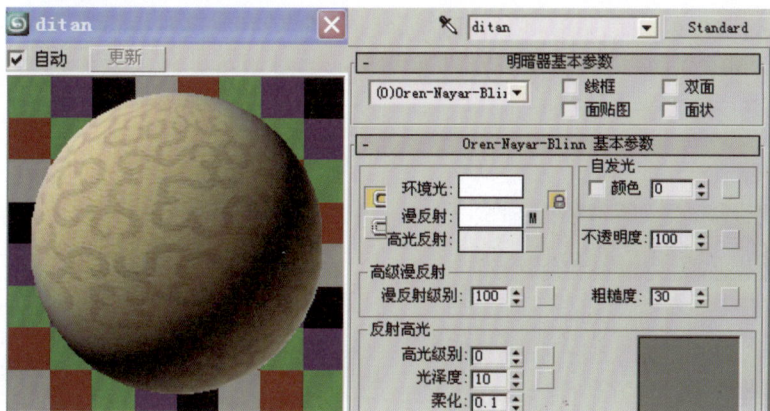

图 7-16　地毯材质参数设置

图 7-17　衰减参数设置

### 7.1.6　窗帘材质设置

窗帘材质参数设置如图 7-18 所示。其中漫射亮度值设置为 255，反射亮度值设置为纯黑。

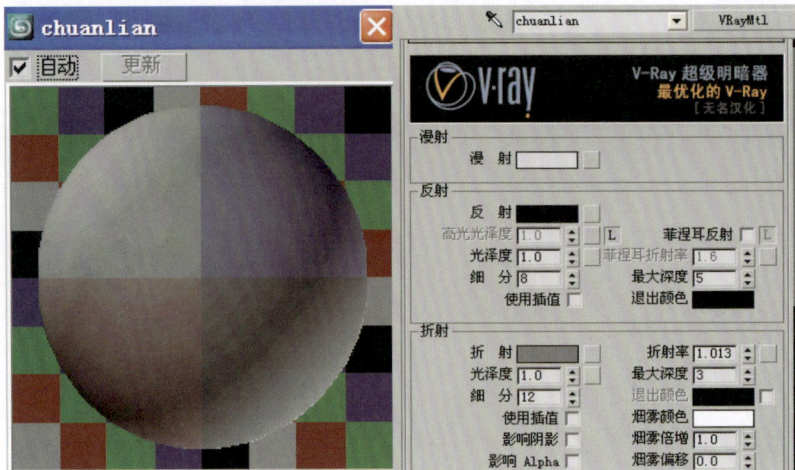

图 7-18　窗帘材质参数设置

## 7.1.7　乳胶漆材质设置

将乳胶漆材质漫射颜色 GRB 值分别为 245，243，240，其他参数设置如图 7-19 所示。同时将选项中"跟踪反射"项去选，这是为了在渲染时避免乳胶漆反射周边的物体，如图 7-20 所示。反射灰度设置如图 7-21 所示。

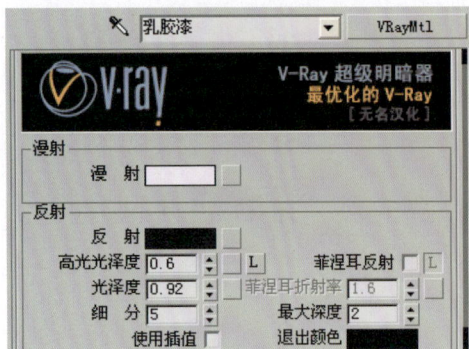

图 7-19　乳胶漆材质参数设置

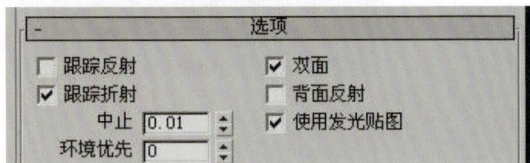

图 7-20　去选跟踪反射

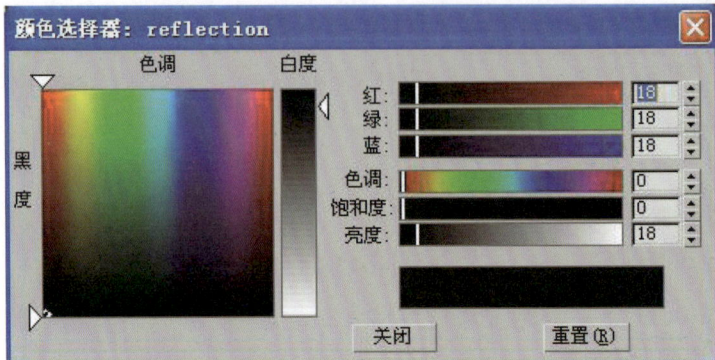

图 7-21　反射灰度设置

## 7.1.8　床单、枕头布质材质设置

床单、枕头布质材质参数设置如图 7-22 所示。贴图参数设置如图 7-23 所示。

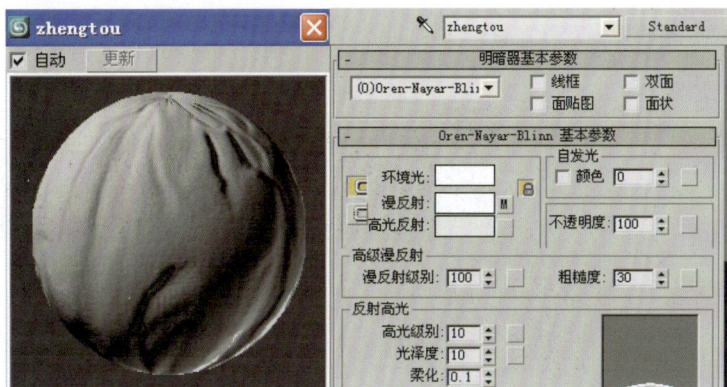

图 7-22　床单、枕头布质材质参数设置

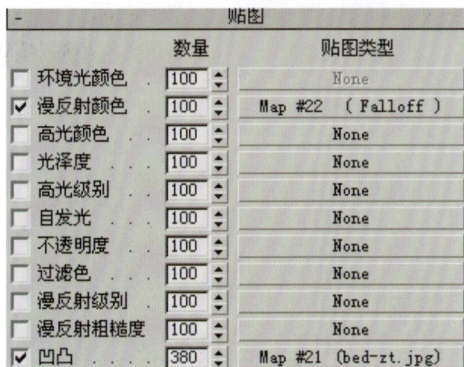

图 7-23　贴图参数设置

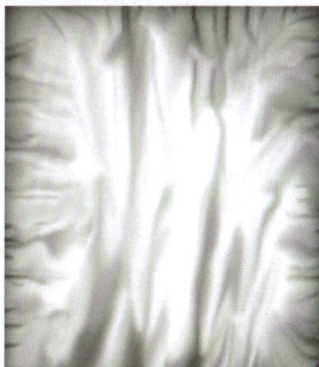

图 7-24　漫反射通道贴图

在凹凸贴图通道中给一个如图 7-24 所示贴图。在漫反射贴图通道给一个 Falloff 衰减程序贴图，具体参数如图 7-25 所示。在衰减参数中将两个通道都设置为噪波程序贴图，其参数设置如图 7-26 所示。

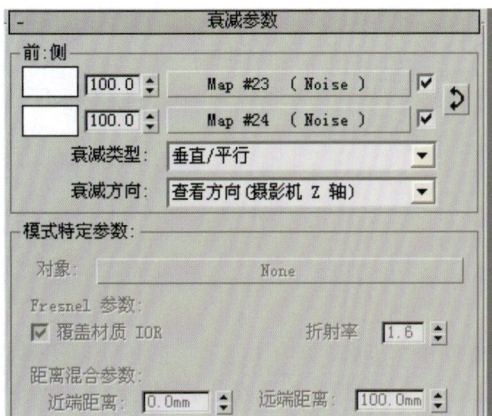

图 7-25　衰减参数设置

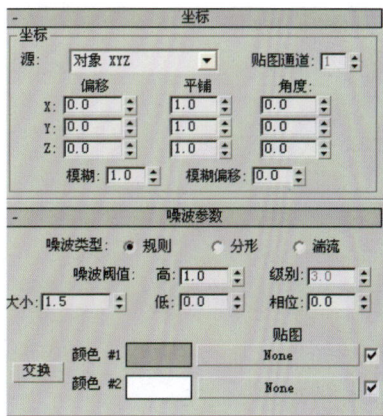

图 7-26　噪波参数设置

### 7.1.9  背景墙石材材质设置

背景墙石材材质参数设置如图 7-27 所示。

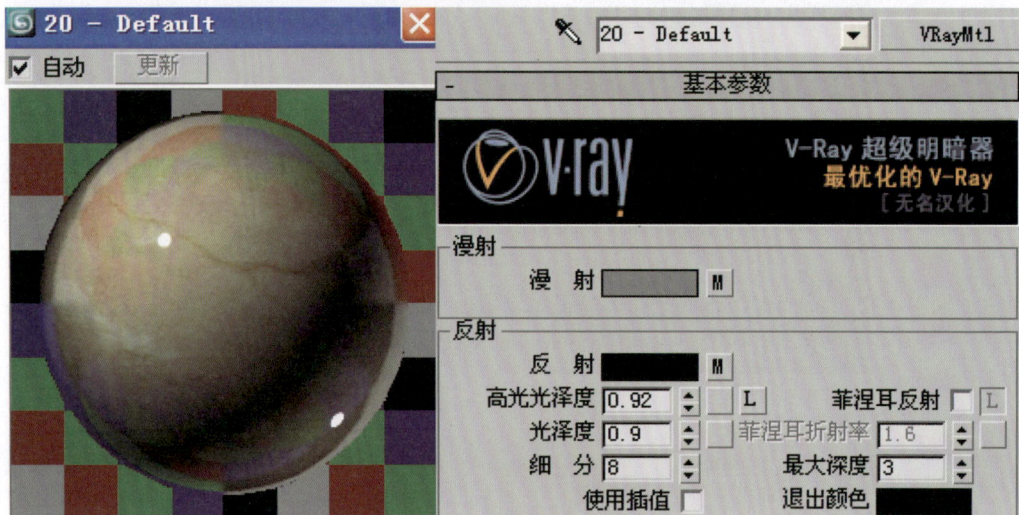

图 7-27  石材材质参数设置

在漫射贴图通道中给一个石材贴图，如图 7-28 所示。在反射贴图通道中给一个 Falloff 衰减程序贴图，具体参数设置如图 7-29 所示。

图 7-28  石材贴图

图 7-29  衰减参数设置

### 7.1.10  装饰镜面材质设置

装饰镜面材质设置如图 7-30 所示。漫射颜色设置如图 7-31 所示。反射设置为纯白色，即将亮度值设置为 255。

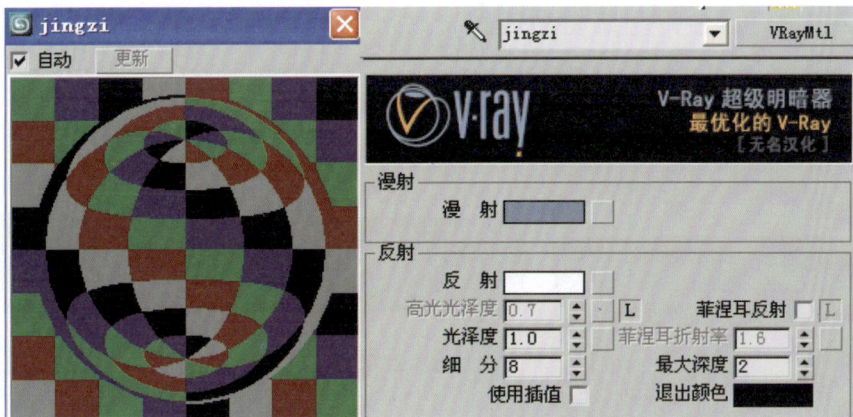

图 7-30  画框边缘铜质金属材质设置

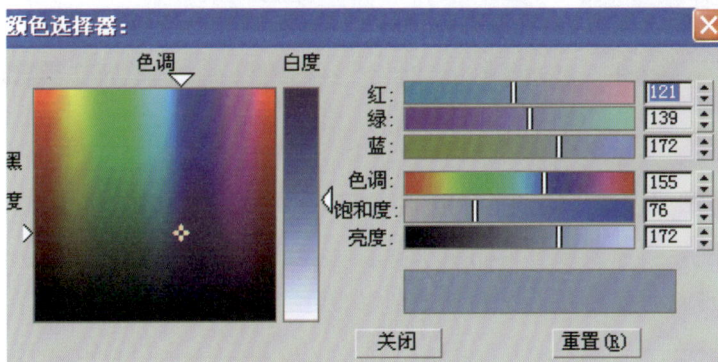

图 7-31  漫射颜色设置

## 7.1.11  装饰画材质设置

装饰画材质参数设置如图 7-32 所示。其漫反射贴图通道采用如图 7-33 所示贴图。

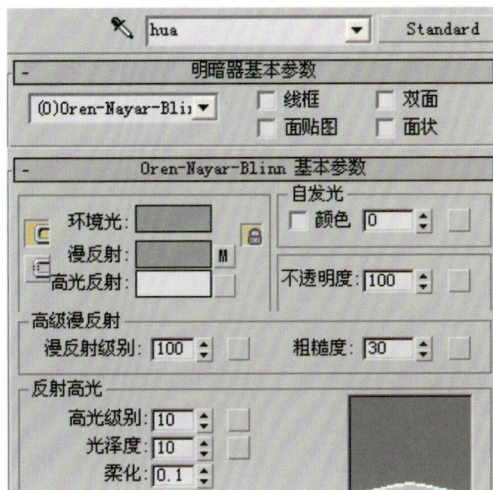

图 7-32  装饰画材质参数设置

图 7-33  漫反射通道采用的贴图

### 7.1.12 吊灯、台灯金属材质设置

吊灯、台灯金属材质参数设置如图 7-34 所示。其中漫射亮度值设置为 128，反射亮度值设置为 255。

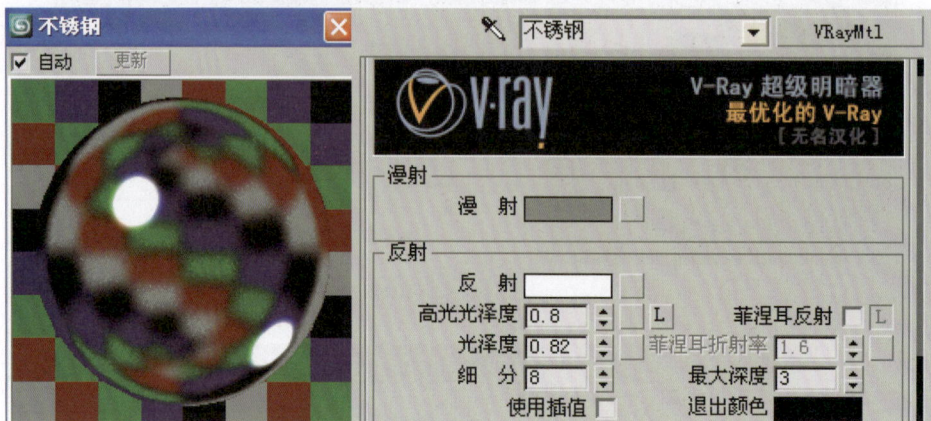

图 7-34　金属材质参数设置

### 7.1.13 踢脚线及床头柜材质设置

踢脚线及床头柜材质参数设置如图 7-35 所示。其中漫反射通道采用 V-Ray 边纹理程序贴图，具体参数设置如图 7-36 所示，其中反射颜色亮度设置为纯黑色，即亮度值为 0。

图 7-35　踢脚线、床头柜材质参数设置

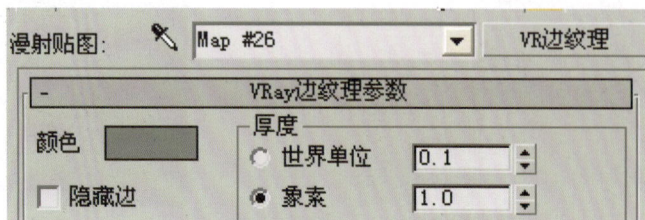

图 7-36　V-Ray 边纹理参数设置

### 7.1.14　床材质设置

床材质设置如图 7-37 所示。

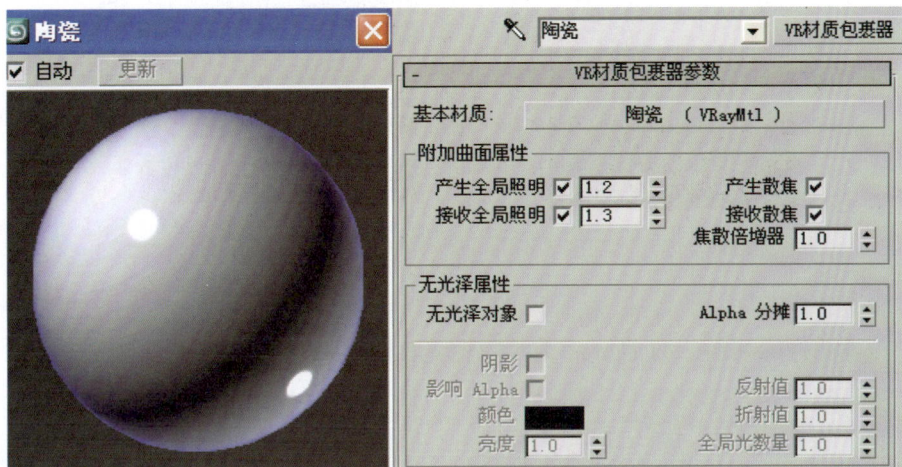

图 7-37　床材质设置

床的材质同时还可以赋予装饰瓶、筒灯外壳、装饰摆件等各种物品。至于其他模型的材质读者可以参照之前的材质设置进行。

## 7.2　V–Ray 夜景灯光设置

夜景灯光的主照明通常为室内的人工光，再加上夜光渲染气氛。本场景同样如此，主照明为室内的人工光源，但是在处理时还需要根据实际情况人为增加一些补光。在灯光设置尤其是夜景灯光设置的时候，不能局限于实际照明，要根据场景的需要进行艺术化处理。

### 7.2.1　室外夜光设置

创建一盏目标平行光用于模拟夜光，如图 7-38 所示。其参数设置如图 7-39 所示，灯光颜色设置如图 7-40 所示。

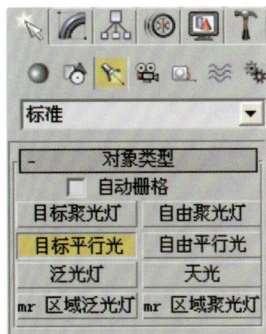

图 7-38　创建目标平行光

图 7-39　目标平行光参数设置

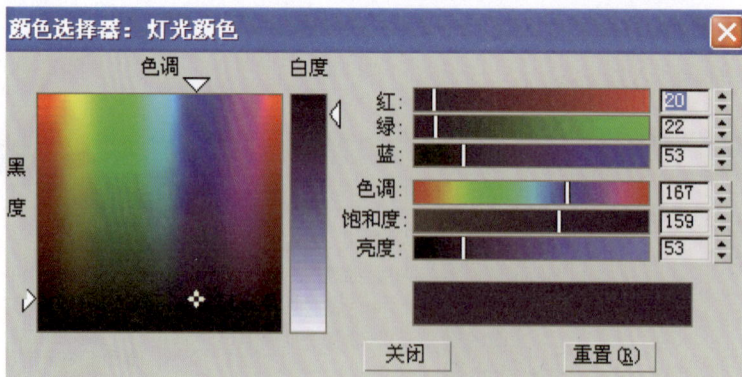

图 7-40　灯光颜色设置

灯光顶视图位置如图 7-41 所示，前视图位置如图 7-42 所示。

图 7-41　灯光顶视图位置

图 7-42　灯光前视图位置

## 7.2.2　夜光氛围灯光设置

在该卧室场景中采用了一盏目标平行光来模拟夜光，此外还需要采用一个 V-Ray 片光来加强夜光的效果，灯光颜色 RGB 值分别设置为 92，97，187 的蓝色，这样也可以和室内的暖色人工光形成冷暖对比，加强室内的渲染氛围。在场景的前视图创建一个 V-Ray 片光，大小和窗洞一样即可，参数设置如图 7-43 所示。灯光在左视图位置如图 7-44 所示。

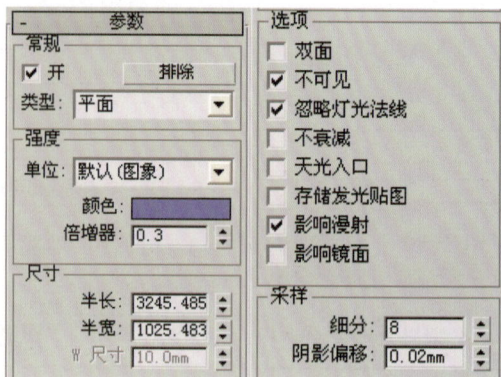

图 7-43　V-Ray 片光灯光参数设置

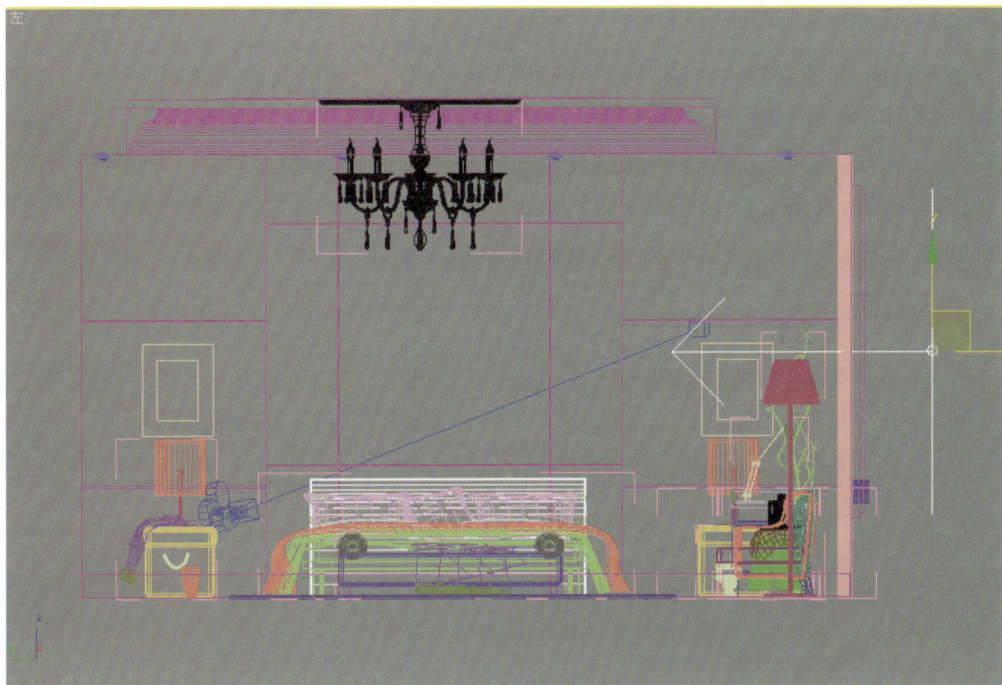

图 7-44　灯光在左视图位置

### 7.2.3　吊灯灯光设置

吊灯的灯光设置可以采用多种灯光类型来进行模拟，本场景中采用 3 个自由点光源。此外还可以采用 VR 片光源进行模拟。

选择光度学灯光中的自由点光源，在场景中创建一个自由点光源，再关联复制 3 个，灯光在顶视图位置如图 7-45 左侧所示，灯光在左视图位置如图 7-45 右侧所示。

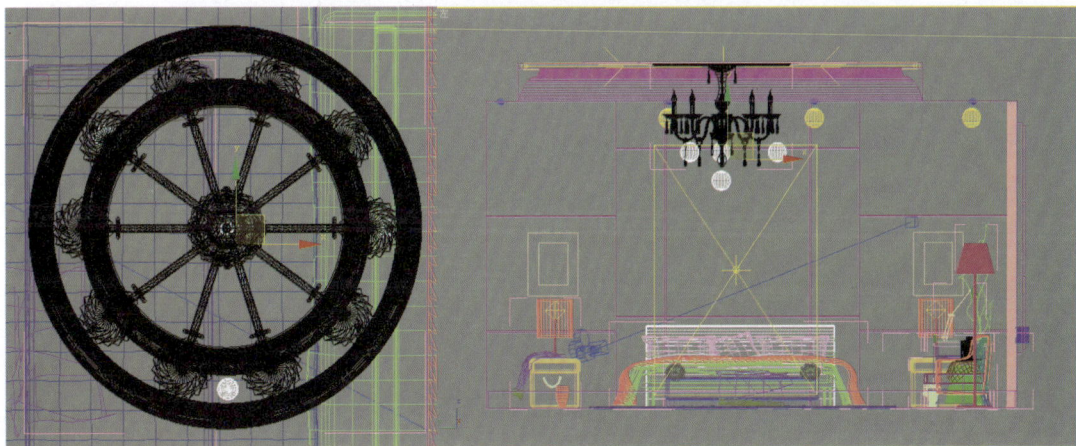

图 7-45　自由点光源灯光位置

自由点光源参数设置如图 7-46 所示，其灯光过滤颜色采用纯白色。注意灯光采用的是 Web 光域网，光域网文件在配套光盘"第 7 章 \ 光域网"文件包中。

### 7.2.4 筒灯灯光参数设置

在室内的天花处设置 3 盏筒灯，全部采用光度学灯光中的自由点光源类型，注意这 3 盏灯的参数稍微有些不同，因而不能采用关联复制的方法。加入光域网（作用在于强化室内的局部亮度，并通过光域网的形状加强灯光的装饰效果）。筒灯位置如图 7-47 所示。

注意不能将灯光嵌入筒灯模型或者天花中，这样会影响到灯光的照射效果。

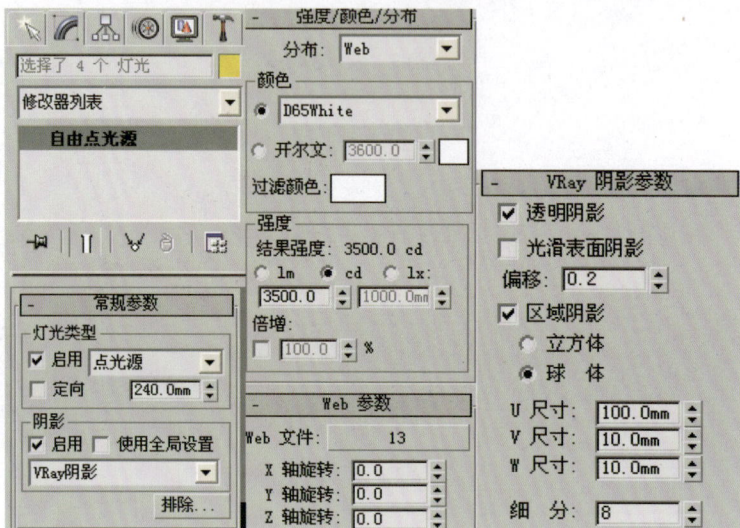

图 7-46　自由点光源参数设置

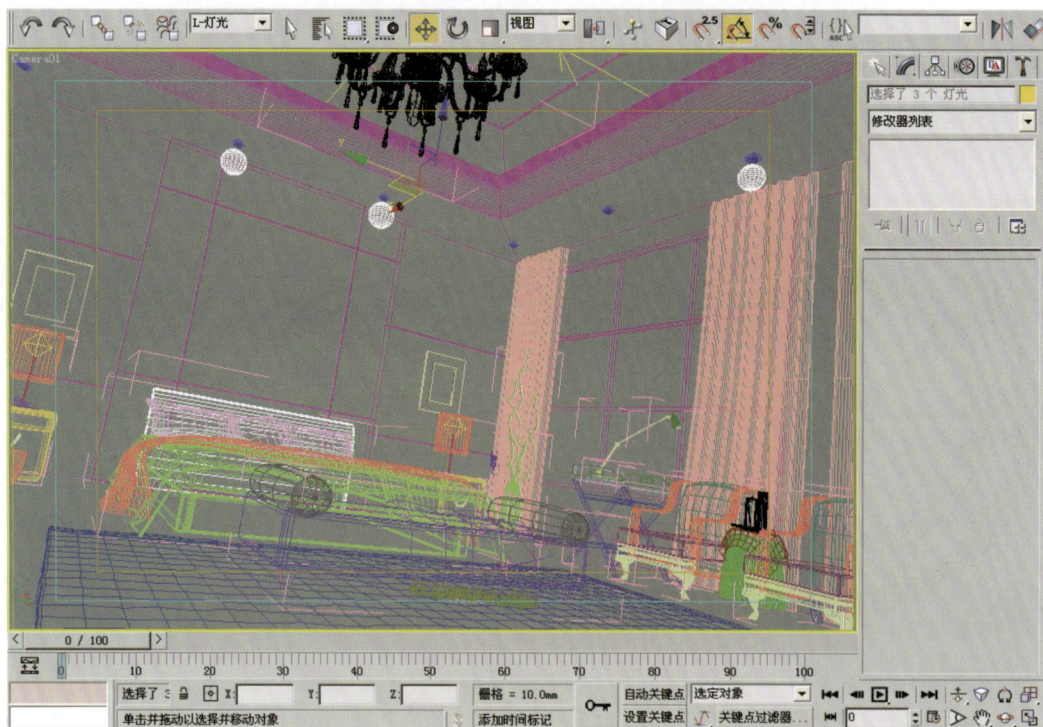

图 7-47　筒灯灯光位置

靠近床头部分的两盏自由点光源参数一样，具体设置如图 7-48 所示，其灯光颜色为纯白色。靠近窗边的自由点光源参数设置和靠近床头部分的两盏自由点光源参数基本一样，只需要将灯光颜色该为蓝色即可，其灯光颜色设置如图 7-49 所示。

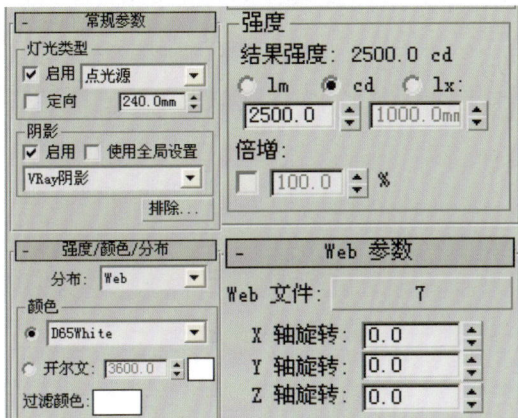

图 7-48  靠近床头部分的两盏自由点光源参数          图 7-49  靠近窗边的自由点光源颜色设置

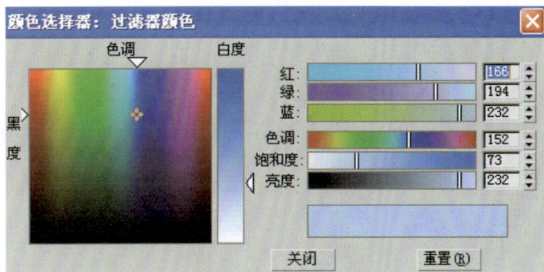

## 7.2.5  台灯灯光设置

使用标准灯光中的"泛光灯"在顶视图台灯位置设置一盏泛光灯，顶视图位置如图 7-50 左侧所示，左视图位置如图 7-50 右侧所示。最后关联复制到另一边台灯同样位置即可。

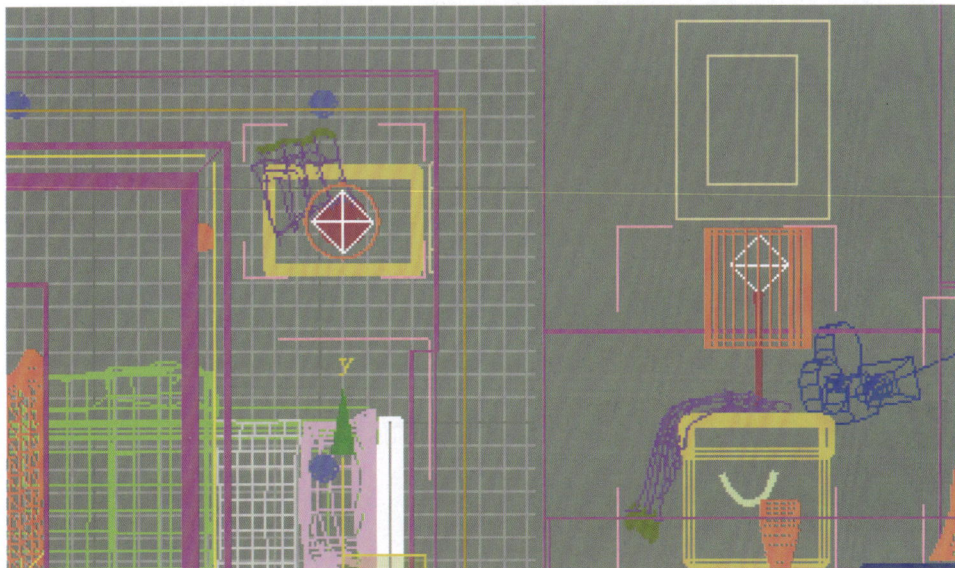

图 7-50  泛光灯位置设置

泛光灯参数设置如图 7-51 所示。单击工具栏上的 按钮，在下拉菜单中选择 ，对灯光的衰减范围进行变形处理，最终效果如图 7-52 所示。

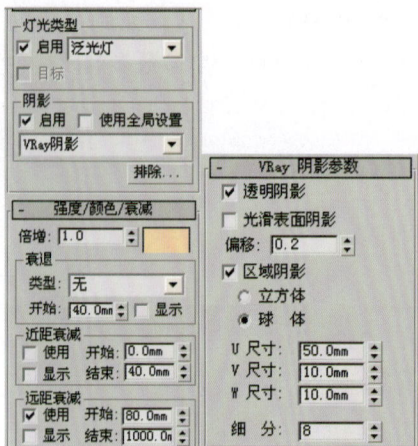

图 7-51　泛光灯参数设置

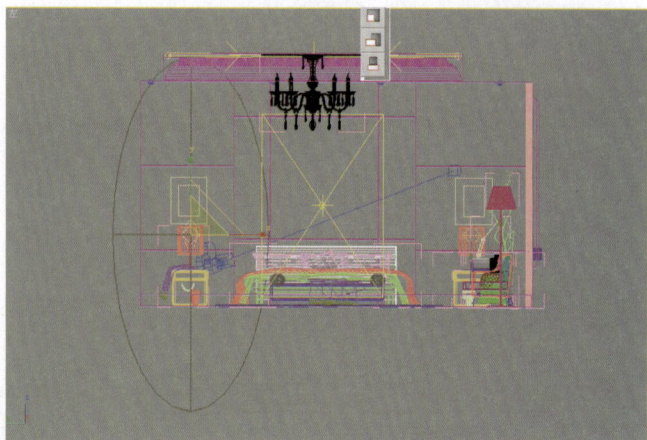

图 7-52　衰减范围变形处理

## 7.2.6　暗藏灯灯光设置

在灯槽处设置一个 V-Ray 片光模拟暗藏灯效果，然后复制两盏在另外两边的灯槽处，其顶视图位置如图 7-53 所示。其左视图位置如图 7-54 所示。

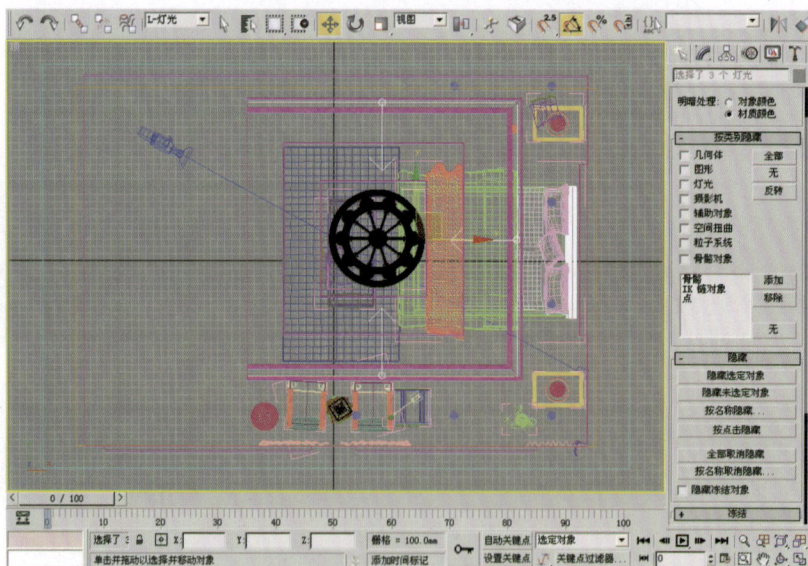

图 7-53　暗藏灯顶视图位置

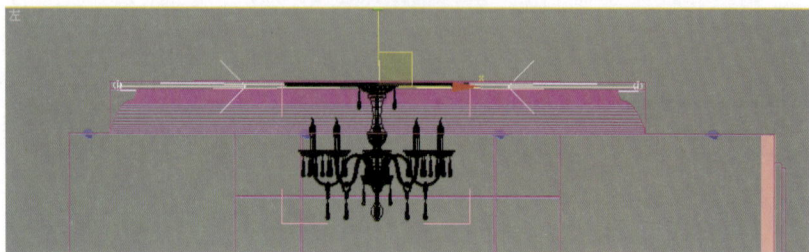

图 7-54　暗藏灯左视图位置

### 7.2.7　补光灯光设置

在顶视图中制作一个 V-Ray 片光作为场景中的补光。其在顶视图和前视图中的位置如图 7-55、图 7-56 所示。

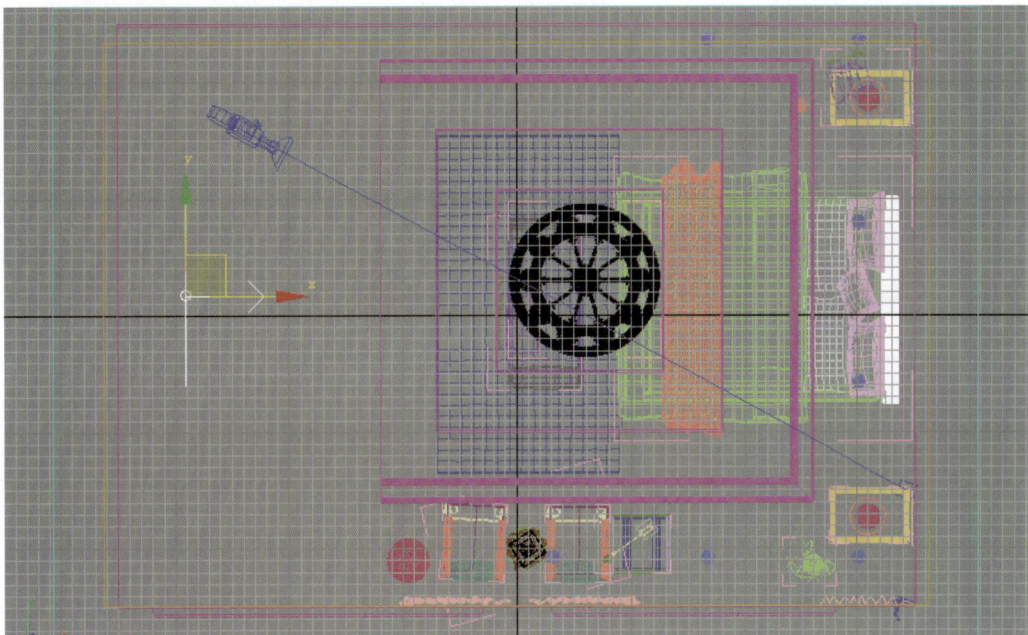

图 7-55　V-Ray 片光顶视图位置

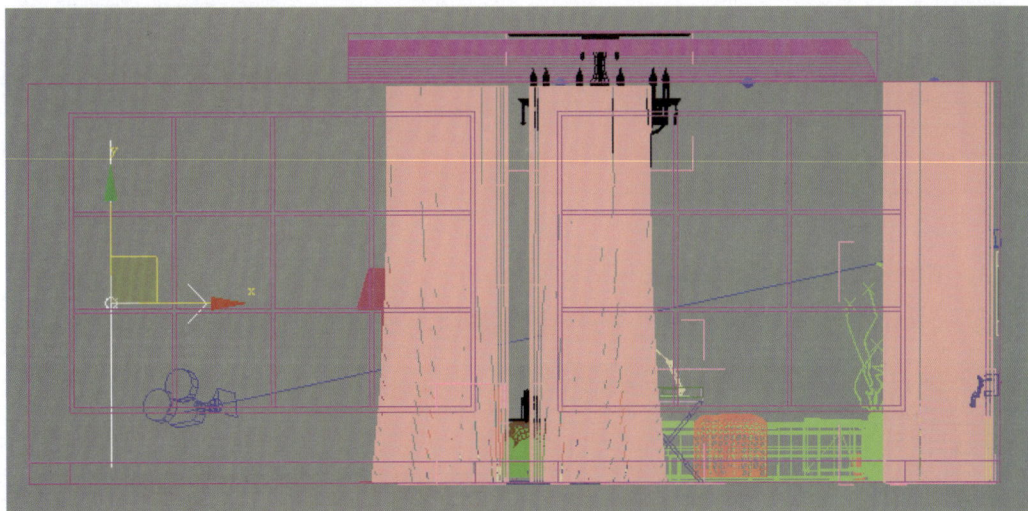

图 7-56　V-Ray 片光前视图位置

V-Ray 片光灯光设置参数如图 7-57 所示，其中灯光颜色 GRB 值分别为 106，141，188 的蓝色。至此，该场景中的所有灯光都设置完毕，最后全部灯光摄像机视图如图 7-58 所示。

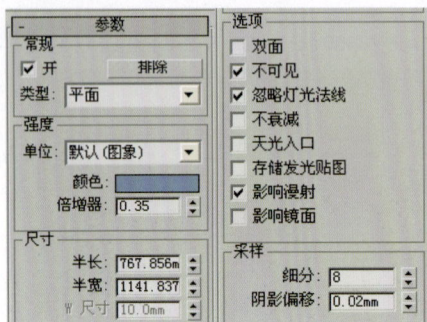

图 7-57　V-Ray 片光灯光设置参数

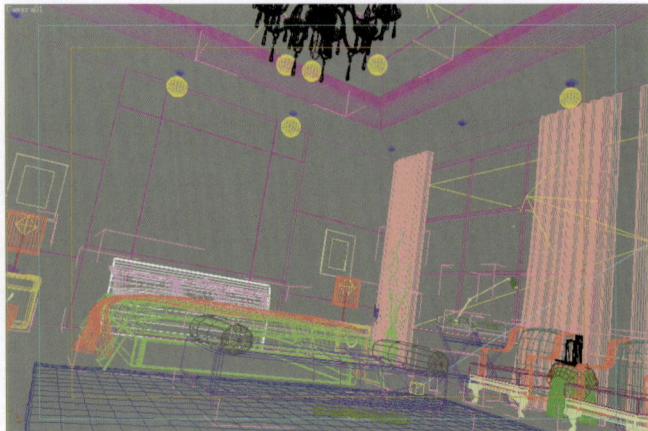

图 7-58　全部灯光显示

## 7.3　场景渲染参数设置

（1）渲染尺寸设定，本场景参数已经经过了测试，在这里就只给出最终渲染的参数，如图 7-59 所示。

（2）全局开关参数设置如图 7-60 所示。

图 7-59　渲染尺寸设置

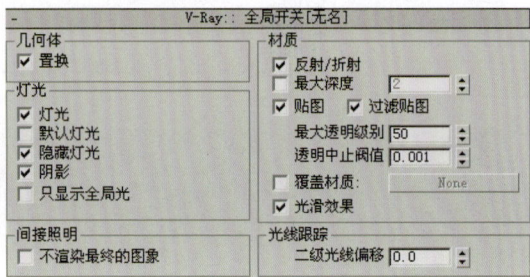

图 7-60　全局开关参数设置

（3）图像采样参数设置如图 7-61 所示。

（4）自适应准蒙特卡洛图像采样器参数设置如图 7-62 所示。

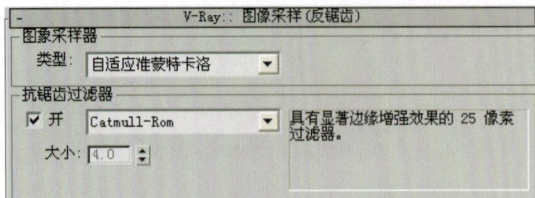

图 7-61　图像采样参数设置

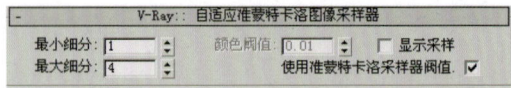

图 7-62　自适应准蒙特卡洛图像采样器参数设置

（5）间接照明参数设置如图 7-63 所示。

（6）发光贴图参数设置如图 7-64 所示。

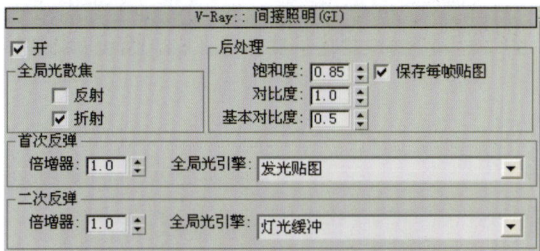

图 7-63 间接照明参数设置

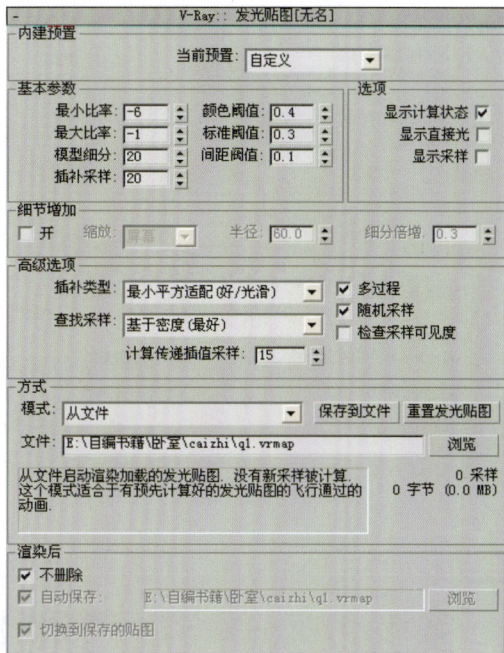

图 7-64 发光贴图参数设置

（7）灯光缓冲参数设置如图 7-65 所示。

（8）环境参数设置如图 7-66 所示。

（9）rQMC 采样器参数设置如图 7-67 所示。

图 7-66 环境参数设置

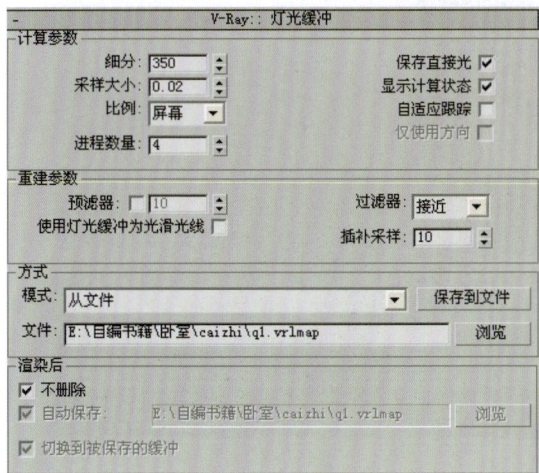

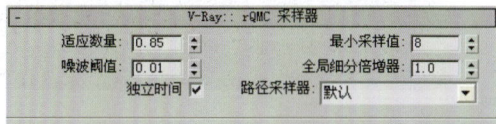

图 7-65 灯光缓冲参数设置

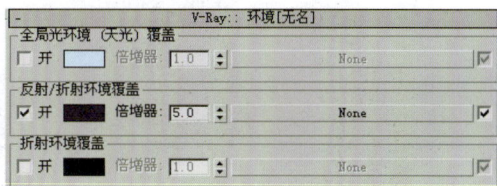

图 7-67 rQMC 采样器参数设置

（10）颜色映射参数设置如图 7-68 所示。

（11）系统参数设置如图 7-69 所示。

（12）渲染出图，效果如图 7-70 所示。

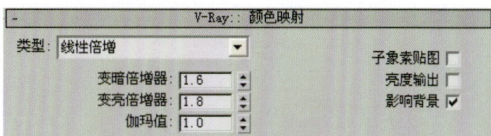

图 7-68 颜色映射参数设置

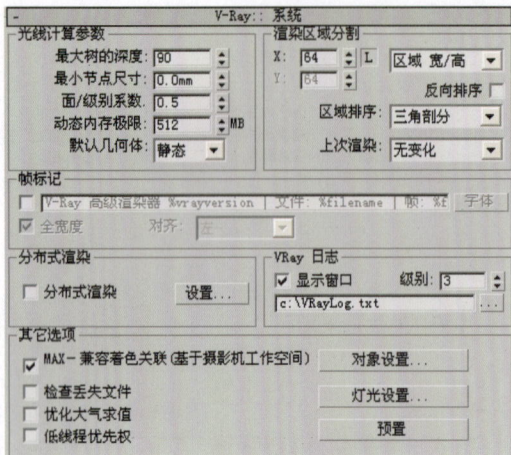

图 7-69　系统参数设置　　　　　　　　　　　　图 7-70　渲染效果

（13）经过 Photoshop 简单修改后效果如图 7-71 所示。

图 7-71　最终效果